建筑环境影响定量评价与管理

——动态化前沿与智能化趋势

苏　舒　李小冬　著

南京大学出版社

图书在版编目(CIP)数据

建筑环境影响定量评价与管理 ：动态化前沿与智能化趋势 / 苏舒，李小冬著. -- 南京 ：南京大学出版社，2023.10

ISBN 978-7-305-24942-6

Ⅰ. ①建… Ⅱ. ①苏… ②李… Ⅲ. ①建筑工程—环境管理—研究 Ⅳ. ①TU-023

中国国家版本馆 CIP 数据核字(2023)第 197590 号

出版发行　南京大学出版社
社　　址　南京市汉口路 22 号　　　邮　编　210093

书　　名　建筑环境影响定量评价与管理:动态化前沿与智能化趋势
JIANZHU HUANJING YINGXIANG DINGLIANG PINGJIA YU GUANLI: DONGTAIHUA QIANYAN YU ZHINENGHUA QUSHI
著　　者　苏　舒　李小冬
责任编辑　王骁宇　　　编辑热线　025-83592655

照　　排　南京南琳图文制作有限公司
印　　刷　江苏凤凰数码印务有限公司
开　　本　718 mm×1000 mm　1/16　印张 19.5　字数 350 千
版　　次　2023 年 10 月第 1 版　　印　次　2023 年 10 月第 1 次印刷
ISBN 978-7-305-24942-6
定　　价　98.00 元

网址：http://www.njupco.com
官方微博：http://weibo.com/njupco
官方微信号：njupress
销售咨询热线：(025) 83594756

前　言

建筑业作为我国支柱产业，在国民经济发展和社会民生保障等方面发挥着重要作用，但是建筑业资源消耗大，污染物排放多，给生态环境造成了严重损害。根据中国建筑节能协会发布的《中国建筑能耗与碳排放研究报告(2022)》，2020 年全国建筑全过程的能耗总量为 22.7 亿 tce，占全国总量的 45.5%；碳排放总量为 50.8 亿 t CO_2，占全国总量的 50.9%。改善建筑环境表现对于建筑领域节能减排和全局环境治理具有重要价值，对于我国实现"双碳"战略具有重要意义。

降低建筑环境影响水平的前提是对其环境表现进行客观量化评价，以正确识别主要的影响因素与环节，并采取控制措施。LCA(Life Cycle Assessment，生命周期评价)是国际上发展成熟的环境影响评价方法，已经广泛应用于建筑领域，形成较为成熟的评价模型、标准和工具。但是，传统 LCA 评价属于静态评价体系，忽略了产品资源消耗和污染物排放水平以及评价参数随时间的动态变化，影响了评价结论的科学性和准确性，局限了评价方法的推广应用。系统考虑建筑长生命周期特征有关的动态性及影响，关注 LCA 评价中的动态性(Dynamic)问题，是当前国际环境评价与管理领域的热点研究方向和重要挑战。此外，数字化、智能化是建筑业未来一段时期重要的发展趋势和转型方向，建筑信息模型(Building Information Modeling，BIM)的应用越来越广泛，为 LCA 评价中的数据收集提供了新思路和新技术，将 BIM 与 LCA 评价体系相结合已成为建筑环境影响评价领域的新趋势。

本书是建筑领域环境影响动态评价的方法建构类研究和智能评价的探索性研究，系统提出 LCA 的动态评价要素及量化分析方法，构建融合时间动态性的建筑环境影响评价模型。探索将BIM模型、GIS地图、机器学习、多智能体仿真等多种数字技术和智能算法与LCA进行有效集成，推进LCA评价的智能化发展。本书研究对于深化发展LCA评价方法体系具有理论价值，对于提升建筑环境管理和决策有效性具有实际参考价值。

在本书的编写过程中，鞠婧宜、丁玉洁、李国志、刘矗、李诗萌、洪靖晴、金月等进行了数据搜集与资料整理工作，感谢他们的付出。本书相关的研究和出版得到了国家自然科学基金项目(71901062和72371072)和江苏高校品牌专业建设工程的资助，在此表示感谢。

由于作者学术水平有限，书中难免有疏漏和不妥之处，恳请读者批评指正。

目　录

下篇 智能化趋势

主要符号对照表

ADP	资源耗竭潜力因子(Abiotic Depletion Potential)
ANN	人工神经网络(Artificial Neural Network)
BEES	建设项目生命周期环境影响定量评价模型(Building for Environmental and Economic Sustainability)
BELES	建筑环境负荷评价体系(Building Environment Load Evaluation System)
BEPAS	建筑工程环境表现分析系统(Building Environmental Performance Analysis System)
BIM	建筑信息模型(Building Information Modeling)
BRE	英国建筑研究院(Building Research Establishment)
BREEAM	建筑研究院环境评估方法(Building Research Establishment Environmental Assessment Method)
CASBEE	建筑物综合环境性能评价体系(Comprehensive Assessment System for Building Environmental Efficiency)
CF	特征化因子(Characterization Factor)
CLCD	中国生命周期参考数据库(Chinese reference Life Cycle Database)
CSWD	中国典型气象年数据(Chinese Standard Weather Data)
DeST	建筑热环境设计模拟工具包(Designer's Simulation Toolkit)
DGWI	建筑动态暖化效应(Dynamic Global Warming Impact)
DT	决策树(Decision Tree)
DLCA	动态全生命周期评价(Dynamic Life Cycle Assessment)
EDIP	工业产品环境设计法(Environmental Design of Industrial Products)
EI99	生态指数法(Eco-Indicator 99)
EII	环境影响指数值(Environmental Impact Index)

ELCD	欧洲生命周期数据库(European reference Life Cycle Database)
EPS	环境优先战略法(Environmental Priority Strategies)
GBTool	绿色建筑评价工具(Green Building Tool)
GHG	温室气体(Greenhouse Gas)
GIS	地理信息系统(Geographic Information System)
GWP	全球变暖潜能值(Global Warming Potential)
ID	基础清单数据集(Inventory Dataset)
IPAC	中国能源环境综合政策评价模型(Integrated Policy Assessment model of China)
IPCC	联合国政府间气候变化专门委员会(Intergovernmental Panel on Climate Change)
ISO	国际标准化组织(International Organization for Standardization)
LCA	全生命周期评价(Life Cycle Assessment)
LCI	全生命周期清单(Life Cycle Inventory)
LEED	建筑设施环境影响评级系统(Leadership in Energy and Environmental Design)
MAS	多主体建模(Multi-Agent System)
ML	机器学习(Machine Learning)
NBIMS	国家建筑信息模型标准(National Building Information Modeling Standard)
PR	多项式回归(Polynomial Regression)
rdd	资源耗竭度(resource depletion degree)
RF	随机森林(Random Forest)
RFID	射频识别检测(Radio Frequency Identification Devices)
SBTool	可持续建筑工具(Sustainable Building Tool)
SETAC	国际环境毒理学和化学学会(Society for Environmental Toxicology and Chemistry)
SVM	支持向量机(Support Vector Machines)
WBS	工作分解结构(Work Breakdown Structure)
WEEE	废弃物估算与环境影响评价(Waste Estimation and Environmental Impact Evaluation)

WF　权重因子(Weighting Factor)
WTP　社会意愿支付法(Willingness-to-pay)
XGBoost　极端梯度提升(eXtreme Gradient Boosting)

第1章 背 景

1.1 建筑领域是节能减排的重要突破口

着力创建资源节约型、环境友好型社会，推进绿色发展、循环发展、低碳发展，是我国今后相当长时期内的主要战略任务。建筑业是国民经济的基础产业和支柱产业，消耗大量的能源和资源，给生态环境造成严重损害。据统计[1]，全球建筑及相关建造活动和建筑运行相关的终端用能约占总量的36%，排放的CO_2约占总排放量的40%，且以每年1%的速度增长。如果不采取控制措施，预计到2060年，能源消耗占比将增加至66%。

随着能源危机、环境污染和气候变暖等日益严重的全球性问题，建筑节能与可持续发展受到密切关注。巴黎气候大会期间，首次举办了"建筑日(Building Day)"，并成立全球建筑建设联盟(Global Alliance for Building and Construction)，旨在促进建筑建设领域的低碳发展。许多国家将建筑的节能发展作为全社会节能减排和实现碳中和的重要突破口，德国政府颁布了建筑节能法"EnEG"规范建筑节能行为；欧盟制定了《强化创新战略》，在建筑领域提出通过提高智能化建设水平以应对气候变化挑战，推进低碳转型；日本政府出台了《关于能源合理化使用的法律》，如果商业建筑的运营能耗超过一定数值，必须提交能源使用状况报告书，并聘用能源管理师进行节能改造；中国政府为了实现《巴黎协定》中的自主减排目标，重点针对产业、交通、建筑三大领域提出切实有效的节能减排措施。2020年9月，习近平主席在第七十五届联合国大会一般性辩论上宣布，中国将努力争取在2030年前实现碳达峰，在2060年前实现碳中和。建筑业的绿色低碳发展对实现这一目标至关重要。

2008年，我国就已经成为世界上最大的建筑市场，过去10年间，我国房屋的施工面积突破1124亿平方米，同时竣工面积已达到392亿平方米(如图1-1所示)。到2018年，我国建筑面积总量约601亿平方米[2]，且还会持续增长。包括建材部品生产、运输、施工安装、建筑使用、维护更新、拆除在内的长周期产生的环境影响十分显著,以 2018 年为例,全国建筑全寿命周期能耗总量为 21.47 亿吨标准煤,占全国能源消费总量的比重为 46.5%,碳排放总量高达 49.3 亿吨 CO_2[3]。可见,降低建筑的资源和能源消耗水平,改善建筑环境表现,推动绿色建筑发展,是建设资源节约型和环境友好型社会的必然要求,对于建筑领域节能减排和全局环境治理具有重要意义。

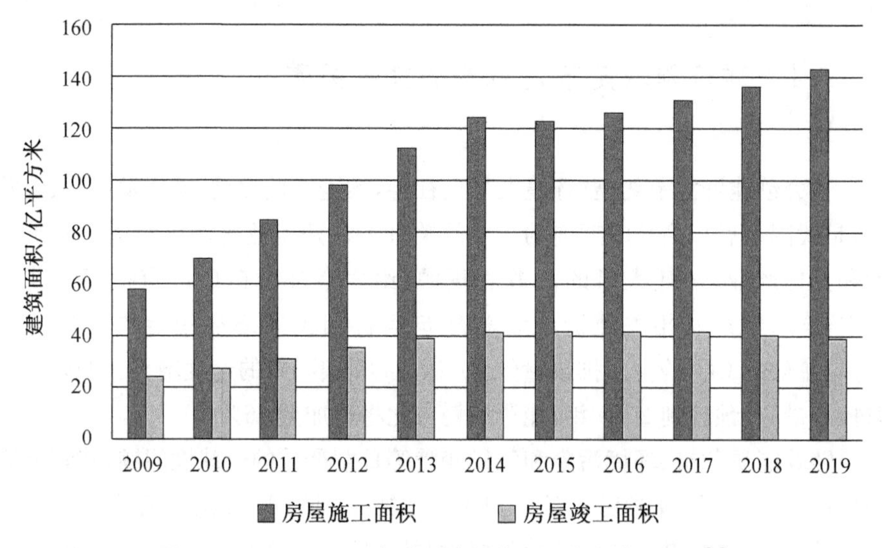

图 1-1 2009~2019 年我国房屋施工面积和竣工面积[4]

1.2 建筑环境影响评价方法

降低建筑环境影响水平的前提是对其环境表现进行客观量化评价,以正确识别主要的环境影响因素,并采取控制措施。目前建筑工程的环境影响评价方法主要包括条款式评价和全生命周期评价(Life Cycle Assessment, LCA)这两类。

1.2.1 条款式评价

条款式评价方法框架简单、易于操作,美国绿色建筑委员会推出的建筑设施环境影响评级系统(Leadership in Energy and Environmental Design,

LEED)[5]以及英国建筑研究院(Building Research Establishment, BRE)推出的绿色建筑评估体系(Building Research Establishment Environmental Assessment Method, BREEAM)[6]是其中的典型代表。此外,由国际可持续发展建筑环境组织管理在多国范围内应用的可持续建筑工具(Sustainable Building Tool,SBTool)[6]和日本国土交通省支持开发的建筑物综合环境性能评价体系(Comprehensive Assessment System for Building Environmental Efficiency, CASBEE)[7]也属于国际主流的绿色建筑认证评估方法。

BREEAM是世界上第一个绿色建筑综合评价体系,于1990年由英国建筑研究院发布,经历多轮版本更新,逐步实现对不同功能、处于不同建设阶段的建筑进行环境表现评价,旨在减轻建筑活动对全球环境的影响。该评价体系共包括十个一级指标:能源、健康宜居、创新、用地生态、材料、管理、污染、交通、废物处理和水,依据评价结果将受评建筑分为五个等级:合格(Pass)≥30%,良好(Good)≥45%,优秀(Very Good)≥55%,出色(Excellent)≥70%,和杰出(Outstanding)≥85%。评价体系已经在英国、美国、瑞典、德国、澳大利亚等78个国家得到推广应用。

为实现绿色建筑规范化管理,基于对英国BREEAM评价体系的深入研究,结合美国实际情况,美国绿色建筑协会在1998年发布了第一版LEED评价体系。经过二十余年的发展完善,LEED已实现对不同类型建筑的全生命周期各阶段环境表现进行评价,现最新版本为LEEDv4.1。评价指标体系的一级指标包括区位与交通、可持续场地、水资源效率、能源与大气、室内环境质量、材料与资源、一体化过程、创新与区域优先。根据得分,LEED将绿色建筑认证为以下四个等级:认证级(Certified,40～49分)、银级(Silver,50～59分)、金级(Gold,60～79分)、铂金级(Platinum,80分及以上)。LEED评价体系结构清晰、分类明确、操作使用便捷,成为各国绿色建筑评价体系的参考样本,并在世界多个国家得到了广泛应用。

随着绿色建筑理念在世界范围内推广,1996年加拿大自然资源局发起了名为"绿色建筑挑战"(Green Building Challenge)的号召,开发了GBTool(Green Building Tool)绿色建筑评价工具,后国际可持续发展建筑环境组织正式接手GBC的国际管理及开发工作,将GBTool更名为SBTool,评价范围由"绿色"评价扩展为"可持续"评价。SBTool应用灵活,只需根据不同国家或地域的实际情况稍加修改就可实现对不同国家、地域、类别的建设项目绿色评价。但这一亮点也使SBTool评价体系的权威性大打折扣。

日本可持续建筑协会与日本绿色建筑委员会于 2002 年共同发布了第一版 CASBEE 评价体系,该体系同时考虑环境质量与环境负荷,将“建筑环境效率”概念引入评价体系,该效率值越大,说明建筑绿色化水平越高。根据建筑环境效率值,CASBEE 将建筑的绿色等级分为五类:极好、很好、好、一般和差。

1.2.2 全生命周期评价

1. LCA 的框架与特点

全生命周期评价(Life Cycle Assessment, LCA)思想的萌芽于 20 世纪 60 年代末,目前已成为国际上环境管理和产品设计的一个重要支持工具。1990 年,国际环境毒理学和化学学会(Society for Environmental Toxicology and Chemistry, SETAC)在主持召开的国际研讨会提出了“生命周期评价”概念,认为是从最初的原材料开采到最终的废弃物处理(即从“摇篮”到“坟墓”)进行全过程的跟踪与定量分析。1993 年,ISO (International Organization for Standardization)将 LCA 纳入了 ISO14000 国际标准体系,标志着 LCA 得到了国际的广泛认可。ISO 明确定义 LCA 是对一个产品或服务的生命周期中输入、输出及其潜在环境影响的汇编和评价[8],并给出基本评价框架(如图 1-2 所示),包括目的和范围确定(Goal and Scope Definition)、清单分析(Inventory Analysis)、影响评价(Impact Assessment)和解释(Interpretation) 4 个步骤[8]。

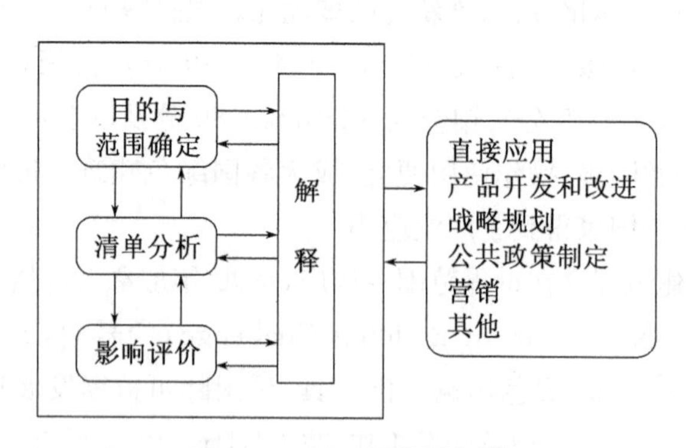

图 1-2 LCA 评价框架[8]

LCA 评价方法是对产品从“摇篮”到“坟墓”的全过程评价,其评价流程的构建遵循因果关系,具有以下几个显著特点[9-11]:

① 客观性：基于系统内外物质流、能量流清单的客观数据进行量化，不依赖于专家的主观判断；

② 系统性：评价是从“摇篮”到“坟墓”的全过程评价，涵盖了产品的多个生命周期阶段，是一个系统性的评价方法；

③ 因果性：遵循因果关系链构建资源消耗量、环境排放量与环境影响之间的关系，而非简单的相关关系；

④ 开放性：与条款式评价体系不同，其评价结果为各评价要素实际量的加和，具有简单可加性。可以根据相关领域研究的发展状况选择、补充、调整纳入评价的环境影响类型和排放物，而不需要改动其他评价要素。评价体系具有开放性，容易进行持续改进。

2. LCA的发展方向

各个国家遵循LCA基本评价框架（目标和范围确定→生命周期清单分析→影响评价→解释）相继开发了系列针对一般产品的评价体系，并在实际中推广运用，如：瑞典的环境优先战略法（Environmental Priority Strategies，EPS）[12]、丹麦的工业产品环境设计法（Environmental Design of Industrial Products，EDIP）[13]、荷兰的生态指数法（Eco-Indicator 99，EI99）[14]等，我国基于同等转化原则，1999年颁布了生命周期评价的系列标准[8,15-16]。LCA方法在多个领域得到了广泛运用：在钢铁、汽车等工业行业中指导产品的工艺设计；辅助政府管理部门制定相关政策标准，如废弃物管理等；逐步运用于电信、旅游等服务行业[17,18]。近年来，LCA的快速发展主要体现在三个方面：环境影响分类完善，并细化空间尺度；权重系统构建更多考虑经济、政策含义；评价走向工具化。

(1) 环境影响分类完善，并细化空间尺度

在LCA评价中，常见的保护领域包括生态环境、自然资源和人体健康，综合反映了建筑工程对自然界和人的影响。具体LCA模型纳入评价的保护领域和影响类型可能存在一些差异（如表1-1所示）：EI99[14]细分了11种环境影响类型，归类到生态系统、资源和健康三大保护领域；EDIP[13]对环境影响、资源消耗和职业健康损害3个保护领域进行评价；Impact 2002确定了4个保护领域：人体健康、生态系统质量、气候变化和资源，并分为14个中点影响类型；EPS[12]对18种环境影响类型开展评价，归类到生态多样性、非生物资源、生态系统、文娱价值和人体健康这5个保护领域。

大部分评价中并不考虑环境影响类型的空间尺度,少量研究者关注到不同影响类型所造成的影响范围存在差异,并细化影响区域,采用相应评价区域的数据开展评价。如 EDIP 方法将环境影响按全球、区域、局域进行分类[13],文献[1]则按全球、全国和区域进行划分。

表 1-1 LCA 评价体系比较

评价体系	提出机构	影响类型	权重方法
Impact 2002	瑞士联邦技术研究所	4 个保护领域:人体健康、生态系统质量、气候变化和资源;14 个中点影响类型	建议分别考虑,可采取默认的因子或其他可得到的权重因子
EI99	荷兰住房、城市规划和环境部	3 个保护领域:健康、生态系统和资源;11 个环境影响子类	专家评价法
EPS	CPM 中心	5 个保护领域:生态多样性、非生物资源、生态系统、文娱价值和人体健康;18 个环境影响子类	货币化法(基于社会支付意愿法)
EDIP	丹麦技术大学	3 个保护领域:环境、资源和职业健康;18 个细分子类	目标距离法

(2) 权重系统构建更多考虑经济、政策含义

加权评估是 LCA 评价中的可选步骤,对各种类型环境影响赋予不同的权重大小,最后汇总为环境影响总值,便于比较和决策。目前常见的方法包括专家评价法、货币化法和目标距离法,早期评价中多采用专家评价法确定权重,近年来后两种方法发展较快,得到较为广泛的运用。一些主流的评价模型提供多套权重系统供选择,但是更加推崇货币化法和目标距离法。

专家评价法主要根据相关领域专家对环境影响重要性的判断和意见构建权重,包括意见征询、整理、统计、反馈、调整、再反馈、再调整等步骤[19]。该方法操作简单,但主观性大,结论在一定程度上缺乏理论支持和权威性。EI99、ENVEST 的权重系统采用专家评价法构建。

货币化法主要基于社会意愿支付(willingness-to-pay, WTP)原理[20],认为不同环境影响类别的重要程度可用社会为将当前环境污染水平降低到某个程度而愿意付出的代价来衡量,赋予评价结果经济意义。相对而言,该方法客观性强,是一种运用较为广泛的权重系统构建方法。EPS[12] 采用世界经济合作组织居民针对环境影响的支付意愿建立各类环境影响的权重因子。BEPAS(Building Environmental Performance Analysis System)[21]采用国家

征收的排污费和资源税建立货币化权重系统，并且每隔一段时间对数据进行更新[22]。

目标距离法认为某种环境影响的当前水平与目标水平之间的差距可以表征该影响类型的重要性[19]。评价中常采用政策指标作为目标，权重因子能够较好反映公众对不同环保问题的关注程度。EDIP[13]采用目标距离法构建权重系统，近些年该方法在产品评价中的运用愈加广泛[23-25]。

(3) 工具化发展

随着LCA研究的不断推进与深入，评价手段逐渐向工具化发展，国内外科研机构开发的LCA软件为科学、便捷地开展环境影响评价提供数据基础和信息平台。荷兰的SimaPro工具采用EI99作为评价依据，具有用户界面友好、数据输入快捷、全流程数据便捷查阅等优点，在世界各国的科研机构、商业公司中得到广泛运用。德国公司开发的GaBi[26]内嵌寿命周期成本分析系统，能够系统分析产品设计、生产制造、销售等环节中涉及的经济和生态影响，为企业决策提供依据。我国成都亿科环境科技有限公司于2010年发布的eBalance软件能够支持产品的生命周期评价、碳足迹分析、产品生态设计等。

此外，国内外科研机构已经建立了较为系统全面的投入产出基础清单数据库。目前应用最为广泛的Ecoinvent清单数据库由瑞士政府和研究机构于2000年开始构建，数据内容包括能源、材料、废物管理、交通运输、电子、金属工艺等[27-29]。欧洲生命周期数据库(European reference Life Cycle Database，ELCD)于2006年发布，包含由所属行业协会提供并批准的500多个数据集。我国也在近年来展开相关工作，目前较为成熟、并且已经可以商业化运作的是2010年由成都亿科环境科技有限公司集成编制发布的中国生命周期参考数据库(Chinese reference Life Cycle Database, CLCD)，包含600多种大宗能源、原材料、运输的生命周期相关数据，较好地代表了中国市场平均水平，有效支持国内产品生命周期评价的开展[30]。

1.3 建筑领域LCA研究现状

建筑领域较早应用LCA方法进行环境影响评价。为了更好地适应建筑产品周期长、单件性生产、污染物排放大等特点，各国研究机构专门针对建筑产品开发环境影响评价体系。早在1999年，美国环境保护局构建建设项目生命周期环境影响定量评价模型(Building for Environmental and Economic Sustainability, BEES)[31]分析建筑材料、资源、能源的消耗以及其产生的废气、废水、废渣对环境和经济的影响,并采用美国材料与试验协会标准的生命周期成本方法量化建筑产品的经济状况。英国建筑研究院推出的 ENVEST 经过特征化、标准化、加权评价等步骤量化建筑产生的 13 类环境影响,权重系统采用了专家打分法。

随着可持续发展思想的不断深入,国内学者和研究机构也开始重视基于 LCA 的建筑环境影响定量评价研究,并取得一些有价值的研究成果。李启明、李德智等针对住宅建筑开展 LCA 评价研究,基于生态效率理论的价值-影响比值法,结合 EI99 的终点破坏理论,建立包括资源效率、人类健康效率等指标在内的生态效率评价体系[32];还开展了住宅全生命周期内资源消耗和环境排放的影响评价研究,包含不可更新资源消耗、全球变暖、酸化等 7 个方面[33],并在建筑碳排放核算平台及影响评价方面开展了有重要应用价值的研究[34-35]。朱颖心、顾道金等结合中国国情和建筑业特点,基于终点破坏法建立建筑环境负荷评价体系(Building Environment Load Evaluation System, BELES)[19,36-37],将环境影响类型划分为生态破坏、能源耗竭、资源耗竭和健康受损 4 类,并在评价中考虑不同形式能源的品位差异。该体系采用专家评价法确定权重,在住宅和办公室的建造环境影响评价、墙体等围护结构的优化设计中得到运用。王雪青等[38-39]构建了建筑工程全生命周期的生态足迹评价模型,分别测算建筑建造、使用和拆除阶段的生态足迹,并重点在建筑业碳排放方面开展了系列研究。张智慧、李小冬等建立并不断完善建筑工程环境表现分析系统(BEPAS)[40-42],构建了“单元过程资源能源消耗量收集→原材料投入量和污染物排放量清单数据构建→环境影响特征化归类→环境影响综合量化值”较为系统的评价框架和方法。基于研究成果编制的建筑环境影响定量测算和评价标准《建筑工程可持续性评价标准》(JGJ/T 222—2011)[43]已于 2012 年 5 月正式实施,对评价对象、评价内容、评价步骤、系统边界、评价范围、数据采集与处理等内容进行了规定,标志着我国建筑的 LCA 评价走向标准化。

1.4 动态化前沿挑战与智能化发展趋势

LCA 评价方法主要用于事前评估,以指导改进和支持决策。传统的

LCA 评价基本属于静态评价体系，隐含着产品生命周期内资源消耗和污染物排放水平与评价时点水平保持一致的假定。具体评价中，一般采用评价时点的基础清单数据库，且对于环境、经济、社会等各方面随时间变化所导致的未来消耗和排放的可能变化并没有纳入考虑，影响了评价结论的科学性和精确性，局限了评价方法的推广应用[44-45]。LCA 的标准规范（如 ISO 标准[46]、PAS 2050[47]和国际生命周期参考数据系统手册[48]）均提到了评价中时间信息缺失这一不足及潜在负面影响。LCA 的评价结果通常用于支持决策和管理，忽略时间动态性可能带来诸如评价结果不准确、错误决策和低效管理等负面影响[49]。近年来，学术界开始关注到 LCA 评价中的动态性(Dynamic)问题，在建筑业、制造业、能源等领域开展 DLCA（Dynamic Life Cycle Assessment)相关研究。DLCA 被认为是当前国际环境评价与管理领域的热点研究方向和重要挑战[50-51]。本书上篇将系统介绍建筑环境影响定量评价的动态化前沿研究。

随着信息技术取得了长足的进步，建筑信息模型(Building Information Modeling，BIM)在建筑领域中的应用越来越广泛。BIM 可对建筑其相关设施的物理属性和功能特点进行数字化表征描述，支持设计、施工、运营等阶段的各项活动，其迅速发展为 LCA 评价的数据收集工作提供了新思路和新技术，将 BIM 与 LCA 评价体系相结合已成为建筑环境影响评价领域的新趋势[52]，可用于设计方案比选[53]、施工能耗与污染物排放估算[1]、运营能耗和室内环境分析[54]、拆除废弃物评估[55-56]等。LCA 评价的智能化发展是信息化快速发展背景下，绿色建筑行业发展的必然趋势，本书下篇将系统介绍建筑环境影响定量评价的智能化研究。

上篇

动态化前沿

第 2 章　动态 LCA 研究进展

本章基于 LCA 评价的标准框架步骤，分析传统评价中的时间信息缺失问题，借以认识其中的时间动态性。本章系统总结与综述当前动态清单分析及动态影响评价的研究方法、进展及不足，并定义 DLCA 内涵。

2.1　LCA 的时间动态性分析

在 LCA 评价的四个步骤（目的和范围确定→清单分析→影响评价→解释）中，仅有清单分析和影响评价两个步骤涉及实质的评价计算，影响评价结果。故对这两个步骤中潜在的时间动态性进行分析。

2.1.1　清单分析步骤

生命周期清单分析是对所评价产品整个生命周期中输入和输出进行汇编和量化的过程，包括实景清单数据和背景清单数据。实景清单数据与受评对象密切相关，常通过现场调研、实地监测、模型仿真等方法获得。传统评价默认发生在不同时点的基本流（elementary flows）具有同等的环境效应，将全周期各过程的输入流和输出流汇总为单一数值再开展后续评价。

背景基础清单数据是实现一个功能单位的功能所需要的原材料、能源的输入量以及向空气、土壤和水体中排放的污染物量[43]，是 LCA 中将受评产品的资源和能源消耗量转化为原材料、能源投入量和环境污染物排放量这一计算步骤中的重要乘子。表 2－1 展示了中国生命周期基础数据库（CLCD）中 C30 混凝土的基础清单数据（部分），基于该数据表和 C30 混凝土的消耗量，容易得出受评对象消耗 C30 混凝土引起的原材料、能源投入量和环境排放物质数量。目前国内外已经构建了支持 LCA 评价的较为成熟、数据翔实的基础清单数据库，如瑞士的 Ecoinvent 数据库[57]、中国生命周期基础数据库[58]、德国的 GaBi 数据库[59]、美国清单数据库[60]等，数据库值通常采用行业平均值或者区域平均值。随着工艺方法、技术水平、能源结构等的变化,单位产品的能源、资源消耗和污染物排放也会变化[61],上述数据库也会更新和调整。但应注意到更新的基础清单只是更接近评价时点的情况,并没有考虑未来变化带来的影响,而是假定被消耗资源或能源的投入量和环境排放物的产出量在评价时段内保持不变。

表 2-1　1 m^3 C30 混凝土基础清单数据(部分)

资源	投入量	污染物	排放量
化石能源(kgce)	84.7	CO_2(kg)	3.08×10^{2}
木材资源(m^3)	1.70×10^{-4}	CO(kg)	0.315
水资源(m^3)	0.704	SO_2(kg)	0.264
锰矿(kg)	5.12×10^{-4}	COD(kg)	7.96×10^{-2}
铁矿(kg)	2.54	NH_3(kg)	5.07×10^{-3}
铜矿(kg)	8.06×10^{-4}	N_2O(kg)	2.83×10^{-3}

2.1.2　影响评价步骤

生命周期影响评价步骤是理解和评价产品系统在整个生命周期中的潜在环境影响和重要性,通常包括特征化、标准化和加权评价三个步骤。

(1) 特征化

产品在生命周期中的环境排放物质种类多样,通常几种环境排放物质都能引起同一类环境影响,如 SO_2、NO_x 和 NH_3 都能引起酸化,因此必须通过各类物质的特征化因子将各类清单结果汇总到一类指标中。表 2-2 是酸化相关环境排放的特征化因子,基于此数据可计算 SO_2、NH_3、NO_x 等排放物产生的酸化效应潜值,并汇总为总值。

表 2-2　酸化相关排放物的特征化因子[22]

环境排放	特征化因子
SO_2	1
NH_3	1.88
NO_x	0.7
HCl	0.88

传统 LCA 评价中,基于评价时点的各类环境排放的特征化因子与其排放量加乘表征某一类环境影响的环境效应,隐含着不同时点的环境排放具有

相同的环境负荷这一假定。但是近年来的环境科学研究表明，很多排放物的环境负荷效应具有显著的时间动态性[62]，与排放时间、排放速率以及环境背景浓度相关[18,63]。相同数量的污染物在瞬间释放和在较长时期内慢速释放所产生的环境负荷是不相同的。以气候变暖这一影响类型为例，温室气体CO_2和CH_4排放后的即时辐射强迫与累积辐射强迫随时间变化状况如图2-1所示[51]。可以看出，CH_4引起的变暖效应主要发生在距离排放较近的年份，而CO_2产生的影响维持时间会更长。

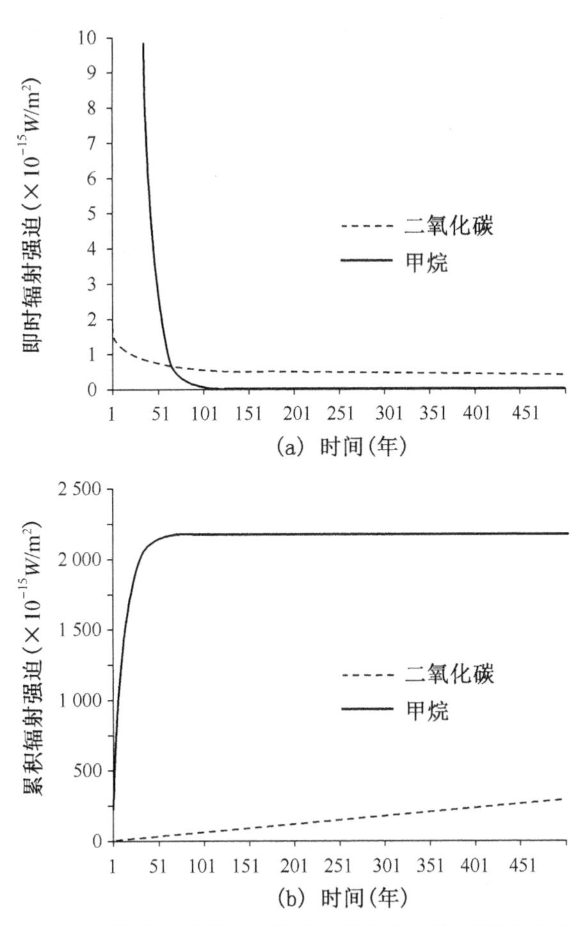

图2-1　CO_2和CH_4排放的即时辐射强迫与累积辐射强迫随时间的变化状况[51]

(2) 标准化

对特征化结果进行标准化的目的是更好地认识所研究的产品系统中每个参数结果的相对大小，这是评价中的可选步骤。传统的标准化因子通常采用人口、面积、排放基准量等指标进行计算，是常数值。有学者指出，标准化参数的取值会随着背景浓度和环境概况而发生变化，采用动态标准化因子可以更好地反映实际环境负荷水平[64]。但是当前大部分学者在动态评价研究中并未考虑标准化因子的动态性。

（3）加权

基于LCA评价的客观性要求，ISO并不鼓励对分类环境影响进行加权集成，将加权列为评价中的一个可选步骤。但由于各类环境影响的量纲缺乏可比性，国内外成熟的建筑LCA评价体系都尽量按照客观性的要求构建权重系统，对各影响类型基于重要性权衡赋予合理的权重，以实现环境影响类型间、受评项目间的可比性，以支持建设方案的优化和决策。表2－3列举了BEPAS中基于WTP构建的货币化权重系统。权重因子本质上是基于价值判断的赋值，而价值判断是会随环境、社会经济的发展而不断变化[65]，对于具有较长生命周期的建筑，权重因子的数值和相对关系随时间变化对评价结果的影响不可忽视。

表2－3　基于货币化法构建的权重系统（部分）[22]

生态破坏影响类型	权重因子（元）	资源耗竭影响类型	权重因子（元）
气候变暖（CO_2当量）	5.20×10^{-2}	水资源（m^3）	1.44
臭氧层损耗（ODP当量）	1.34	初级能源（kgce）	8.09×10^{-3}
酸化（SO_2当量）	0.630	铁矿石（kg）	1.71×10^{-2}
固体废弃物（kg）	2.50×10^{-2}	锰矿石（kg）	2.00×10^{-3}
大气悬浮物（kg）	0.220	石灰石（kg）	2.00×10^{-3}

2.2　动态清单分析研究进展

本书系统总结了2020年3月前发表的144篇DLCA期刊论文与会议论文，分析当前动态清单分析步骤和动态影响评价步骤的研究进展。144篇论文的详细信息（包括受评对象、评价区域、受评时段、动态参数等）详见附录A。

2.2.1　动态实景清单

当前动态实景清单分析研究主要将评价时间范围划分为多个细小的时间

段作为时间步长，分时段收集消耗流和排放流数据。年、月、日和小时等均是当前动态评价研究中常见的时间步长，其选择主要受到研究目的、受评对象、影响类别和数据可用性等影响。对于评价范围跨度较大（如几十年）的产品，研究中常采用年作为时间步长，如桥梁[66]、造林项目[67]、生态系统[68]、建筑[69]等。当评价时间范围只有几年时，月和周常被用作时间步长，如发电[70]、水生产[71-72]、小麦生产[73]、污水处理[74]等。需要注意的是，部分环境影响类别对时间步长的选择具有一定的敏感性[75]。

目前动态实景清单研究常通过现场监测、模拟仿真、情景分析等方法来获取动态数据。

① 部分学者通过在现场布设传感器实时监测和收集污染物浓度数据，如Collinge等[76]每月监测建筑的能耗水平，Li等[74]每月监测污水处理厂的COD、SS、NH_3-N等排放量。这种方法获取的数据准确度较高，数据质量好，但是仅能用于事后评价。

② 部分学者建立仿真模型模拟实景清单数据的动态演化情况，如Onat等[77]采用系统动力学模型模拟车辆逐年的CO_2排放量，Lee等[78]使用环境政策综合气候模型模拟碳、氮和磷的循环并预测玉米生产过程中污染物的排放水平。

③ 不少研究通过设置多个情景分析清单流可能的变化情况，如Mo等[79]基于情景假设估算了一个供水系统逐月碳排量，Williams等[80]分析了暖通空调系统温室气体排放水平的三种情形，Su等[81]使用情景分析法评估建筑拆除废弃物回收率可能的变化及其对评价结果的影响。

2.2.2 动态背景清单

在动态背景清单的研究中，大部分聚焦于能源的投入产出清单随时间的变化情况。能源是大部分产品生产和运营过程中必需的投入项，也是许多环境污染物的主要排放源。基于历史数据预测、能源结构动态计算和情景分析是学者们主要采用的动态背景清单获取方法。

① 根据能源投入产出清单的历史数据推演未来可能的清单水平是一种常用的预测方法。如Yang & Chen[82]使用电力的历史排放系数估计未来单位电力的温室气体排放强度。这种方法简单易操作，但隐含历史趋势可以很好代表未来发展情况这一重要假设，与实际情况并不能很好相符。

② 一些学者重点关注能源清洁技术进步和可再生能源发展对能源结构可能带来的动态影响。伴随着传统化石能源占比下降,能源结构的优化将降低单位质量能源的污染物排放量,改变了能源的投入产出清单水平,最终影响到能源消费端产品的环境表现。一些研究依据不同时点的能源结构比例估算单位能源的动态投入产出清单[83]。

③ 情景分析也是一种常用的研究方法,Ikaga 等[84]设置了三种电力的二氧化碳强度情景(0%、10%和 20%),并用于建筑环境影响评价;Viebahn 等[85]对 2050 年装机容量和份额进行预测,设定了三种太阳能使用情景描述未来的能源技术改进。

需要说明的是,背景清单数据既包括原材料投入量,也包括污染物排放量。但是当前的动态研究主要关注动态排放量变化,尤其是温室气体的排放量关注最多,只有零星的研究[86]同时考虑动态投入量和排放量的清单变化。

2.3 动态影响评价研究进展

2.3.1 动态特征化

各环境影响类型有其特定的环境机制和特征化模型,动态特征化分析的方法、模型和范式也不尽相同,研究方法和进展存在较大的差异,当前气候变暖和毒性这两类影响的动态特征化研究相对较多。

(1) 气候变暖效应

来自蒙特利尔综合理工学校的 Levasseur 研究团队较早开展了气候暖化的动态特征化研究,构建了动态评价模型,已经形成系列研究成果。Levasseur 等使用辐射强迫作为特征化指标,根据单位时间步长大气温室气体负荷量辐射强迫的即时值,通过连续积分计算累积动态特征化值[51],计算公式详见式 2-1 和 2-2。这一研究被公认为相对成熟的模型,可以有效解决传统评价中时间信息缺失问题,已经在较多动态研究中得到了应用,如建筑物及构件[87]、能源[88]、植树造林[67]、农作物残渣气化[82]、路面铺装[89]等。应用研究显示使用动态和静态特征化因子的评价结果存在一定差异,可能影响决策判断。基于此动态特征化模型的计算逻辑,CIRAIG (International Reference Centre for the Life Cycle of Products, Processes and Services)开

发了名为 $DynCO_2$（http://ciraig.org/index.php/project/dynco2-dynamic-carbon-footprinter/）的动态碳足迹计算工具以简化计算[90]。

$$F_{DC,i}(t)_{\text{instantaneous}} = \int_{t-1}^{t} a_i \cdot C_i(t)\,dt \tag{2-1}$$

$$F_{DC,i}(t)_{\text{cumulative}} = \int_{0}^{t} a_i \cdot C_i(t)\,dt \tag{2-2}$$

式中，$F_{DC,i}(t)_{\text{instantaneous}}$：$t$ 年时的温室气体类型 i 的即时动态特征化因子；

$F_{DC,i}(t)_{\text{cumulative}}$：$t$ 年时的温室气体类型 i 的总累积动态特征化因子；

$C_i(t)$：t 年时的温室气体类型 i 的大气排放负荷量；

a_i：温室气体类型 i 在大气中增加单位质量引起的即时辐射强迫；

t：时间，以年为单位。

此外，Ericsson 研究团队[91]采用全球平均地表温度变化这一指标开展全球暖化效应的动态特征化研究。他们根据大气浓度变化计算出动态辐射强迫值，然后量化相关的温度变化，使用温度变化的数值作为衡量气候变暖效应的特征化因子，计算公式详见式 2－3 和 2－4。评价结果以摄氏度为单位，容易理解，也方便直接与政策目标进行比较，但是由于动静态评价结果的物理意义和测量单位存在差异，难以和静态评价结果进行对比。截至目前，这一动态特征化模型主要应用于瑞典的热力生产系统评价[92-93]。

$$F_{R,i}(t) = E_{R,i} \cdot f_i(t) \tag{2-3}$$

$$\Delta T_s(H) = \int_{0}^{H} F_R(t) \cdot R_T(H-t)\,dt \tag{2-4}$$

式中，$F_{R,i}(t)$：温室气体类型 i 的辐射效应的改变量；

$f_i(t)$：温室气体类型 i 的大气浓度改变量；

$E_{R,i}$：温室气体类型 i 的辐射效率；

$\Delta T_s(t)$：在 t 年时的全球平均地表温度改变值；

R_T：单位辐射效应变化的温度脉冲响应函数；

t：时间，以年为单位。

(2) 毒性效应

Lebailly 等[94]和 Shimako 等[95]致力于研究毒性这一影响（包括生态毒性和人类毒性）的动态特征化表征，主要采用归宿因子（Fate Factor）作为动态指标，将各时间步长内的污染物浓度积分计算相应时段内的动态归宿因子。采用 USEtox 特征化模型,毒性的动态特征化因子等于动态归宿因子、暴露因子和效应因子的乘积,相关计算公式详见 2-5 至 2-7。目前,这一动态特征化模型用于量化污水处理厂[75]、建筑物[96]、淡水资源[97]等系统的动态生态毒性影响,有一定的实践应用。但是这动态特征化模型存在一个重要的局限——假设暴露因子和效应因子都是不随时间变化的常数,这与事实不相符[98-99]。此外,部分环境机制(如物种形成)对归宿因子的动态影响并没有被考虑[95]。

$$F_F(t)=\int_0^t M(t)\mathrm{d}t \tag{2-5}$$

$$F_{C,\mathrm{cumulative}}(t)=F_F(t)\cdot F_X\cdot F_E \tag{2-6}$$

$$F_{C,\mathrm{instantaneous}}(t)=[F_F(t)-F_F(t-1)]\cdot F_X\cdot F_E \tag{2-7}$$

式中,$F_F(t)$:t 时的归宿因子;

$M(t)$:t 时段内的污染物质量;

$F_C(t)$:t 时的动态特征化因子,下标 cumulate 表示积累值,下标 instantaneous 表示即时值;

F_X:暴露因子;

F_E:效应因子;

t:时间,以天为单位。

(3) 其他影响类别

其他影响类别的动态特征化研究相对分散,应用也较为有限。表 2-4 总结水资源、光化学污染、臭氧耗损和酸化这四类影响类型的动态特征化研究。可以看出,各影响类型采用的特征化方法和动态参数不同,且数值受到诸如地区、气候和时间范围等因素的影响。

表 2-4 其他影响类别 DCFs 的研究总结

文献	影响类别	动态方法	动态参数	受评地区	评价时间范围	主要发现
Hanafiah 等[100]	水资源	因果链和物种-污染物关系链	水排放和淡水鱼物种损失	全球	100 年	不同水域的动态特征化因子差别可达 3 个数量级
Shah 和 Ries[101]	光化学污染	光化学空气质量模型	臭氧示踪剂和排放物	美国	1 年	季节变化对动态特征化因子的影响大于地区影响

（续表）

文献	影响类别	动态方法	动态参数	受评地区	评价时间范围	主要发现
Struijs 等[102]	臭氧耗损	伤残调整寿命年	伤残调整寿命年、发病率、人数等	全球	2007～2100	动态评价结果比静态结果高 5 倍
Zelm 等[103]	酸化	中点模型和终点模型结合	排放量、归宿因子等	欧洲	20、50、100 和 500 年	不同评价时间范围的动态特征化因子存在显著差异

总之，当前气候暖化效应的动态研究相对成熟，具备了纳入动态评价计算的条件。但是其他影响类型的相关研究较少，亦缺乏较为权威和共识性高的研究成果。面对这一局限，部分 DLCA 研究同时使用动态和静态特征化因子[104-105]，也有一些学者认为这样处理可能给评价结果带来偏差，故只将动态特征化的研究停留在理论探讨层面，在实践应用中仍选择使用静态值[86]。

2.3.2　动态加权

目前在加权评价步骤中考虑时间动态性的研究可以划分为两类：基于货币化法的动态污染成本研究和折现。

(1) 动态污染治理成本

货币化法认为各种环境影响类别的轻重程度可以用货币化的环境税、排污费率、矿产资源税等进行度量，是一种常见的权重构建方法。基于货币化法和支付意愿理论，Zhang[106] 在暖化效应评价中，考虑到社会对于温室气体容忍度以及愿意支付的污染治理费用将随时间发生变化，构建了污染成本的时间函数，如式 2－8 所示。其中温室气体的治理成本数据来自欧洲投资银行的一份预测分析报告。

$$C_E(t) = \sum^{i} M_i \cdot C_i(t) \tag{2-8}$$

式中，$C_E(t)$：t 时的环境成本；

M_i：影响类型 i 的相关污染物质量；

$C_i(t)$：影响类型 i 在 t 时的单位污染治理成本。

(2) 折现率

考虑不同时点产生的环境影响的重要性存在差别，应在评价中对其采用不同的权重值[107]。一些学者借用经济学中折现率的概念，对发生在未来的环境影响进行折现[108-109]，计算公式如 2-9 所示。在建筑[108]、生态系统服务[68]、土地利用变化[110]、生物燃料[109]、重金属[111]和天然气[112]的一些 DLCA 研究中已经使用折现率开展动态加权。Hu[108]建议在模型中增加动态加权矩阵，并设置三个折现率情景（0%、3%和 5%）来表征不同的折现偏好。一些支持在 LCA 评价中引入折现率的学者认为折现对于任何评价研究都是必要的，不折现仅仅是折现率取“0”的一种特殊情况[49]。

$$I_{\mathrm{NP,E}} = \sum_{t=0}^{T_{\mathrm{H}}} \frac{I_{\mathrm{E}}(t)}{(1+r)^t} \tag{2-9}$$

式中，$I_{\mathrm{NP,E}}$：环境影响的净现值；

$I_{\mathrm{E}}(t)$：t 时的环境影响值；

r：折现率；

T_{H}：评价的时间范围。

但是，在 LCA 评价中引入折现率尚存诸多争议。折现率的取值往往偏主观，与 LCA 评价的客观性不符，可能增加评价结果的不确定性；还有不少学者认为“折现”的理论缺乏科学性，对 LCA 评价中的生态环境、资源、人的健康寿命等评价指标进行折现是有违伦理道德的[113-114]；还有一些学者指出 DLCA 研究中的折现率不应为常数，取值应随着时间的推移而下降[115]。一些 DLCA 评价明确表示拒绝使用折现率[107,116]。

2.4 DLCA 内涵分析

当前 DLCA 的研究还处于初期阶段，其概念和内涵尚无明确、统一、权威的界定，但从广泛的文献检索和系统的总结归纳中可以对动态性的指向和内涵有总体的判断。大多数研究直接使用“dynamic LCA”一词，虽然并没有对其内涵给出明确的定义，但大都使用“time issues”“time-varying factors”“temporal variations”等词汇来指代或表征动态性[77,117-118]，这说明时间相依的动态变化是 DLCA 中动态性主要类型和开展研究的重点对象。文献[119]认为“动态”指的是在内外部力量的驱使下，系统状态随时间的变化，但是没有对 DLCA 给予描述；文献[82]认为在静态 LCA 的基础上考虑评价要素随时间变化产生的影响就可以称为DLCA评价。Levasseur[51]、Collinge等[120]和Lebailly等[94]则将随时间变化的评价要素进行明确，如随时间变化的清单数据、随时间变化的特征化因子等；Pehnt[121]给出相对概括的描述，认为环境影响评价中的一些参数与未来环境具有相关性且显示出重要的时间依赖性，在DLCA评价中应纳入这些参数。表2-5汇总了当前学者对于DLCA内涵的表述。

表2-5　DLCA内涵总结

文献	期刊/会议	DLCA内涵描述
Beloin-Saint-Pierre等[71]	Science of the Total Environment	明确界定和考虑系统动态性和/或流量时间差异性的LCA研究
Collinge等[120]	IEEE International Symposium on Sustainable Systems & Technology	DLCA在产品运营阶段中考虑时间变化带来的影响，还要根据产品设计和运营变化更新评价结果
Collinge等[105]	The International Journal of Life Cycle Assessment	DLCA结合周边工业和环境系统的动态因子进行动态过程建模
Lebailly等[94]	The International Journal of Life Cycle Assessment	DLCA评价应考虑消耗量和排放量清单数据随时间的变化情况，并通过动态的特征化因子来量化环境影响
Levasseur等[51]	Environmental Science & Technology	DLCA评价使用随时间变化的消耗量和排放量清单数据，并采用随时间视角变化的特征化因子量化环境影响
Pehnt[121]	Renewable Energy	DLCA中需要考虑一些参数，这些参数与未来环境具有相关性，且有重要的时间依赖性
Peng等[122]	Journal of Manufacturing Science and Engineering	DLCA考虑到时间变化的因素或不确定性，从而形成动态的生命周期清单和(或)影响评估
Sohn等[123]	Integrated Environmental Assessment and Management	DLCA是一种纳入影响建模系统结果和解释的时间引起的变化因素的LCA
Stasinopoulos等[119]	The International Journal of Life Cycle Assessment	“动态性”是指系统的状态如何在内部和外部产生的力的作用下随时间而变化
Yang & Chen[82]	Applied Energy	DLCA是在静态LCA的基础上考虑随时间变化的影响因素

基于已有学者的研究，本书对DLCA的内涵总结如下：

(1) DLCA 是对一个产品系统从原材料采掘到废弃物最终处理的生命周期中随时间变化的输入、输出及其潜在环境影响的汇编和评价。

(2) DLCA 应该纳入具有时间相依性的动态评价要素，其具有变化可预测性和显著性的影响因素的动态变化作用于动态评价要素，进而对输入、输出及其潜在环境影响形成动态影响。

(3) DLCA 评价属于 LCA 评价方法的范畴，依然要遵循 LCA 评价的基本范式和框架，按照“目标与范围确定→生命周期清单分析→生命周期影响评价→生命周期解释”的流程开展评价；应具有 LCA 评价方法的基本特征，即客观性、系统性、因果性和开放性。

2.5 小结

本章的工作及成果总结如下：

(1) 基于 LCA 评价的标准步骤，分析清单分析和影响评价步骤中潜在的时间动态变化，认识 LCA 评价的时间动态性。

(2) 综述当前 DLCA 研究的主要进展：总结动态实景清单数据收集的主要方法，包括现场监测、模拟和情景分析；分析背景清单数据采集常见方法，包括基于历史数据预测、能源结构动态和情景分析；总结不同影响类型的动态特征化研究进展和应用情况；分析动态加权常用指标(动态污染治理成本和折现率)及优缺点。

(3) 基于当前学者对 DLCA 的认识，结合 LCA 的时间动态性分析及当前动态研究进展，提炼总结 DLCA 内涵。

本章内容已发表成论文，读者可详见文献[456]和文献[457]。

第3章　建筑 DLCA 框架构建

本章遵循一般 LCA 框架，以 BEPAS 模型为基准，通过评价步骤间的逻辑关系以及数据转化关系分析提炼了动态评价要素。基于文献调研和理论分析，明确了 DLCA 动态评价要素的基本特征，通过融合动态评价要素与 LCA 评价的基本范式构建了建筑 DLCA 评价框架。

3.1　动态评价要素

BEPAS 是国内建筑工程评价领域较为成熟的方法体系[22,124]，基于 BEPAS 制定的《建筑工程可持续性评价标准》(JGJ/T 222—2011)[43]已于 2012 年发布实施，是目前国内唯一的建筑 LCA 评价标准。鉴于此，选择 BEPAS 模型作为动态评价体系的基础，分析评价流程，明确动态评价要素。

3.1.1　BEPAS 框架和流程

BEPAS 评价模型遵循 LCA 基本范式，评价框架如图 3-1 所示，基本流程介绍如下[43]：

(1) 系统边界与评价范围确定。评价系统边界为建筑的全生命周期，包括建筑材料生产、构配件加工制造、运输、施工与安装、使用期建筑物运营与维护、循环利用、拆除与处置。评价范围根据质量准则、造价准则、能耗准则和水耗准则予以确定。

(2) 清单分析。收集评价的基础数据，包括全生命周期内的建筑材料、建筑构配件、能源和水资源的消耗量，并基于 CLCD 数据库将消耗量转化原材料投入量和污染物排放量，形成清单数据。CLCD 是基于中国市场平均技术水平建立的基础清单数据库[125]，包括初级能源消耗、水资源消耗、全球暖化、酸化等多种影响类型的清单物质，共 600 多个数据集，在中国产品的 LCA 评价中得到了较为广泛的运用[126-128](其界面如图 3-2 所示)。由于基础清单

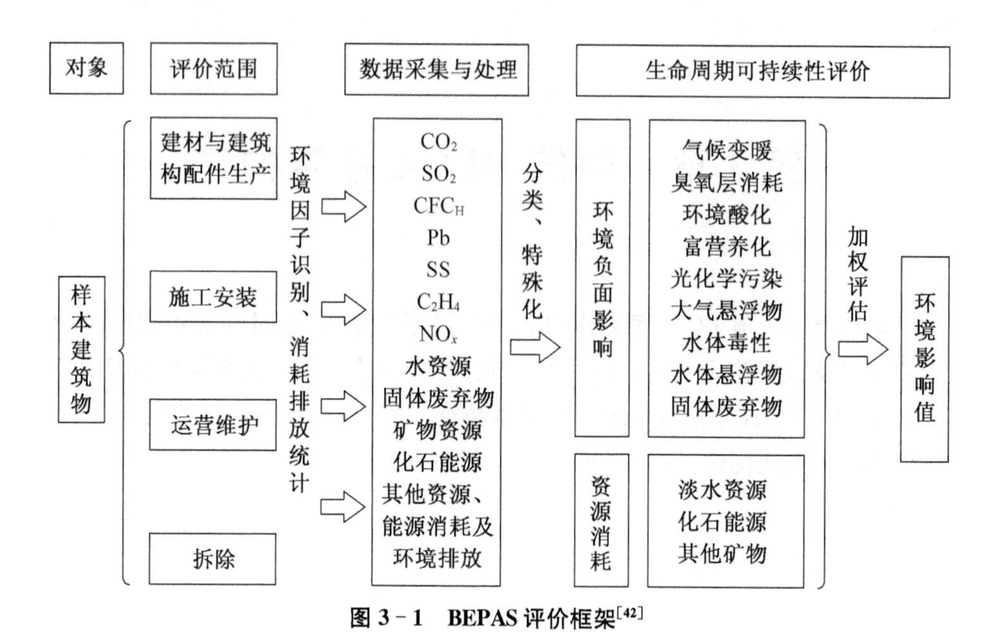

图 3-1　BEPAS 评价框架[42]

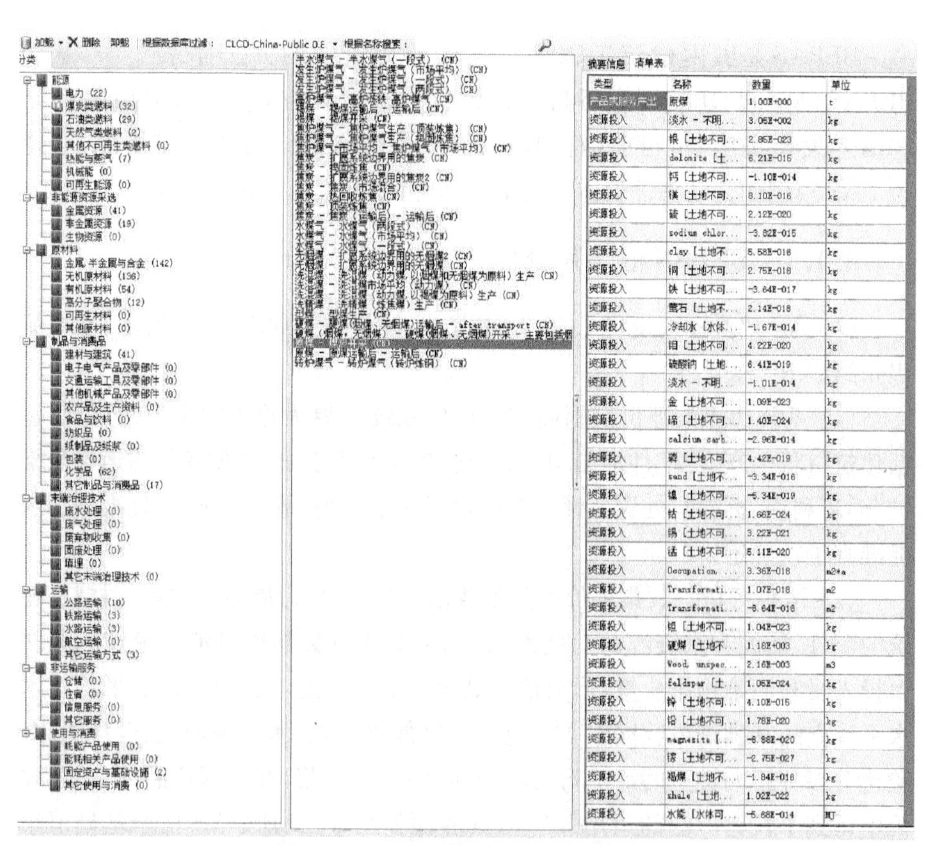

图 3-2　CLCD 基础清单数据库界面

数据具有较强的地域性，受行业生产特点和区域技术水平影响显著，国外成熟的数据库并不能较好地适用于中国产品的环境影响评价。CLCD 数据库较全面地包括了无机非金属、钢材、塑料等各类建材产品的基础清单数据，故选用其开展清单分析。

(3) 影响评价。影响评价包括影响类型分类、特征化和加权三个步骤：将环境影响类型分为生态破坏和资源消耗两大类，并细分为十余个子类；为每类环境影响选定当量污染物质，通过其他污染物的影响潜力数值计算特征化因子，将多种污染物引起的环境负荷进行汇总；基于修正的环境税、排污费率及矿产资源税等，采用货币化法构建权重因子，量化得到环境影响数值。

(4) 解释。对评价结果进行分析、形成结论、为决策者提供建议，并分析说明不确定性。

3.1.2　基于数据转化关系的动态评价要素构成提出

BEPAS 评价中的计算过程和数据转化过程可采用公式和矩阵形式表达，如式 3-1 和式 3-2 所示。各矩阵及元素的相关信息汇总如表 3-1 所示。其中，$\boldsymbol{I}_{\mathrm{EI}}$(Environmental Impact Index)为环境影响指数矩阵，是 $1\times s$ 维的行矩阵，其中的矩阵元素是某种具体的影响类型的评价指数值；$\boldsymbol{C}$(Consumption)是被评价建筑的消耗量矩阵，是 $1\times s$ 维的行矩阵，其中的元素是该建筑对某种资源/能源的消耗量；$\boldsymbol{D}_{\mathrm{I}}$(Inventory Dataset)是基础清单数据矩阵，是 $i\times j$ 维矩阵，矩阵元素是相关资源/能源的原材料投入数据/环境排放数据；$\boldsymbol{F}_{\mathrm{C}}$(Characterization Factor)是特征化因子矩阵，是 $j\times s$ 维矩阵，矩阵元素是环境排放 j 对影响类型 s 的特征化因子；$\boldsymbol{F}_{\mathrm{W}}$(Weighting Factor)是权重因子矩阵，是 s 阶的对角矩阵，主对角线上的元素是某影响类型的权重因子，其余均为 0。下标 i 表示被评价建筑消耗的资源和能源的种类数量；j 表示投入产出清单中消耗的原材料和环境排放的种类数量之和；s 表示影响子类的数量。

$$\boldsymbol{I}_{\mathrm{EI}}=\boldsymbol{C}\times\boldsymbol{D}_{\mathrm{I}}\times\boldsymbol{F}_{\mathrm{C}}\times\boldsymbol{F}_{\mathrm{W}} \tag{3-1}$$

$$\begin{aligned}\boldsymbol{I}_{\mathrm{EI}}&=\begin{bmatrix} i_{\mathrm{ei},1} & \cdots & i_{\mathrm{ei},s}\end{bmatrix}\\ &=\begin{bmatrix} c_1 & \cdots & c_i\end{bmatrix}\times\begin{bmatrix} f_{\mathrm{i},11} & \cdots & f_{\mathrm{i},1j}\\ \vdots & \ddots & \vdots\\ f_{\mathrm{i},i1} & \cdots & f_{\mathrm{i},ij}\end{bmatrix}\times\begin{bmatrix} f_{\mathrm{c},11} & \cdots & f_{\mathrm{c},1s}\\ \vdots & \ddots & \vdots\\ f_{\mathrm{c},j1} & \cdots & f_{\mathrm{c},js}\end{bmatrix}\times\begin{bmatrix} f_{\mathrm{w},1} & 0 & 0\\ 0 & \ddots & 0\\ 0 & 0 & f_{\mathrm{w},s}\end{bmatrix}\end{aligned} \tag{3-2}$$

表 3-1　评价矩阵及元素说明

矩阵		行列数	矩阵元素说明	
$\boldsymbol{I}_{EI}$	环境影响指数矩阵	1 行×s 列	$i_{ei,s}$	影响子类 s 的环境影响指数值
$\boldsymbol{C}$	建筑消耗量矩阵	1 行×s 列	c_i	被评价建筑的第 i 种资源/能源的消耗量
$\boldsymbol{D}_I$	基础清单数据矩阵	i 行×j 列	$f_{i,ij}$	第 i 种资源/能源需要投入的 j 原材料量 or 第 i 种资源/能源排放出的 j 排放物质量
$\boldsymbol{F}_C$	特征化因子矩阵	j 行×s 列	$f_{c,js}$	第 j 种原材料/排放物对影响类型 s 产生的影响
$\boldsymbol{F}_W$	权重因子矩阵	s 行×s 列	$f_{w,s}$	第 s 种影响子类的权重因子

根据上述公式化表达，分析 BEPAS 评价的数据转化逻辑关系如图 3-3 所示。可看出，BEPAS 的环境影响评价结果主要由 4 类数据加乘最终形成，包括消耗量这一基础数据以及基础清单数据集、特征化因子和权重因子 3 类乘子数据。在 BEPAS 模型中，这 4 类数据均是根据评价时点的规划设计方案、技术条件、能源结构等情况确定。其中消耗量数据基于工程文件和评价时点的设计技术参数及使用情况确定；基础清单数据来自清单数据库或通过现场实际调研确定；特征化因子是常数值，基于评价时点的环境背景浓度，通过计算不同污染物的环境影响潜力确定；权重因子是基于评价时点的环境税、排污费率、矿产资源税等确定。结合动态评价研究论文的综述，可将建筑 DLCA 模型的动态评价要素构成划分为消耗量、基础清单数据、特征化因子和权重因子这 4 类。

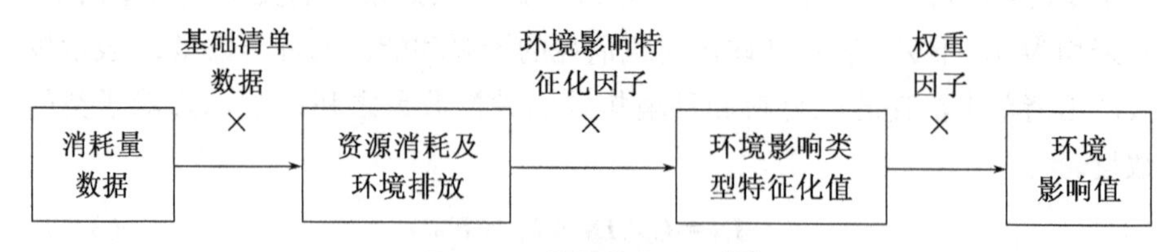

图 3-3　数据转化流程[43]

在 DLCA 中，评价要素的取值受到外界环境、经济、社会等条件变化的影响，随时间发生变化。评价要素在静态与动态 LCA 的差异对比如表 3-2 所示。

表 3-2 静态与动态 LCA 中评价要素对比

评价要素	静态 LCA	DLCA
消耗量	整个生命周期的消耗量保持在当前(评价时点)水平	消耗量随时间变化
基础清单数据	在评价时点采用静态基本清单数据集进行评价	在评估中采用了随时间变化的基础清单数据集
特征化因子	假定整个生命周期的排污染物放都发生在某一时间点	特征化因子随污染物排放时间的变化而变化
权重因子	权重因子在生命周期中保持不变	权重因子随时间发生变化

3.2 动态评价要素基本特征

综合 DLCA 研究综述，进一步总结和提炼，动态评价要素的特征可明确为：

(1) 动态评价要素具有时间相依性。该特征已经在文献综述部分进行了深入阐述，不予赘述。另外，虽然在建筑寿命周期内，资源消耗和环境排放等产生的环境负荷也会受到地域差异的影响[129]，但考虑在评价时点受评建筑的空间位置已经确定，在长周期内通常不会发生变化，评价要素空间动态性的影响因素，如气候条件、资源禀赋、环境排放物质的背景值等基本保持不变，因此本书不考虑空间相关的动态评价要素。

(2) 动态评价要素的影响因素变化趋势具有可预测性。科学合理把握动态评价要素随时间的变化趋势，是动态评价要素融入 LCA 评价框架的关键。动态评价要素变化的影响因素很复杂，包括有规律性变化因素和突发冲击性变化因素，如消耗量动态评价要素，其变化有可能来自可预测或情景模拟的技术进步水平的影响，也可能来自地震、火灾等不可抗力因素或突变性的技术创新所导致的消耗量突变。由于突发冲击性因素所导致的评价要素变化在发生的时点、影响范围和后果方面具有显著的不确定性，在评价时点是难以把握的，因此本书聚焦于可预测的规律变化因素所导致的动态评价要素的变化趋势。

(3) 动态评价要素的动态变化对评价结果应具有显著性。建筑的建造和使用是一个复杂的过程系统，环境影响形成的因素和环境复杂。考虑到

DLCA 研究发展并未成熟,为了突出主要矛盾,本书聚焦于对环境影响的动态变化具有较大影响的因素。例如,建筑使用期内维护更新相关活动的环境影响在全生命周期总影响中占比约为 1%左右[130],这其中维护更新相关的施工安装活动产生的环境负荷仅占 30%[131],累计占总量的 0.3%左右,可见未来维护施工的工艺水平提升所带来的环境影响动态变化很小,纳入动态评价的意义不大。

3.3 建筑 DLCA 评价框架

基于静态建筑评价系统 BEPAS,遵循 LCA 评价范式,有效融合四类动态评价要素及其动态评估模型,构建"全生命周期动态消耗量收集→动态清单分析→分类和动态特征化→动态加权→动态环境影响值"的建筑 DLCA 评价系统(如图 3-4)。该评价系统明确了动态评价的基本流程、关键步骤、输入输出关系、重要参数等,能够有效量化建筑工程造成的生态破坏类和资源耗竭类动态环境影响。

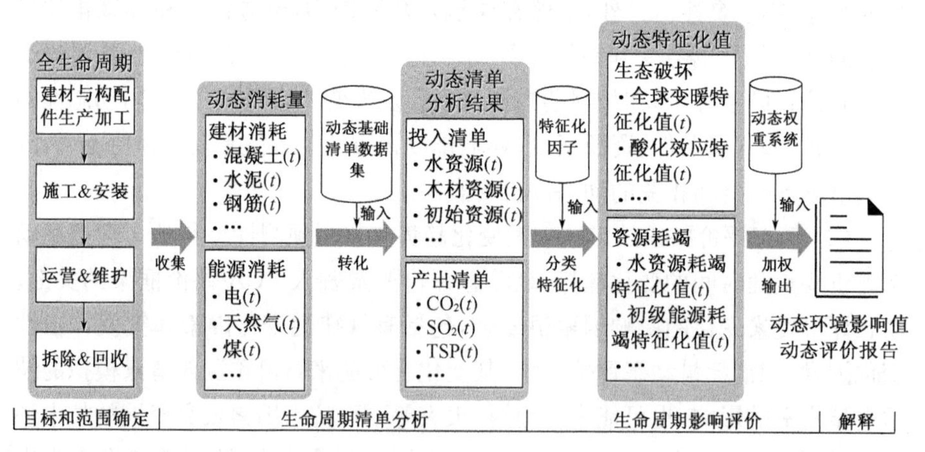

注:t 表示包含时间信息。

图 3-4 建筑 DLCA 评价框架

(1) 系统边界和范围确定

动态评价的系统边界为建筑的全生命周期,包括原材料开采、建材加工、施工安装、运营维护和拆除处置的全过程,如图 3-5 所示。其中,原材料开采、建材加工和施工安装统称为物化阶段，运营和维护统称为使用阶段。

评价开展的时点是在设计阶段结束之后、投入施工之前，是对该建筑全生命周期环境影响的预评价，评价开展的时点记为基准年，评价者可以结合精度需求合理选择时间步长。

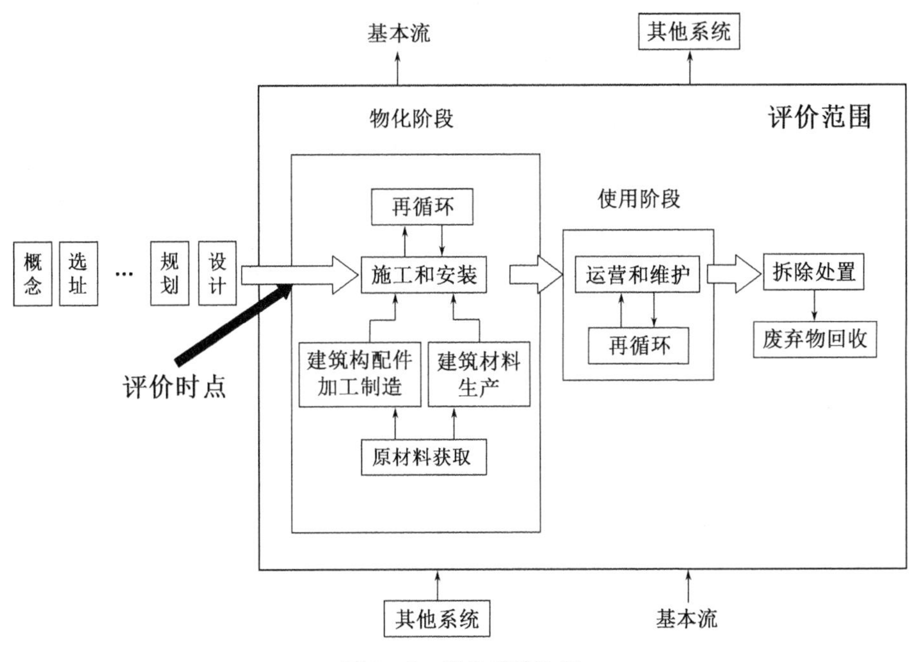

图 3-5　评价系统边界

(2) 清单分析

收集被消耗材料、构件、能源的类型、数量等数据以及该材料/能源消耗所发生的时点，形成受评对象含时间信息的消耗量清单。根据受评时的平均施工工艺水平和消耗水平核算使用前物化消耗量；根据各类构件的设计使用寿命以及主要建筑材料的回收利用水平核算再现物化消耗量；运营消耗量应考虑随时间的变动情况。消耗量动态评估详见第 4 章。

基于动态基础清单数据将资源和能源的消耗量数据转化为原材料和能源的投入量数据以及环境排放数据，形成清单输出结果。这个步骤的开展依赖于动态基础清单数据的支持，相关研究详见第 5 章。

(3) 影响评价

当前许多影响类型的动态特征化因子的研究尚不成熟，为了保证评价的一致性，模型中暂不考虑特征化因子的动态性，依然采用 BEPAS 中的静态特征化因子。由于 LCA 评价体系具有开放性，随着相关领域研究进展，未来容易逐步将共识性较高的研究成果纳入 DLCA 评价框架。DLCA 模型中仍旧沿用 BEPAS 中的环境影响分类特征化因子，将被评价对象的资源消耗及环境排放数据转化为各类环境影响的特征化值。

基于目标距离法，采用不同时期内环境减排或控制指标以及资源能源的耗竭度构建动态权重系统，对各种环境影响类型进行加权评价，输出动态环境影响指数值，动态权重系统构建详见本书第 6 章。

DLCA 评价中的计算过程和数据转化过程可采用公式和矩阵形式表达，如式 3－3 和 3－4 所示。其中 t 代表时间，以一年作为时间步长，$EII(t)$是被评价建筑在 t 年的环境影响指数值，计算时采用对应年份的消耗量数据、基础清单数据和权重因子，各矩阵及元素说明如表 3－3 所示。

$$\boldsymbol{I}_{\mathrm{EI}}(t)=\boldsymbol{C}(t)\times\boldsymbol{D}_{\mathrm{I}}(t)\times\boldsymbol{F}_{\mathrm{C}}\times\boldsymbol{F}_{\mathrm{W}}(t) \tag{3-3}$$

$$\begin{aligned}\boldsymbol{I}_{\mathrm{EI}}(t)&=\begin{bmatrix}i_{\mathrm{ei},1}(t) & \cdots & i_{\mathrm{ei},s}(t)\end{bmatrix}\\&=\begin{bmatrix}c_1(t) & \cdots & c_i(t)\end{bmatrix}\times\begin{bmatrix}f_{\mathrm{i},11}(t) & \cdots & f_{\mathrm{i},1j}(t)\\ \vdots & \ddots & \vdots\\ f_{\mathrm{i},i1}(t) & \cdots & f_{\mathrm{i},ij}(t)\end{bmatrix}\times\\&\quad\begin{bmatrix}f_{\mathrm{c},11} & \cdots & f_{\mathrm{c},1s}\\ \vdots & \ddots & \vdots\\ f_{\mathrm{c},j1} & \cdots & f_{\mathrm{c},js}\end{bmatrix}\times\begin{bmatrix}f_{\mathrm{w},1}(t) & 0 & 0\\ 0 & \ddots & 0\\ 0 & 0 & f_{\mathrm{w},s}(t)\end{bmatrix}\end{aligned} \tag{3-4}$$

表 3－3　动态矩阵及元素说明

矩阵说明		元素说明	
$\boldsymbol{I}_{\mathrm{EI}}(t)$	动态环境影响指数矩阵	$i_{\mathrm{ei},s}(t)$	被评价对象在 t 年的第 s 种影响子类的环境影响指数值
$\boldsymbol{C}(t)$	动态消耗量矩阵	$c_i(t)$	被评价对象在 t 年对第 i 种资源/能源的消耗量
$\boldsymbol{F}_{\mathrm{I}}(t)$	动态基础清单数据矩阵	$f_{\mathrm{i},ij}(t)$	t 年时，第 i 种资源/能源需要投入的 j 原材料量或第 i 种资源/能源排放出的 j 环境排放质量
$\boldsymbol{F}_{\mathrm{W}}(t)$	动态权重因子矩阵	$f_{\mathrm{w},s}(t)$	第 s 种影响子类在 t 年的权重因子

3.4　小结

本章的工作及成果总结如下:

(1) 以发展成熟、使用广泛的 BEPAS 评价方法为动态评价模型构建基础,基于评价中的数据转化关系提出包括消耗量、基础清单数据、特征化因子和权重因子的动态评价要素构成,进一步明确传统 LCA 和 DLCA 的主要区别。

(2) 明确 DLCA 评价中动态评价要素的特征,包括:具有时间相依性,其影响因素变化趋势具有可预测性,以及其动态变化对环境影响评价结果有显著性。

(3) 遵循 LCA 的基本评价范式,结合动态评价要素,构建了建筑 DLCA 评价框架,并明确评价流程。

第4章 动态消耗量评估方法

本章将明确建筑全周期消耗量动态性的影响因素、量化评估方法、数据收集方式、相关参数取值及来源，在设计阶段结束后、投入施工前开展全周期动态消耗量预测，为DLCA评价提供基础数据。

4.1 物化消耗量动态评估

建筑全生命周期内的消耗量可以划分为物化消耗量（embodied consumption）和运营消耗量（operational consumption）两类[132-133]。物化消耗量是指建材加工制造、运输、建造施工、维修、拆除和处置等相关活动产生资源和能源消耗量。根据发生的时点是在建筑投入使用前还是使用后，物化消耗量可以再细分为使用前物化消耗量（pre-use embodied consumption）和再现物化消耗量（recurring embodied consumption）。

4.1.1 使用前物化消耗量动态评估

在施工活动开始之前，建筑形成所需的材料部品的类型、数量及由此确定的资源和能源消耗量等基本上可以根据规划设计方案和工程量清单予以明确。但施工过程中材料部品的损耗、机械设备投入的数量类型等都对使用前的物化消耗量产生影响。目前建筑领域的传统LCA评价常忽略这一影响，或采用实际调研数据进行修正，缺乏规范、统一的从工程量数据到施工消耗数据的转化模式。为了量化施工阶段的环境影响水平，明确参建主体的环境责任，有必要根据受评时的平均施工工艺水平和消耗水平，提出使用前物化消耗量的核算模式。

本章基于施工图纸和工程定额，构建“工程空间几何数据→工程量清单数据→材料和机械消耗量数据”的消耗数据转化模式，在评价时点预测社会平均水平下被评价对象的使用前物化消耗量，分为两个步骤：基于工程分解结构收集工程量数据和基于定额形成消耗量数据。

(1) 基于工程分解结构的工程量数据收集

工程量是指以物理的或自然的计量单位表示的各个具体分项工程的数量，是直接与个体项目相关的数据。为了系统完备地收集项目的工程量数据，基于工作分解结构的思路，按照技术和管理属性，本章参照《建设工程工程量清单计价规范》(GB 50500—2013)[134]对项目按照分部(子分部)进行单元过程划分(如图 4 - 1 所示)，以确保单元过程划分的规范性和统一性。土建工程包括土石方工程、桩基工程、砌筑工程等 6 个分部，措施项目包括模板及支架工程、垂直运输工程、脚手架工程等 4 个分部，其中钢筋混凝土与金属结构工程包括内容较多，可再细分为 9 个子分部。运用上述的工程分解方法，将环境影响评价所需的基础数据与招投标所需的工程量清单数据建立了紧密的关联关系，可通过对工程量清单的分析获取各工程实体项和措施项有关的分部分项工程量，经汇总可形成建筑物化阶段环境影响评价的工程量数据清单。

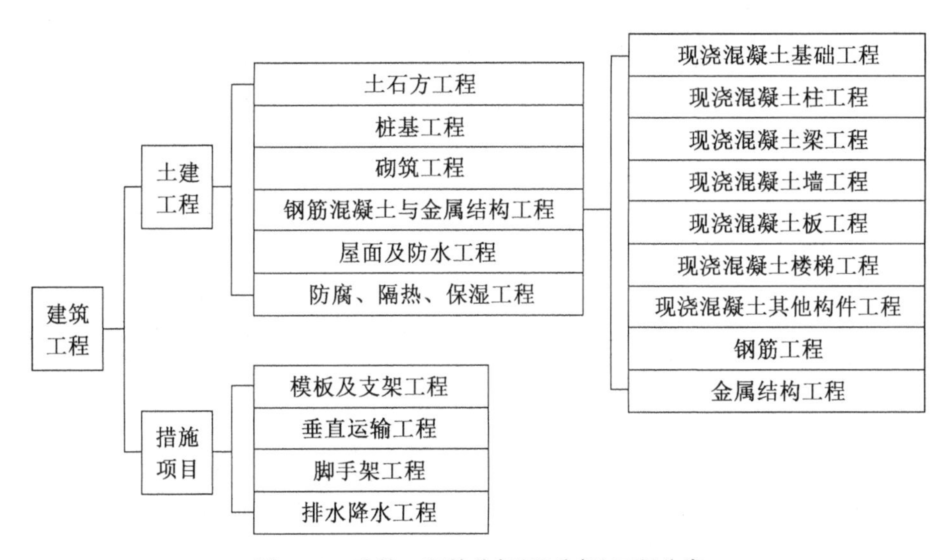

图 4 - 1　建筑工程的分部(子分部)工程分类

(2) 基于定额的消耗量数据形成

工程量数据只是对分项工程的空间尺寸的描述，并不能直接反映完成一定工程量所需的建筑材料、构配件和机械台班量，本章基于工程定额将工程量数据转化为资源/能源的消耗量数据。定额是在规定工作条件下，完成合格的单位建筑安装产品所需用的材料、机具、设备等数量标准，我国住房和城乡建设部于1995年发布首个建筑工程量定额——《全国统一建筑工程基础定额 土建》(GJD 101—95),随后定额体系逐渐发展完善,各省市根据该地区的行业情况发展形成了较为完善的预算定额体系。这些预算定额用明确的计算规则确定了社会平均水平下完成特定工程量与消耗量之间的数量关系。消耗量不仅考虑了单纯的数量转换关系,也考虑了包括运输损耗、施工操作损耗以及现场堆放损耗等实际实施环节的损耗量。利用定额主要确定如下几类消耗量数据:

① 建筑材料消耗量数据:根据工程量清单和预算定额加以确定,通过分类汇总可形成某分部分项材料消耗清单或某类材料消耗量清单。

② 周转材料消耗量数据:对于不构成工程实体的周转材料如模板、脚手架等,可分析其用途和材质,依据额定周转次数进行消耗量摊销。

③ 机械设备能源消耗量数据:根据工程量清单和定额计算出机械台班量,而后利用施工机械台班的能源消耗效率定额,即可估算出相应的能源消耗量数值。

本章基于施工图纸和工程定额,提出使用前物化消耗量的核算模式,可在工程设计阶段结束之后、投入施工前就获取相关消耗量数据,该数据反映了社会平均施工水平,并且消除了实施主体差异对建筑产品环境影响评价造成的影响,能够支持环境影响的预测评估[42,124]。使用前物化消耗量数据转化流程如图4-2所示。

4.1.2 再现物化消耗量动态评估

再现物化消耗量是建筑维修、拆除和处置等相关活动形成的消耗量,是建筑物理实体功能恢复和灭失有关的资源和能源消耗,主要包括三个部分:失效材料和构件维护更新带来的材料和构件消耗量,建筑废弃物回收使用节约的建筑材料量以及维护、拆除、运输、填埋等施工活动产生的资源消耗量和机械设备能源消耗量。其中,第三部分如3.2节所述,消耗量很少,环境影响在全生命周期总影响中占比非常小[130],可不考虑动态变化,沿用静态评价的数据。

(1) 维护更新相关消耗量

建筑中使用的材料和构件繁杂,考虑可靠性和耐久性,使用寿命也不尽相同,需要适时进行维护更新。《建筑结构可靠性度设计统一标准》(GB 50068—2018)[135]中明确了各类结构的设计使用年限:普通房屋和构筑物的设计使用年限为50年、易于替换的结构构件设计使用年限为25年、临时性结构的设计使用年限为5年。可见,主体材料和构件在设计基准期内都能满足其功能,但

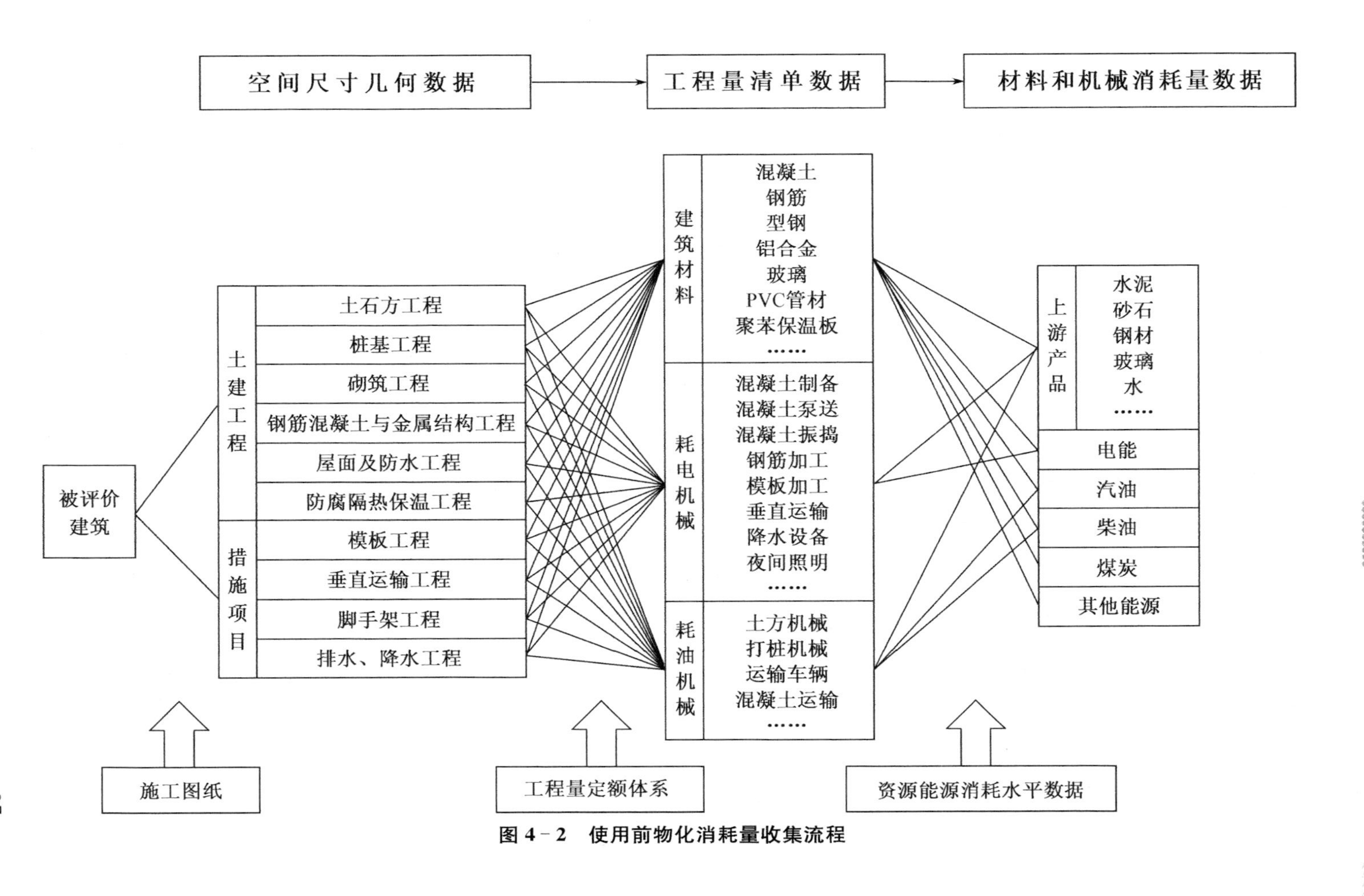

图4-2　使用前物化消耗量收集流程

是如门窗、幕墙、涂料、瓷砖等属于非持久性非结构构件,需要适时进行维护或更换。因此可明确维护更新阶段的消耗量影响因素为各类构件的设计使用寿命。

基于《建筑结构可靠性设计统一标准》[135],并参考相关研究中对建筑主要构件和材料寿命的建议值[136-137],确定需要更新的构件种类、更新次数和更新时点,如表 4-1 所示。

表 4-1　主要建材和构件的使用寿命

材料/构件	使用寿命(年)	参考文献	更新次数	更新时点
门窗	25	文献[136]、文献[137]	1	第 26 年
屋顶	25	文献[136]、文献[137]	1	第 26 年
排水管	30	文献[136]	1	第 31 年
涂料、墙纸	10	文献[136]	4	第 11 年、21 年、31 年、41 年

材料和构件更新产生的消耗量可以采用公式(4-1)和(4-2)进行计算,被评价对象寿命与构件寿命的比值减去 1 之后再向上取整,可得到该构件在评价对象全生命周期内需要更新的次数,乘以单次更新的消耗量可得到总消耗水平。消耗量既包括被更新的构件本身的材料消耗量,也包括维护更新相关施工活动产生的资源及能源消耗量。公式中 T_k 的取值可以参考表 4-1,m_k、n_k 和 $c_{k,i}$ 的取值根据工程量清单等工程文件以及工程定额确定。

$$m_{c,k}=\left(\frac{T_r}{T_k}-1\right)\cdot m_k\cdot n_k \tag{4-1}$$

$$m_{c,i}=\sum^{k}\left(\frac{T_r}{T_k}-1\right)\cdot c_{k,i}\cdot n_k \tag{4-2}$$

式中,$m_{c,k}$:维护更新消耗的构件 k 总质量,单位 kg;

m_k:单个构件 k 的质量,单位 kg;

n_k:每次维护更新需要更换的构件 k 的数量,单位个;

T_r:被评价对象寿命,对于住宅,取设计使用年限 50 年;

T_k:构件 k 的设计使用寿命,单位年;

$m_{c,i}$:构件维护更新施工活动中对资源/能源 i 的消耗量,单位 kg;

$c_{k,i}$:更新单个构件 k 的施工活动需要消耗的资源/能源 i 的质量,单位 kg;

(2) 拆除处置相关消耗量

建筑拆除阶段主要的环境影响来源于废弃物的回收使用替代效应形成的

对资源的消耗折抵效应以及废弃物处置的消耗增加效应的累加。静态LCA评价以及BEPAS虽然考虑了拆除废弃物回收使用的环境影响，但通常是根据评价时点废弃物的回收利用水平进行计算，未考虑废弃物回收利用水平在建筑长周期中可能的变化以及带来的影响。目前，我国的建筑废弃物资源化利用能力还很低[138]，与美国、德国、日本等发达国家相比还有很大差距[139]，未来有较大的提升空间，有必要将主要建筑材料的回收利用率水平作为重要的影响因素纳入消耗量动态评价中。

我国建筑废弃物的主要成分是废混凝土、废砌块、废木料、废金属等，且不同废弃物根据物料性质采用不同的利用方式[140]（如图4-3所示）。废金属通过回炉熔炼之后可以再次使用，回收利用率较高；废玻璃直接由玻璃厂回收，经加工修复之后再投入使用；整块的废砌块可以回收使用，其余回填；废混凝土部分回填，部分加工为骨料再使用。可以看出，建筑废弃物中能够进行回收利用的主要材料种类包括废金属(大部分是钢筋)、废玻璃和废砌块。

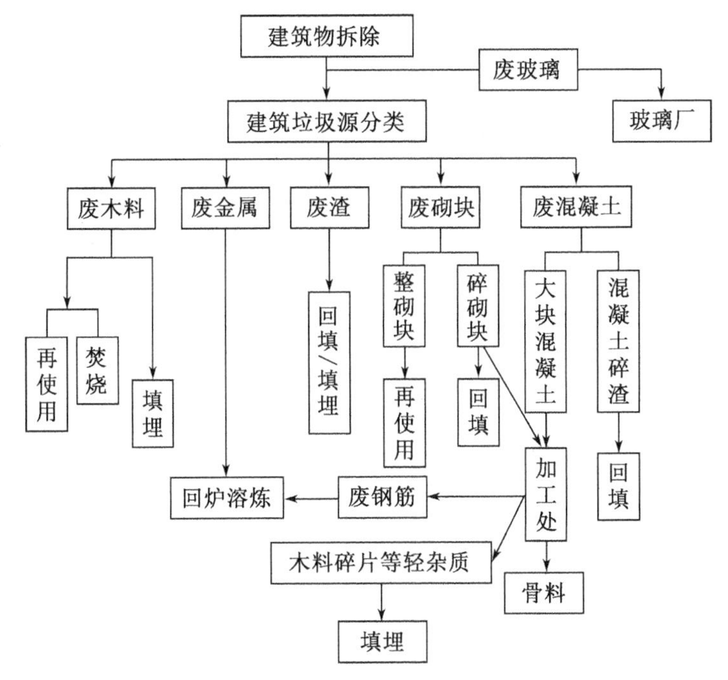

图4-3　建筑废弃物分类利用过程图[140]

建筑废弃物回收处置的相关消耗可以用式4-3和式4-4进行计算，既包括废旧材料回收节约的材料消耗量，也包括回收利用该废旧材料需要投入的资源/能源消耗量,其中废弃材料的回收利用率应根据回收时点的水平确定。

$$c_{d,k}(t) = -w_k \cdot r_{c,k}(t) \tag{4-3}$$

$$c_{d,i}(t) = \sum^{k} w_k \cdot r_{c,k}(t) \cdot c_{ki} \tag{4-4}$$

式中,$c_{d,k}(t)$:t 年时,建筑废弃物回收对材料 k 的消耗量,单位 kg;

w_k:建筑废弃物中材料 k 的质量,单位 kg;

$r_{c,k}(t)$:材料 k 在 t 年的回收利用率;

$c_{d,i}(t)$:t 年时,建筑废弃物回收过程中对资源/能源 i 的消耗量,单位 kg;

$c_{k,i}$:回收单位质量材料 k 需要消耗的资源/能源 i 的质量,单位 kg;

废弃物回收利用率缺乏官方统计数据,文献[131]和文献[128]基于我国目前的建筑废弃物回收处置情况,明确了几种主要建筑废弃物回收率,且相差不大,本章取其平均值作为评价时点的回收利用水平,如表 4-2 所示:废钢材回收率为 80%、废砌块回收率为 58%、废玻璃回收率为 75%。废弃物回收利用率水平的变化预测是一个比较复杂的问题,涉及较多技术设备和工艺水平,难以准确,本章分设三个情景来分析废弃物回收利用率的变化情况,如表 4-3 所示:基准情景假设 50 年后废旧材料的回收利用率与当前保持一致,不发生变化;提升情景考虑到我国加强废弃物资源利用水平,50 年后废弃物的回收利用水平较当前水平提升 15%;理想情景假设废弃物回收相关技术发展较快,废弃物实现全部回收。

表 4-2 建筑废弃物当前回收利用率

文献	废钢材回收率	废砌块回收率	废玻璃回收率
文献[131]	90%	60%	80%
文献[128]	70%	55%	70%
本章	80%	58%	75%

表 4-3 建筑废弃物回收率变化情景

情景设定		废钢材回收率	废砌块回收率	废玻璃回收率
基准情景	保持当前水平不变	80%	58%	75%
提升情景	较当前水平提升 15%	95%	73%	90%
理想情景	全部回收	100%	100%	100%

为更好地说明废弃物回收利用率变化对评价结果的影响，以 1 吨热轧 H 型钢(碳钢)回收利用为例，采用 BEPAS 模型量化其在不同回收率情景下的环境影响值(包括回收节约材料的环境收益、因回收利用消耗资源产生的环境影响以及不回收部分填埋处理的环境影响三个部分)，结果如图 4 - 4 所示。相比于基准情景，提升情景的钢材回收利用率提升 15%，节约的环境影响值增加了 19%；理想情景的钢材回收利用率提升 20%，节约的环境影响值增加了 25%。可见，废旧材料回收水平的提升能够减缓环境负荷，将其动态变化纳入评价是有意义的。

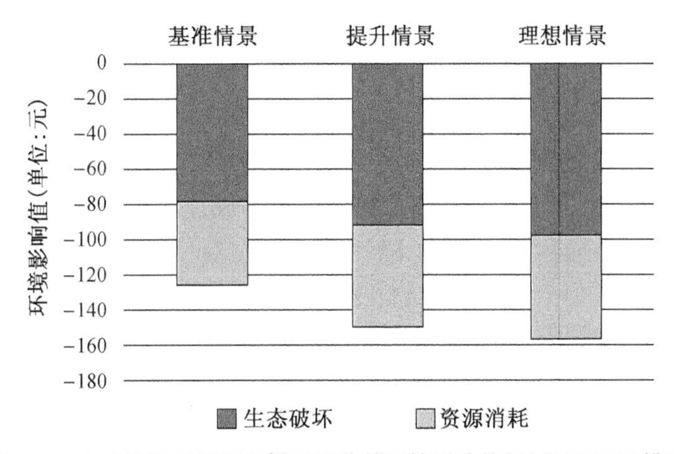

图 4 - 4　1 吨热轧 H 型钢(碳钢)回收的环境影响值(采用 BEPAS 模型)

4.2　运营消耗量动态评估

运营消耗是指满足使用人在建筑内从事生产、生活活动消耗的资源和能源，主要来源于各建筑设备，包括采暖通风、空调系统、照明系统、电气及动力系统等[43]。在静态 LCA 评价中，一般根据设备用能形式，分为供暖系统设备和非供暖设备的能耗汇编，根据建筑图设计参数和拟选用设备的技术参数设定日能耗量、日耗水量、设备功率等，再乘以建筑的生命周期时长计算消耗量[43]，如式 4 - 5 和式 4 - 6 所示。

$$H = C \cdot S \cdot T \cdot l \tag{4-5}$$

式中，H：供暖系统的耗煤量/耗电量/耗水量；

C：单位建筑面积供暖设备的日均耗煤量/日均耗电量/日均耗水量；

S：总建筑面积；

T：供暖设备的年均运行时间；

l：建筑工程的生命周期。

$$F = l \cdot \sum^{i} P_i \cdot T_i \tag{4-6}$$

式中，F：非供暖设备的耗水量/耗电量；

P_i：第 i 种设备的日均耗水量/功率；

T_i：第 i 种设备的年均运行时间。

从公式可知，传统 LCA 假定运营消耗水平在建筑全生命周期内始终与评价时点的水平保持一致。但事实上，运营消耗具有较大的变动可能，我国 1990 年的居民生活能源消费量为 1.58 亿吨标准煤，2015 年已达到 5.01 亿吨标准煤，25 年间增长了两倍多[2]。由于建筑的设计使用寿命通常为数十年，运营能源消耗量占全生命周期总能耗的 90%左右[141]，环境影响水平占总环境影响的 80%左右[32,142]，消耗量自身很大，随时间变化的幅度也可能很大，可以估计对环境影响评价结果的影响也应很大，故应重点考虑。

本章中水资源消耗量沿用静态评价数据，仅考虑能源消耗量的动态变化。该限定主要基于以下考虑：第一，水资源的生产使用过程中环境排放很小，相关环境影响并不显著，研究显示，建筑全生命周期内水资源消耗这一子类仅占环境影响总值的 3.8%[21]，比例很小；第二，建筑全生命周期中较大的环境影响（气候变暖、酸化和大气悬浮物）主要来自能源生产使用的环境排放[21]，而运营相关能源消耗量占建筑全生命周期总能耗的 90%左右[141]，且存在较大变化的可能，应是重点评价的对象。

4.2.1 影响因素分析

住宅是我国民用建筑的主要类型，量大面广，过去 10 年间住宅的施工面积和竣工面积占全国总量的比例超过 50%，长周期产生的环境影响十分显著。本章节以住宅建筑为研究对象，研究其运营消耗量的动态评估。

住宅运营相关的能源消耗主要包括几个部分：夏季制冷能耗、冬季采暖能耗、生活热水能耗、炊事设备能耗、照明能耗和家用设备能耗[143]，能源形式包括电力、燃煤、天然气等多种，且以电力为主[144]。本章主要分析住宅运营的电力消耗量，通用计算公式如式 4-7 所示，设备的数量、功率和使用时长共同决定能源的消耗量水平。需要说明的是，生活热水的能耗计算不能采用式 4－7，考虑到生活热水大部分用于洗浴，构建洗浴能耗的计算公式如式 4－8 所示，受到洗浴次数、时长和流量的影响。

$$L_E = \sum^{i} N_i \cdot P_i \cdot T_i \tag{4-7}$$

式中，L_E：电力消耗量，单位 kW·h；

N_i：设备 i 的数量，单位个；

P_i：设备 i 的功率，单位 kW；

T_i：每个设备 i 的平均使用时长，单位 h。

$$H_{shower} = N_{shower} \cdot T_{shower} \cdot f \cdot h \tag{4-8}$$

式中，H_{shower}：洗浴耗热量，单位 MJ；

N_{shower}：洗浴次数；

T_{shower}：每次洗浴时长，单位 min；

f：热水流量，单位 L/min；

h：每升热水加热的耗热量，单位 MJ/L。

基于上述公式，可以总结住宅运营能耗水平受到三类因素的影响：设备数量、使用时长和强度（功率和流量归纳为强度），统称为住户的设备使用行为。住户作为住宅建筑全生命周期中发挥作用时间最长、对运营能耗影响最大的主体[145-146]，其行为对运营阶段能耗水平的显著影响已经在较多研究中得到验证[147-148]，可以明确住户的设备使用行为是运营能耗的主要影响因素。

也有研究者从宏观角度识别建筑运营能耗的影响因素，如国民经济发展水平、人口数量、城镇化率、居民生活水平等[149-151]；或从住户特征视角分析运营能耗的影响因素，如人口数量、家庭收入、节能意识、舒适度需求等[152-154]。但应注意到上述因素最终都通过影响设备的数量、使用时长和强度，进而影响运营能耗的水平，因此住户的设备使用行为是运营能耗的直接影响因素，是动态评估分析的关键，如图 4－5 所示。

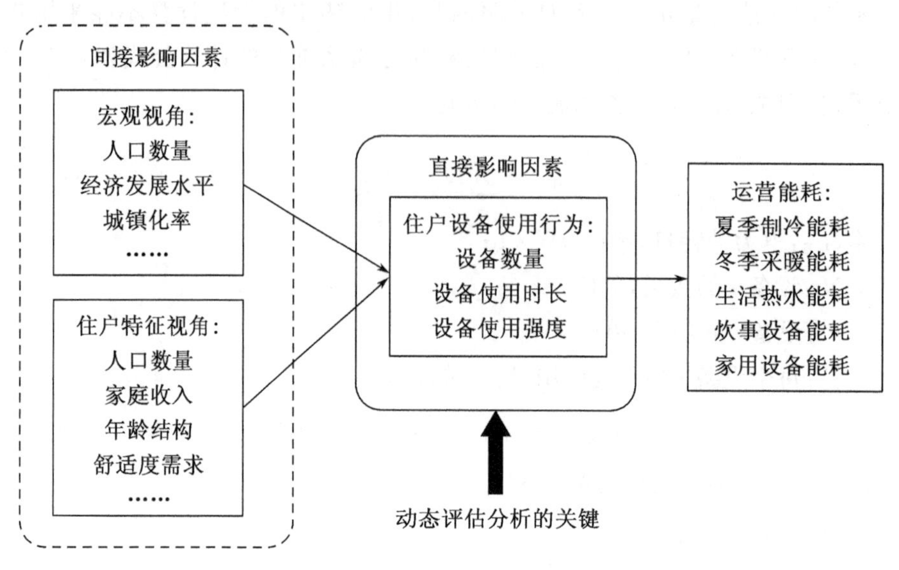

图 4-5　住宅运营能耗影响因素分析

4.2.2　动态评估思路

运营能耗动态评估的思路如图 4-6 所示,数据转化模式为“住户设备使用行为参数→住户基准年分项能耗→住户动态分项能耗→受评对象动态能耗”。首先通过问卷调研获取住户的作息情况、设备使用时长等行为信息;通过模拟仿真和公式计算构建住户基准年运营分项能耗数据集 $L_E(t_0)$;设置调整因子 N_i、P_i和 T_i,并对调整因子在未来一段时期的动态变化进行评估,通过加载在 $L_E(t_0)$上可以得到住户在 t 年的运营能耗数据集 $L_E(t)$;根据被评价对象的住户数量,可计算该住宅建筑在 t 年的运营总能耗 $L_{E,T}(t)$。

由于不同设备的使用参数变化情况存在差异,调整因子针对不同设备单独设定,因此基准年运营能耗数据集需要分项构建,不能采用总能耗值,动态评估的计算公式及参数解释说明详见表 4-4。

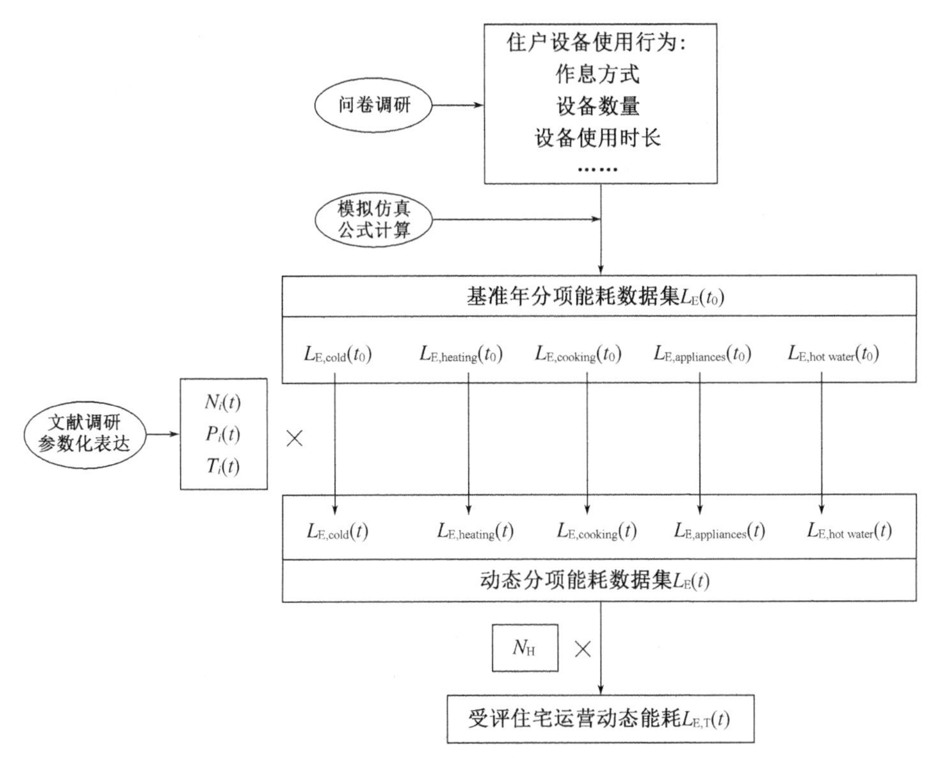

图 4－6　住宅动态运营能耗数据转化模式

表 4－4　运营能耗动态评估公式及参数说明

计算公式	参数说明
$L_{E,T}(t)=L_E(t)\times N_H$	$L_{E,T}(t)$:被评价住宅在 t 年的运营总能耗,单位 kW・h; N_H:被评价住宅的住户数量;
$L_E(t)=\sum^{i}L_{E,i}(t)$ $L_E(t)=L_{E,cold}(t)+L_{E,heating}(t)+L_{E,cooking}(t)+L_{E,appliances}(t)+L_{E,hotwater}(t)$	$L_E(t)$:住户在 t 年的运营能耗平均水平,单位 kW・h;$L_{E,i}(t)$:住户在 t 年使用设备 i 的能耗平均水平,单位 kW・h;$L_{E,cold}(t)$:住户在 t 年的夏季制冷能耗平均水平,单位 kW・h;$L_{E,heating}(t)$:住户在 t 年的冬季采暖能耗平均水平,单位 kW・h;$L_{E,cooking}(t)$:住户在 t 年的炊事能耗平均水平,单位 kW・h;$L_{E,appliances}(t)$:住户在 t 年的家用设备(包括照明设备)能耗平均水平,单位 kW・h;$L_{E,hotwater}(t)$:住户在 t 年的生活热水能耗平均水平,单位 kW・h;
$L_{E,i}(t)=L_{E,i}(t_0)\cdot N_i(t)\cdot P_i(t)\cdot T_i(t)$	$L_{E,i}(t)$:住户在 t 年使用设备 i 的能耗平均水平,单位 kW・h;$L_{E,i}(t_0)$:住户在基准年 t_0 使用设备 i 的能耗平均水平,单位 kW・h;$N_i(t)$:设备 i 在 t 年的数量调整因子;$P_i(t)$:设备 i 在 t 年的使用强度调整因子;$T_i(t)$:设备 i 在 t 年的使用时长调整因子;

综上,运营能耗动态评估的开展依赖于两类数据:基准年运营分项能耗数据集 $L_E(t_0)$ 和住户设备使用行为的动态调整因子(即 $N_i(t)$、$P_i(t)$ 和 $T_i(t)$)。前者通过问卷调研、模拟分析、公式计算等多种方法获取,详见本章的4.2.3小节;后者依据相关预测研究予以量化表达,详见本章4.2.4小节。

4.2.3 基准年分项能耗数据集构建

我国幅员辽阔,五个气候分区的建筑形体设计、热工参数、围护结构设计存在明显差异[155],居民的生活习惯和设备使用行为各不相同,因此运营能耗水平会存在差异。评价者可采用本章提供的方法和思路,根据被评价建筑所在地区的气候特点、建筑设计规范和居民生活习惯,构建有针对性的区域能耗数据集。

(1) 能耗计算方法

城镇住宅和农村住宅的建筑形式和使用能源的种类、数量等存在较大差异[143],考虑到中国快速发展的城镇化水平,本章选取城镇住宅为研究对象,采用模拟仿真法和问卷间接调研法构建基准年分项能耗数据集:

模拟仿真方法包括数学模拟法(美国的DOE-2和EnergyPlus[156]、英国的ESP[157]、中国的DeST[158]等)与环境模拟法(虚拟现实模拟方法[159]),通过模拟建筑运营期间的设备使用方式分析建筑的负荷水平。此方法运用较为广泛,数据质量较高,往往能够考虑到各地区气候状况以及建筑围护结构材料等方面的差异,但是过程中需要建模、设置参数等,操作较为复杂。本章采用清华大学基于十余年科研成果搭建的DeST软件平台进行模拟分析,该平台在我国和日本建筑热环境的模拟预测与性能评估中都有较为广泛的运用。其中DeST-h软件版本针对住宅室内发热量小、人员及设备作息变化大的特点开发,并加载了空调制冷和采暖的人行为模块——behavior,将使用人行为的多样性和随机性纳入模拟分析中,模拟结果的准确度已经在大量研究中得到证实[160-161]。

问卷间接调研法是通过问卷调查了解居民生活中各项设备的使用时长、功率和数量,通过数学公式估算能源的消耗量水平。此方法具有方便快捷的优点,可以在短时间内收集大量数据,是常用的能耗计算方法[162]。在本章中,对于生活热水、炊事等分项能耗的计算采用此方法。

模拟仿真法和问卷间接调研法都需要输入住户设备使用行为的相关信息,可通过大样本问卷调研的方式获取,基准年分项能耗数据集构建的基本流程总结如图 4－7 所示：① 根据被评价建筑所在地区的气候特点和居民设备使用习惯等设计调研问卷，通过随机抽样方式开展大样本问卷调研。② 根据回收问卷进行数据统计整理，获取家庭成员作息、住户在宅率、设备使用方式等信息。③ 采用 DeST-h 进行能耗模拟分析，建筑模型的构建基于问卷调研信息，并参考相关地区的建筑设计规范；家庭成员作息和设备使用方式等数据来自问卷调研；最终输出夏季制冷能耗和冬季采暖负荷水平。④ 对于其他分项能耗，通过调研获取设备的数量、使用时长等信息，计算能耗值。⑤ 将所有能耗数据汇总，得到基准年分项能耗数据集。其中，住户设备使用行为相关数据的收集见本小节第(2)部分，DeST-h 模拟分析介绍见本小节第(3)部分，能耗的计算公式见本小节第(4)部分。

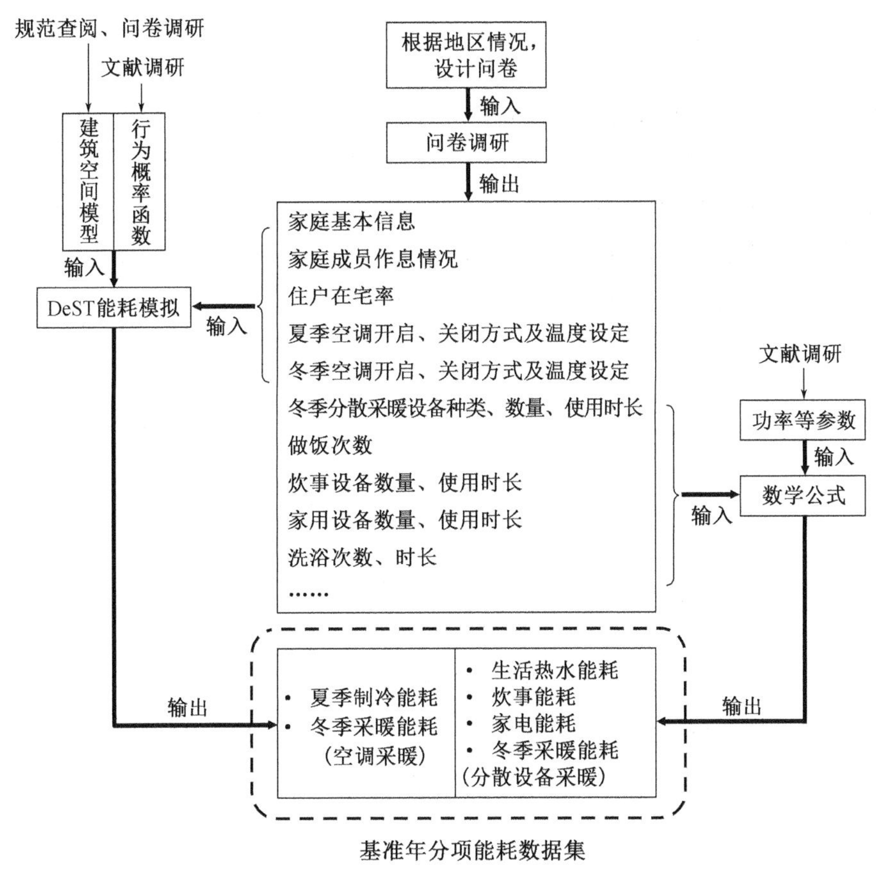

图 4－7　基准年运营能耗数据集构建流程

(2) 住户设备使用行为相关数据收集

数据收集的标准表格如表 4-5 所示。

家庭基本信息和房屋情况,包括家庭人口总数,家庭成员的年龄情况、住宅面积、建筑形式等,详见模块 1 和模块 2。

采用 DeST-h 模拟分析时需要了解家庭成员的作息情况(模块 3)、设备的开启方式、关闭方式等,详见模块 4 和模块 5。

采用问卷间接调研法计算的分项能耗,需要收集相关设备的数量、使用时长等信息,如模块 6(炊事设备使用情况)、模块 7(家用设备使用情况)、模块 8(分散设备采暖家庭的设备使用情况)和模块 9(洗浴情况)。其中,设备类型应根据被调研地区的居民生活习惯设置;家庭洗浴情况受到季节影响比较显著,应分季节收集数据。

需要说明的是,我国各地区冬季气候差异较大,居民使用的采暖设备各不相同,冬季采暖能耗计算需要收集的数据应分情况讨论:① 北方地区住户采用集中供暖,属于"全时间、全空间"采暖模式,受住户使用行为的影响很小,可采用统计数据计算平均值;② 南方地区住户多采用分散设备采暖,如:辐射取暖器、电热毯、暖风机、电热水袋等,需收集设备的类型、数量以及每天使用时长等数据(详见模块 8);③ 近年来,使用分体空调进行采暖的家庭逐渐增多[143],可以采用 DeST-h 软件进行模拟分析,收集的数据包括空调功率、开启方式、关闭方式和温度设定(详见模块 4)。

表 4-5　住户设备使用行为数据收集标准表格

模块 1　家庭情况	
家庭成员数量	总数()人,老人()人,孩童()人
家庭年收入	()元
因出差、旅游等,家中无人居住的天数	春季()天,夏季()天,秋季()天,冬季()天
模块 2　房屋情况	
住房面积	()平方米
房屋类型	选择:多层楼房、高层塔楼、别墅等
房屋建成年代	设置时间段供选择

（续表）

模块 3　人员作息情况		
在客厅时段	工作日	()时至()时,()时至()时,()时至()时
	周末	()时至()时,()时至()时,()时至()时
在卧室时段	工作日	()时至()时,()时至()时,()时至()时
	周末	()时至()时,()时至()时,()时至()时
模块 4　夏季制冷设备使用		
客厅空调功率		()匹
客厅空调使用方式	开启方式	选择:从不开、一直开、进客厅开、觉得热时开
	关闭方式	选择:从不关、离开客厅时关、离开家时关、睡觉前关、觉得冷时关
	温度设定	()℃
卧室空调功率		()匹
卧室空调使用方式	开启方式	选择:从不开、一直开、进卧室开、觉得热时开、晚上睡觉时开
	关闭方式	选择:从不关、离开卧室关、睡觉前关、起床后关、觉得冷时关
	温度设定	()℃
模块 5　冬季采暖设备使用-以空调采暖为主的家庭		
客厅空调功率		()匹
客厅空调使用方式	开启方式	选择:从不开、一直开、进客厅开、觉得冷时开
	关闭方式	选择:从不关、离开客厅时关、离开家时关、睡觉前关、觉得热时关
	温度设定	()℃
卧室空调功率		()匹
卧室空调使用方式	开启方式	选择:从不开、一直开、进卧室就开、觉得冷时开、晚上睡觉时开
	关闭方式	选择:从不关、离开卧室时关、睡觉前关、起床后关、觉得热时关
	温度设定	()℃

(续表)

模块6 炊事设备使用情况		
平均每周做饭次数		()次
电磁炉	数量	()个
	每个使用时长	()分钟/次
抽油烟机	数量	()个
	每个使用时长	()分钟/次
……		……
模块7 家用设备使用情况		
灯具	数量	()个
	每个使用时长	()小时/天
电视	数量	()个
	每个使用时长	()小时/天
……		……
模块8 冬季采暖设备使用-分散设备采暖为主家庭		
暖风机	数量	()个
	每个使用时长	()小时/天
电热毯	数量	()个
	每个使用时长	()小时/天
……		……
模块9 洗浴情况		
人均淋浴次数		春季()次/周,夏季()次/周,秋季()次/周,冬季()次/周
每次淋浴时长		春季()分钟,夏季()分钟,秋季()分钟,冬季()分钟
全家每周盆浴总次数		()人次/周

(3) 能耗模拟分析

基于问卷调研收集的住户行为数据,使用 DeST-h 软件模拟建筑夏季制冷和冬季采暖能耗,详细介绍及使用步骤可参见《DeST-h 用户使用手册》[163]。根据被评价地区住宅建筑的特点,建立典型建筑模型。围护结构材料、构件等根据该地区居住建筑设计标准设定,建筑空调使用期根据气候状况设定,全年的气候参数调用系统内相应地区的气候数据。

根据问卷调研结果，统计住户在家的作息模式，确定住户起床、早上离家、中午回家、下午离家、晚上回家以及睡觉等几个重要事件的时间，输入到人行为模块的作息设置中，如表4-6所示；各功能房间的热扰信息采用内置经验值。由于不同人数的家庭在作息模式及设备使用时长等方面通常会存在差异，可以分别对不同家庭规模的住户开展模拟分析，通过取加权平均值提升结果的准确度。

表4-6　人行为模块的作息模式表

事件	开始时间	结束时间	平均时间
起床	（输入）	（输入）	（输入）
早上在家	（输入）	（输入）	（输入）
早上离开家	（输入）	（输入）	（输入）
早上回家	（输入）	（输入）	（输入）
中午	（输入）	（输入）	（输入）
下午离开家	（输入）	（输入）	（输入）
下午回家	（输入）	（输入）	（输入）
晚上在家	（输入）	（输入）	（输入）
睡觉	（输入）	（输入）	（输入）

将空调使用的开启方式（从不开、一直开、进卧室就开、觉得冷时开、晚上睡觉时开共5种）和关闭方式（从不关、人离开卧室时关、晚上睡觉前关、早上起床后关、觉得热时关共5种）进行组合后，可得到21种空调使用模式（当开启方式为“从不开”时，仅有一种模式）。设置每种使用方式的概率函数和参数（取值详见文献[161,164]），可模拟得到对应使用模式下空调的负荷水平，根据各使用模式在总样本量中的占比，可以计算出平均负荷水平，再通过空调的能效比（COP）折算为电力消耗量。

（4）能耗计算公式

能耗的计算公式及参数说明汇总在表4-7和表4-8中。需要说明的是，冰箱在使用过程中达到一定制冷温度后会自动停机，期间并不消耗电量，故计算时要考虑开停机的比值，电饮水机同理；洗浴是生活热水最主要的用途，形式相对单一，用量占比很大[165]，可以通过洗浴热水能耗折算生活热水能耗。

表 4-7　分项能耗计算公式

分项能耗	计算公式
夏季制冷	$L_{E,cold}=R_h\cdot\frac{E_{cold}}{C_P}$
炊事	$L_{E,cooking}=n_{cooking}\cdot R_h\cdot\sum^{j}(T_{cooking,j}\cdot P_j\cdot\theta_j)$
家用设备	$L_{E,appliances}=R_h\cdot\sum^{j}N_j\cdot T_{appliances,j}\cdot R_{rj}\cdot P_j\cdot\theta_j$
冬季采暖	$L_{E,heating}=R_h\cdot\sum^{j}N_j\cdot T_j\cdot P_j\cdot\theta_j$(采用分散采暖设备) $L_{E,heating}=R_h\cdot\frac{E_{heating}}{C_P}$(采用空调采暖)
生活热水	$L_{E,hotwater}=\frac{H_{hotwater}\cdot r}{h_e}=\frac{H_{bath}\cdot r}{r_{bath}\cdot h_e}$ $H_{bath}=\sum^{i}H_{bath,i}=\sum^{i}(L_{shower,i}+L_{tub})\cdot R_{h,i}\cdot h_i$ $L_{shower,i}=n\cdot N_{shower,i}\cdot T_{shower,i}\cdot R_{w,i}\cdot f$ $L_{tub}=N_{tub}\cdot V_{tub}$

表 4-8　能耗计算中的参数释义及取值说明

参数	参数释义	数据来源
E_{cold}	空调制冷负荷水平,单位:kW·h	DeST-h 模拟
C_P	空调能效比	取经验值 3.4
R_h	全年在家天数比例	问卷调研
$n_{cooking}$	全年做饭次数,单位:次/年	问卷调研
$T_{cooking,j}$	每次做饭使用炊事设备 j 的时间,单位:h/次	问卷调研
P_j	设备 j 功率,单位:kW	取经验值
θ_j	设备 j 拥有率	问卷调研
N_j	设备 j 数量,单位:个	问卷调研
$T_{appliances,j}$	每个设备 j 每天使用时间,单位:h/(天·个)	问卷调研
$R_{r,j}$	设备 j 开停机的比值	经验值。饮水机取 1/6;冰箱按季节取值:1/2(夏季)、1/3(春秋季)、1/6(冬季);其他设备取 1
$E_{heating}$	空调采暖负荷水平	DeST-h 模拟
$H_{hotwater}$	全年生活热水耗热量,单位:MJ	计算得到

（续表）

参数	参数释义	数据来源
r_{bath}	洗浴热水占总生活热水的比例	文献调研，取值0.73[165]
$H_{bath,i}$	单季洗浴热水耗热量，单位为MJ，i为春季、夏季、秋季和冬季	计算得到
h_i	单季每升水加热能耗，单位：MJ/L	文献调研，按季节取值[166]
$R_{h,i}$	单季在家天数比例	问卷调研
$L_{shower,i}$	单季淋浴用水量，单位：L	计算得到
$L_{tub,i}$	单季盆浴用水量，单位：L	计算得到
n	家庭人口数，单位：人	问卷调研
$N_{shower,i}$	人均每季淋浴次数，单位：次/人	问卷调研
$T_{shower,i}$	人均每次淋浴时间，单位：min/次	问卷调研
$R_{w,i}$	净放水比例	文献调研，按地区取值[166]
f	淋浴器流量，单位：L/min	根据标准，取9 L/min[167]
N_{tub}	家庭单季盆浴次数，单位：次/季	问卷调研
V_{tub}	每次盆浴用水量，单位：L/次	取经验值
r	使用电加热热水器家庭的比例	文献调研，取值39%[143]
h_e	电能的有效热值，单位：MJ/(kW・h)	文献调研，取值3.6[143]

经汇总得到基准年分项能耗数据集，如表4-9所示，该数据反映了一个地区住户运营能耗的平均水平。

表4-9　基准年分项能耗数据集　（单位：kW・h）

分项能耗	夏季制冷	炊事	家用设备	冬季采暖	生活热水	总计
数值	（输入）	（输入）	（输入）	（输入）	（输入）	（计算）

4.2.4　动态调整因子

家用设备的数量、使用时长和使用强度在未来一段时期内会受到多个方面的影响而发生变化。中国工程院综合考虑经济发展和居民生活水平现状以及发展趋势，对我国常见家用设备平均数量、使用时长和使用强度在未来中长期内(2030年和2050年)的水平做出预测，展望生活用能需求[168-169]。考虑到该研究的权威性，本章采用其数据，并假设备时间段内变化水平保持一致，构建分段线性函数模拟调整因子的动态变化。

在设备数量方面，文献[168]考虑到设备数量存在饱和水平，不会随时间推移无限增长，采用 Logistic 曲线对常见耐用消费品的社会拥有量进行预测。以 2015 年为基准年构建数量调整因子的动态计算公式如表 4－10 所示，其中 $N_i(t_0)=1$。

对于设备使用强度，一方面，随着居民对建筑的能源服务水平要求提升，设备的使用强度可能会变大，如夏天空调的制冷温度设置偏低，使用即时加热热水器替代普通热水器以减少加热的等待时间等；另一方面，家用设备的技术进步和能效提高也可能影响设备的功率水平。文献[169]在预测设备使用强度的变化时综合考虑了上述两个方面变化的影响，根据该研究构建的调整因子计算公式列入表 4－10 中，其中 $P_i(t_0)=1$。

在设备使用时长方面，随着居民支付能力上升和舒适度要求提高，住户对于低质量室内环境的容忍度下降，如一觉得热就使用空调降温，屋内稍觉昏暗就立刻开灯等。文献[169]结果显示，未来居民对于制冷和采暖的需求时间将变长，大部分家用设备的使用时间也有小幅提升。设备使用时长调整因子的动态计算公式如表 4－10 所示，其中 $T_i(t_0)=1$。

需要说明的是，本章以全国平均水平为例构建动态调整因子，考虑到我国各个省市的经济发展状况和居民生活习惯存在差异，评价者可以根据地区状况建立的动态调整因子，对能耗的动态变化模拟将更为准确。

4.2.5 实例分析——江苏省住户动态运营能耗

以位于夏热冬冷地区的江苏省为例，分析其住宅运营能耗在 2015～2050 年间的动态变化情况，演示动态评估步骤，为江苏省住宅运营能耗分析提供数据支持。

根据 4.2.3 小节的数据收集标准表格，设计江苏省城市居民家庭生活用能调研问卷，包括家庭基本信息、各种设备的使用方式等。在炊事设备和家用设备方面，重点调研常见设备，设计的问卷如附录 B 所示。采用随机抽样的方式开展线上调研，经过反复问卷审核，对存在填写错误或者不符合常理的问卷进行删除，最后得到有效问卷 2 328 份，被调研住户来自全省 13 个城市，家庭规模包括 1 人户至 6 人及以上户，且 2 人户至 5 人户的家庭为主体，与江苏省的实际家庭规模比例相当[170]，家庭收入在高、中高、中、中低和低各个档次均有分布，回收问卷具有一定的代表性。

表 4-10　动态调整因子计算公式及取值

调整因子	计算公式	参数取值
数量调整因子	$N_i(t)=\begin{cases}1+\alpha_1(t-t_0)\text{，当 } 2015\leqslant t\leqslant 2030\\ 1+15\alpha_1+\alpha_2(t-15-t_0)\text{，当 } 2030<t\leqslant 2050\end{cases}$	$N_i(t)$：设备 i 在 t 年时的数量调整因子；α_1 和 α_2 是设备数量调整系数；对于空调，$\alpha_1=0.005$，$\alpha_2=0.0002$；对于照明，$\alpha_1=0.05$，$\alpha_2=0.014$；对于冰箱，$\alpha_1=0.01$，$\alpha_2=0.005$；对于电视机，$\alpha_1=0.01$，$\alpha_2=0.004$；对于洗衣机，$\alpha_1=0.007$，$\alpha_2=0.006$；对于电脑，$\alpha_1=0.003$，$\alpha_2=0$；对于抽油烟机，$\alpha_1=0.005$，$\alpha_2=0.001$；对于微波炉，$\alpha_1=0.002$，$\alpha_2=0$；其他，取 0
强度调整因子	$P_i(t)=\begin{cases}1+\beta_1(t-t_0)\text{，当 } 2015\leqslant t\leqslant 2030\\ 1+15\beta_1+\beta_2(t-15-t_0)\text{，当 } 2030<t\leqslant 2050\end{cases}$	$P_i(t)$：设备 i 在 t 年时的使用强度调整因子；β_1 和 β_2 是设备使用强度调整系数；对于制冷，$\beta_1=0.009$，$\beta_2=0.008$；对于采暖，$\beta_1=0.013$，$\beta_2=0.004$；对于电视，$\beta_1=-0.006$，$\beta_2=-0.003$；对于家电设备，$\beta_1=0.002$，$\beta_2=0.014$；其他，取 0
时长调整因子	$T_i(t)=\begin{cases}1+\gamma_1(t-t_0)\text{，当 } 2015\leqslant t\leqslant 2030\\ 1+15\gamma_1+\gamma_2(t-15-t_0)\text{，当 } 2030<t\leqslant 2050\end{cases}$	$T_i(t)$：设备 i 在 t 年时的使用时长调整因子；γ_1 和 γ_2 是设备使用时长调整系数；对于制冷，$\gamma_1=0.016$，$\gamma_2=0.014$；对于采暖，$\gamma_1=0.006$，$\gamma_2=0.01$；对于洗衣机，$\gamma_1=0.048$，$\gamma_2=0$；对于电视，$\gamma_1=-0.009$，$\gamma_2=-0.005$；对于电炊具，$\gamma_1=0.15$，$\gamma_2=0.033$；其他，取 0

根据问卷调研结果,约 70% 的家庭使用分体空调进行采暖,故采用 DeST-h 对夏季制冷和冬季采暖能耗水平进行仿真模拟,典型居住建筑模型构建如图 4-8 所示,相关参数根据江苏省标准《居住建筑热环境和节能设计标准》(DB 32/4066-2021)[171]设定,如表 4-11 至表 4-14,建筑通风采用系统自设,既有建筑内外通风,也有房间之间的通风。考虑到不同人口规模家庭的作息习惯和空调使用行为存在差异,为提高结果准确度,按照家庭规模分为 4 类(2 人及以下户、3 人户、4 人户和 5 人及以上户)分别模拟,最终得到夏季制冷和冬季采暖负荷水平如表 4-15 所示。

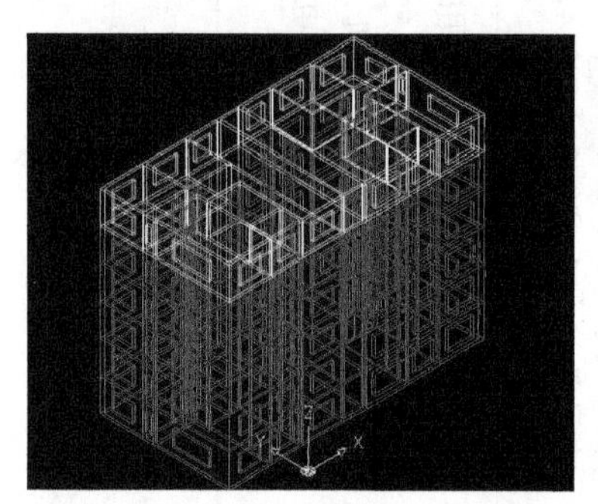

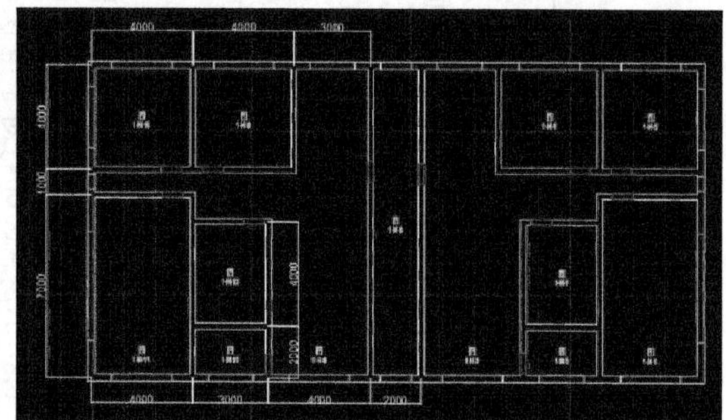

图 4-8　DeST-h 模拟中建筑模型立体图及平面图

表 4-11　DeST-h 模拟中建筑模型围护结构参数设置

设定参数	传热系数 K[W/(m² · K)]	热惰性指标 D
屋面	≤0.6	>2.5
外墙	≤1.2	>2.5
分户墙	≤1.8	/
户门	≤2.4	/

表 4-12　DeST-h 模拟中建筑模型围护结构材料选取

围护结构	选材		传热系数 K[W/(m² · K)]	热惰性指标 D
外墙	参考建筑标准外墙	钢筋混凝土 230 mm,膨胀聚苯板 32 mm	1.015	2.533
内墙	混凝土隔墙,水泥聚苯板	钢筋混凝土 120 mm,膨胀聚苯板 15 mm	1.6	1.307

（续表）

围护结构	选材		传热系数 $K[W/(m^2 \cdot K)]$	热惰性指标 D
屋顶	参考建筑保温屋顶	钢筋混凝土 200 mm，膨胀聚苯板 28 mm	1.149	2.2
楼板	挤塑聚苯板保温（正置）	钢筋混凝土 120 mm，挤塑聚苯板 20 mm	1.105	1.391
门	单层木质内门	无水泥纤维板 2 5mm	/	/
窗	标准外窗 28	/	/	/

表 4－13　DeST-h 模拟中建筑模型的窗墙比

朝向	窗墙比
南	0.35
北	0.25
东西	0.15

表 4－14　DeST-h 模拟中其他参数

参数	取值
室内平均热强度	4.3 W/m²
空调期	6 月 15 日～8 月 31 日（78 天）
采暖期	12 月 1 日～2 月 28 日（90 天）
夏季室内计算温度	18℃
冬季室内计算温度	26℃

表 4－15　DeST-h 空调负荷模拟结果

家庭规模	比例	负荷（kW·h/m²）	
		夏季制冷	冬季采暖
2 人及以下户	25.9%	12.94	13.70
3 人户	38.0%	13.53	14.26
4 人户	19.9%	13.99	15.02
5 人及以上户	16.2%	18.95	17.71
加权平均值	/	14.35	14.83

其他分项能耗计算中需要的数据通过问卷间接调研的方法获取，调研结果详见附录 C，文内不再赘述。常见炊事设备和家用设备的功率取值如表

4－16 和表 4－17 所示,最终汇总得到住户全年分项运营能耗如表 4－18 所示,总消耗量为 4 610.67 kW·h。从分项能耗的占比来看,夏季制冷和冬季采暖的能耗占比 11%左右,生活热水和炊事能耗占比 19%左右,家用设备能耗占比最大,为 40%左右,其比例状况基本符合全国调研统计的结果[143]。

表 4－16　炊事设备功率

	电磁炉	电烤箱	微波炉	电饭煲	抽油烟机	电热水壶
功率(W)	2 000	1 500	1 000	500	200	1 200

表 4－17　家用电器功率

	灯具	冰箱	电脑	电视机	音响功放	洗衣机	电饮水机
功率(W)	40	100	200	200	200	300	500

表 4－18　单个家庭全年运营能耗水平

分项能耗	$L_{E,hotwater}$	$L_{E,cooking}$	$L_{E,appliances}$	$L_{E,cold}$	$L_{E,heating}$	L_E
数值(kW·h)	835.56	879.79	1 817.36	506.31	523.26	4 610.67
比例	18.12%	19.08%	39.42%	10.98%	11.35%	100%

采用 4.2.4 小节的动态调整因子进行运营能耗的动态评估,结果如图 4－9 所示。未来一段时期,江苏省家庭的用电量水平呈上升趋势,从 2015 年的 4 611 kW·h/户上升到 2050 年的 8 906 kW·h/户,变化比较显著。

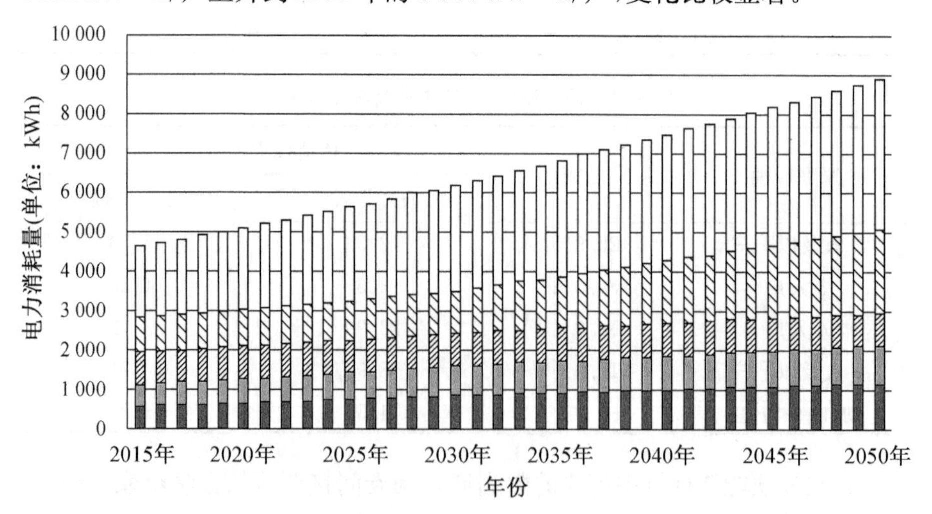

图 4－9　2015～2050 年江苏省户均运营能耗水平

4.3　小结

本章的工作及成果总结如下：

(1) 提出了基于施工图纸和工程定额的“工程空间几何数据→工程量清单数据→材料和机械消耗量数据”使用前物化消耗量的核算模式，在设计阶段结束之后、投入施工之前预估被评价对象在社会平均水平下的消耗量。

(2) 根据建筑内建材和构件的使用寿命，确定全生命周期内需要维护更新的材料种类、数量及维护更新时点，评估维护更新相关消耗量；考虑建筑废弃物回收利用率变化对拆除处置阶段消耗量水平的影响，分设三个情景对拆除阶段消耗量进行动态评估。

(3) 提出了“住户设备使用行为参数→住户基准年分项能耗→住户动态分项能耗→受评对象动态能耗”的运营能源消耗量数据转化模式。通过问卷调研获取住户的日常作息、设备使用时长等行为信息，基于 DeST-h 平台模拟分析和数学公式计算构建住户基准年运营分项能耗数据集，设置动态调整因子(即 $N_i(t)$、$P_i(t)$和 $T_i(t)$)量化住户的设备使用行为在未来一段时期的动态变化，构建动态运营能耗数据集。针对江苏省开展实例研究，回收 2 328 份调研问卷，并构建 2015～2050 年间住户动态运营能耗数据集。

本章内容已发表为论文，读者可详见文献[81]。

第5章　基础清单数据动态评估模型

基础清单数据是LCA评价计算中的重要乘子，用于将评价对象的消耗量数据转化为原材料的投入量和环境排放量数据。DLCA中开展清单分析依赖动态的基础清单数据，在评价某年的环境影响时调用对应年份的基础清单数据。本章对未来一段时期内能源结构的动态变化情况进行量化，构建了能源和电力在2010～2050年间的动态基础清单数据，为环境影响的动态评价提供数据基础。

5.1　研究范围确定

建筑全生命周期内消耗了多种类型的建筑材料和能源。能源包括煤炭、石油、天然气、电力等多种形式，其中电力还可细分为火电、水电等。能源的使用贯穿原材料开采、构配件加工、现场施工安装、运营维护和拆除处置全周期始终，消耗量较大，且环境排放显著，应将其基础清单数据的动态变化纳入评价。

建筑材料种类繁多，包括水泥、混凝土、砂石、钢铁、砌块等等，本书中暂不评估其基础清单数据的动态性，主要考虑如下：第一，动态变化较小。各类建筑材料部品生产所需的主要原材料、类型和配比随着工艺技术变化，但为了保持基本性状和功能，其基本构成不应有较大变化。此外，大部分的建筑材料消耗于施工安装阶段，该阶段持续时间较短，且距离评价时点很近，相应的时间动态变化较小，可沿用静态评价数据。第二，相关的环境影响比重较小。相比于建筑全周期中消耗的能源，建筑材料的使用所产生的相关环境影响在总影响值中的占比小[172]。第三，动态评估实施难度大。建筑中涉及的材料部品类型繁杂，往往多至上千种，对其成分构成的变化做到系统齐备的确定需要耗费大量的时间和人力，基本是不现实的。

本章的研究范围如图5-1所示，对综合能源和综合电力的基础清单数据开展动态评估。

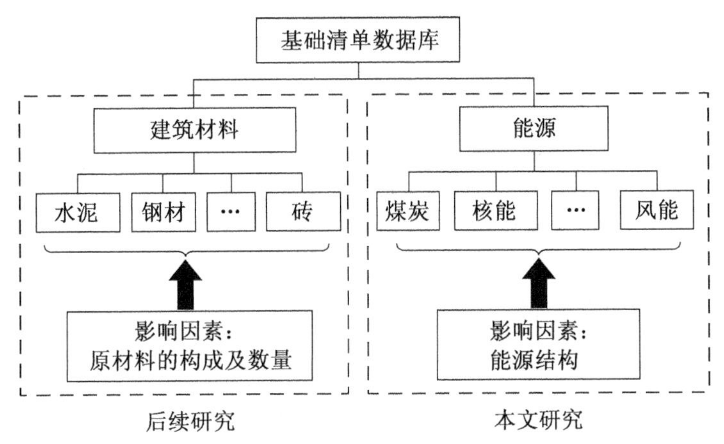

图5-1 基础清单数据库动态性研究范围

5.2 影响因素及其动态性分析

根据中国工程院对我国能源中长期发展战略研究[168-169]。未来一段时期是我国能源体系的重要转型期，能源的基础清单数据应会发生较大变化，能源结构变化是其主要的影响因素。(1) 能源结构对综合能源基础清单数据的影响很大。世界各国都将提升可再生能源在能源结构中的占比作为解决环境污染、气候变化等问题的有效措施[173]。美国规划到2050年将可再生能源发电量比重提升到80%[174];欧盟规划到2050年将可再生能源比重提高到50%[175];加拿大规划到2035年将可再生能源发电量比重提升到68%[176]。我国颁布实施了《可再生能源法》，在《可再生能源发展“十三五”规划》中将2020和2030年非化石能源占一次能源消费比例限定为15%和20%[177]。(2) 我国煤炭占总能源消费的比例约为70%[169]，远高于欧美发达国家和世界平均水平，能源结构可优化空间很大。近年来，我国增加可再生能源建设投资，支持相关装备制造业发展，大力推进能源结构的优化升级[178]。国家发展和改革委员会能源研究所对我国能源发展的预测研究显示[179]，到2050年，我国可再生能源的占比将提高到30%～40%左右;如果实践高比例可再生能源发展路径，这一比例将超过60%[180]，可以预见能源结构变化对能源基础清单数据将产生重要影响。

能源结构变化是能源领域的研究热点，评估和预测研究较为充分，常见的方法包括灰色理论法、经济动力学模型、复杂适应系统理论等。国家发展和改革委员会能源研究所长期从事能源系统分析相关研究工作，基于国际国内合作开发了中国能源环境综合政策评价模型（Integrated Policy Assessment model of China，IPAC）。该模型主要包括能源与排放模型、环境模型和影响模型3个部分，细分为12个子模块，在能源与经济、环境相互影响的研究中得到广泛运用[181]。发改委能源研究所利用该模型对中国的能源需求结构和排放情景进行定量分析，综合考虑我国未来一段时期经济、人口、技术、生活方式等各方面的发展情形分设三个情景，以2005年为起点，自上而下诠释到2020年完成全面建设小康社会以及2050年达到中等发达国家水平对届时中国能源供需的要求[179]。考虑到该机构的权威性和所采用模型的广泛适用性，本章采用其对能源结构预测的相关数据进行动态评估。

将文献[179]中的节能情景记作情景1，低碳情景记作情景2，强化低碳情景记作情景3。情景1不采取专门应对气候变化的节能对策，节能减排的重大技术突破不显著；情景2是通过尽力争取可能实现的低碳发展情景，综合考虑国家的可持续发展、能源安全、经济竞争力和节能减排能力；情景3是较为理想的情景，关键的低碳技术取得重大突破，重大技术成本下降很快。详细的情景参数设置详见文献[179]。经IPAC模型分析，三种情景下能源的需求量水平和能源结构情况如图5-2和图5-3所示（其中电力包括水电、核电、风电、太阳能发电等形式），电力的需求量水平和电源结构情况如图5-4和图5-5所示（报告中仅给出2010年、2020年、2035年、2050年的数据，中间年份的数据采用线性内插法计算）。

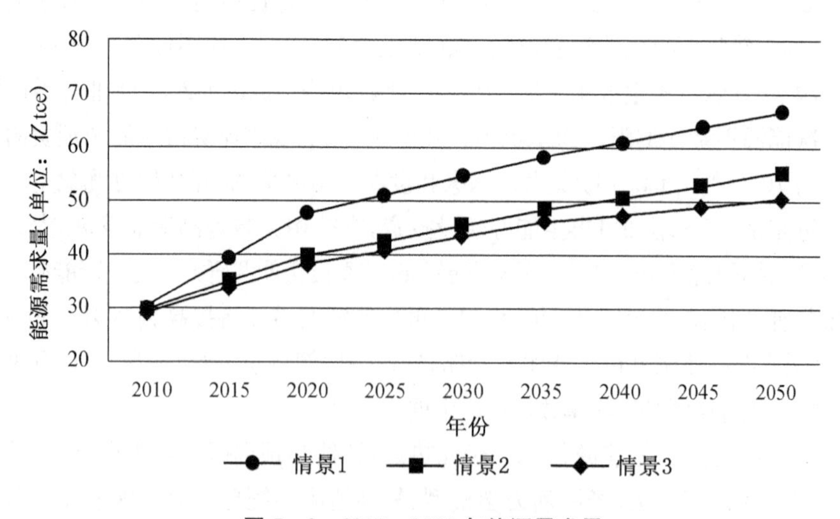

图5-2　2010～2050年能源需求量

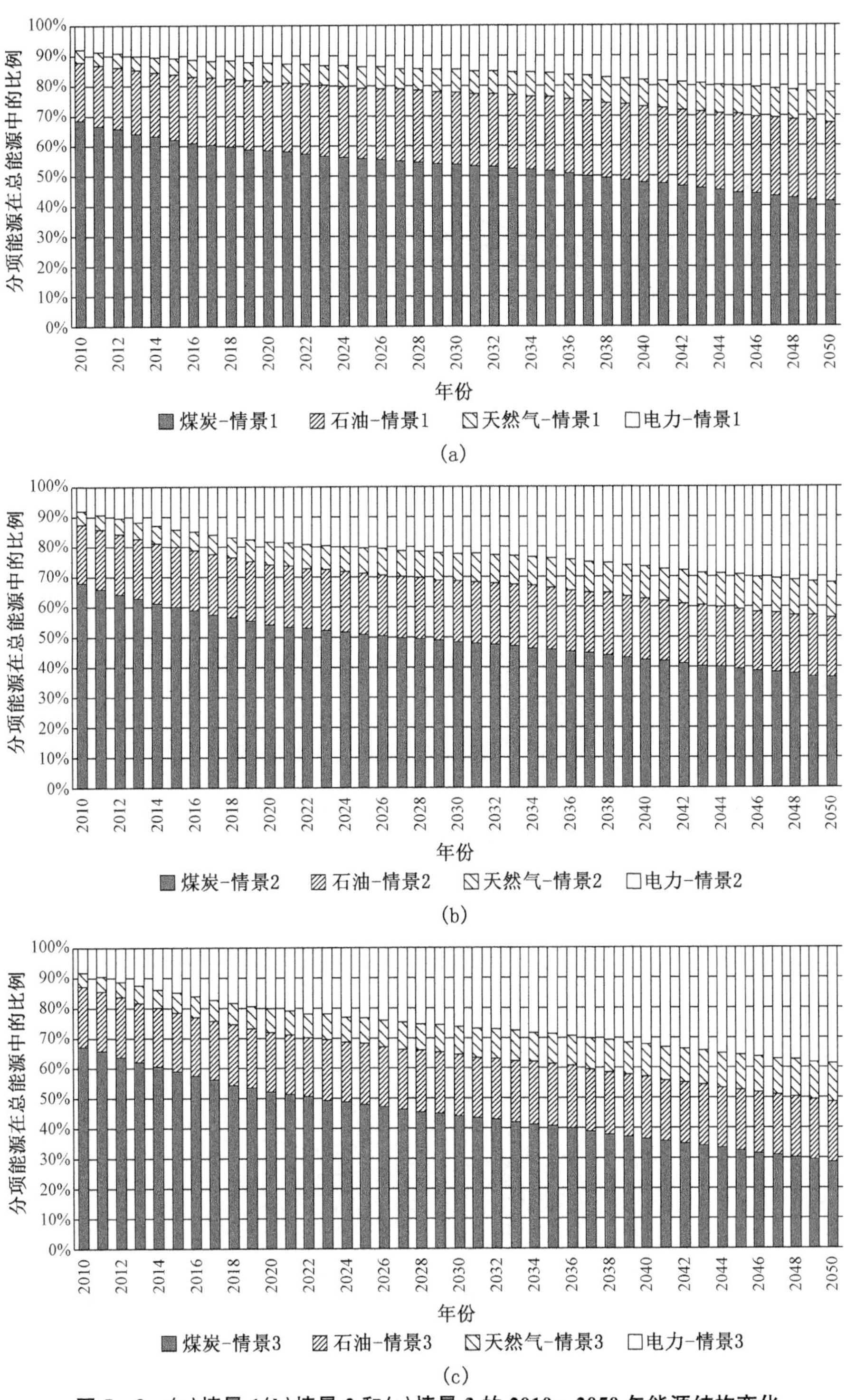

图5-3 (a)情景1(b)情景2和(c)情景3的2010～2050年能源结构变化

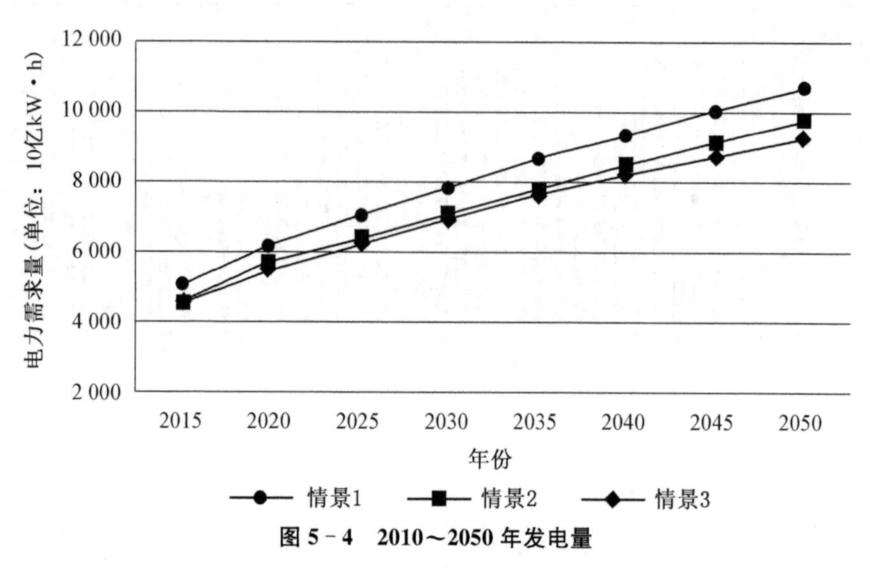

图 5-4 2010～2050 年发电量

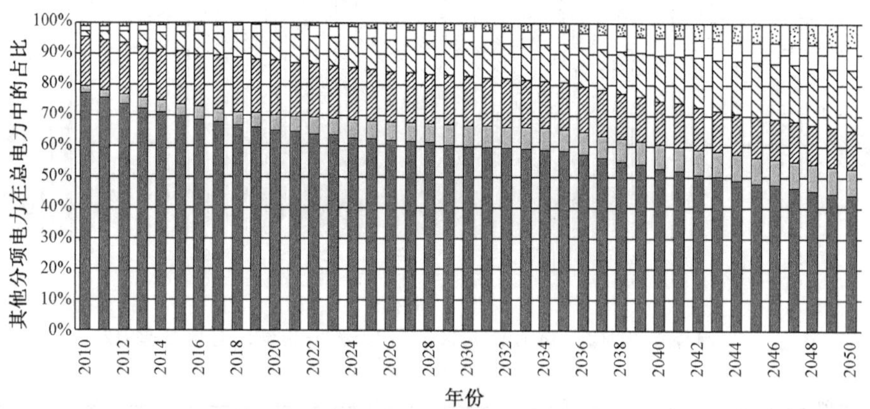

(a)

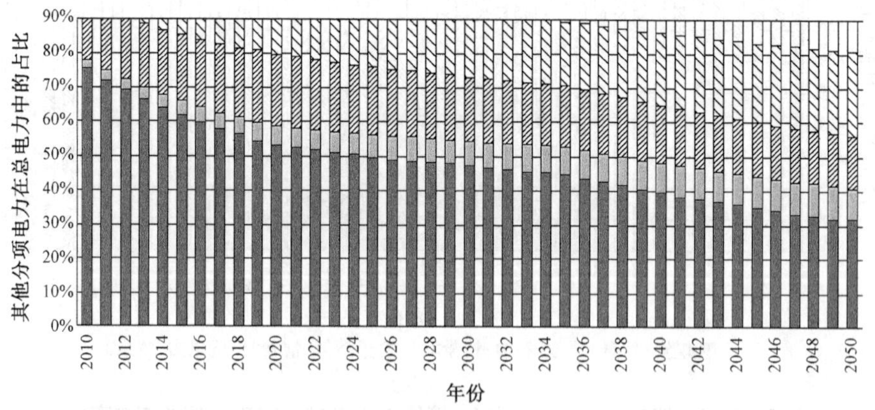

(b)

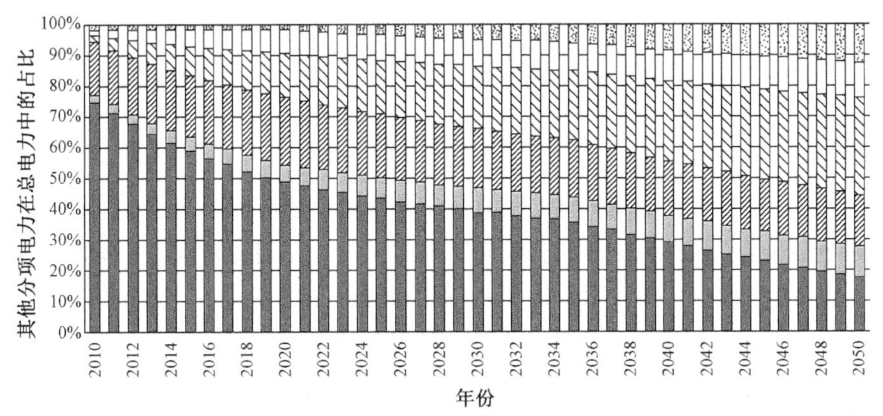

(c)

图 5-5　(a) 情景 1 (b) 情景 2 和(c) 情景 3 的 2010～2050 年电源结构变化

从图 5-2 和图 5-3 中可以看出，2010 年至 2050 年期间我国能源的需求水平呈现显著上升趋势，在情景 1 的模式下 2050 年总需求量将接近 67 亿 tce，即便是在情景 3 的强化政策模式下，需求量也超过 50 亿 tce，未来一段时期的国家发展对能源的需求仍然很大。在能源结构方面，煤炭在总能源中所占的比例明显下降，在 2010 年的总能源中占比为 70%，到 2050 年在三种情景下分别下降为 41%、36%和 29%；石油在总能源中的占比相对稳定，维持在 20%左右，只有在情景 1 的模式下有上升趋势；天然气在总能源中的占比缓慢上升，在 2010 年仅为 4%，到 2050 年月为 12%，且三种情景下的差异并不大；电力在总能源中所占比例明显上升，在 2010 年仅占比 8%左右，到 2050 年在三种情景下分别上升为 22%、32%和 39%。我国 2010 年的能源结构中，以煤炭为主，远远高于其他能源形式；到 2050 年，能源形式呈现多样化，非化石能源得到大力的发展。

从图 5-4 和图 5-5 可以看出，2010 年至 2050 年期间我国电力的需求水平呈现显著上升趋势，在 2010 年仅为 35 000 亿 kW・h，到 2050 年需求量接近 100 000 亿 kW・h，用电量很大。在电源结构方面，煤电占比下降明显，在 2010 年为 75%，三种情景下到 2050 年分别下降至 44%、31%和 19%；核电的上升趋势最为显著，在 2010 年为 2%，到 2050 年在三种情景中所占的比例分别为 20%、25%和 32%，这与核电站的大规模建设和相关技术发展有关；风电、天然气发电和太阳能发电的占比呈现上升趋势，但是相对缓慢，在 2010 年占比为 1%～2%，到 2050 年占比均在 10%左右；水电的占比在 15%～22%

之间变化,在 2010 年是电源中第二大的电力形式,在 2030 年间至 2040 年间逐渐被核电超过。我国 2010 年的电源结构以煤电为主、其次是水电,其他电力占比均低于 5%;到了 2050 年,电源结构以核电为主,煤电和水电次之,其他电力占比均有提高。

综上,我国能源结构调整的主要变化是煤炭在总能源中占比下降,大力发展可再生能源发展(水电、风电、太阳能发电等),并且能源结构变化幅度较大。

需要说明的是,除能源结构外,分项能源自身的基础清单数据可能随技术和设备水平发生变化,亦会影响能源的基础清单数据水平。但是这种变化属于改善优化的范畴,相比而言影响程度有限,并考虑到分项能源种类繁多,对每一项的基础清单数据在长期内的变化情况做到准确预测并不现实,故本专著中不考虑分项能源基础清单数据变化的影响,沿用静态基础清单数据。

5.3 能源动态基础清单数据构建

基于未来一段时期内能源结构变化预测,构建综合能源和综合电力的动态基础清单数据评估公式,分别为式(5-1)和式(5-2),主要考虑了各分项能源和分项电力在总量中占比的变化情况。由于综合能源的清单数据是以 kgce 为单位,而分项能源的清单数据可能以立方米、吨等为单位,所以公式中引入折算系数进行转换。

$$f_{E-j}(t)=\sum^{k}\frac{a_k(t)}{b_k}\cdot f_{kj} \qquad (5-1)$$

式中,$f_{E-j}(t)$:单位质量综合能源在 t 年的基础清单数据,即生产 1kgce 综合能源需要投入的 j 原材料质量/产出的 j 环境排放质量;

f_{kj}:单位质量分项能源 k 的基础清单数据,生产单位质量能源需要投入的 j 原材料质量/产出的 j 环境排放质量,其中 k 代表煤炭、石油、天然气、水电、核电、风电和太阳能发电;

$a_k(t)$:t 年时,分项能源 k 在总能源中所占的比例;

b_k:分项能源 k 相对于标准煤的折算系数;

$$f_{EL-j}(t)=\sum^{k}\frac{d_k(t)}{e_k}\cdot f_{kj} \qquad (5-2)$$

式中，$f_{EL-j}(t)$：单位质量综合电力在 t 年的清单数据，即生产 1 kW·h 电力需要投入的 j 原材料质量/产出的 j 环境排放质量；

f_{kj}：单位质量分项电力 k 的基础清单数据，生产单位质量电力需要投入的 j 原材料质量/产出的 j 环境排放质量，其中 k 代表火电、水电、核电、风电、太阳能发电和天然气发电；

$d_k(t)$：t 年时分项电力 k 在总电力中所占的比例；

e_k：生产分项电力 k 采用的能源相对于电力的折算系数；

在上述公式中，$a_k(t)$和 $d_k(t)$的取值来源于 5.2 小节；b_k和 e_k的取值来自国家标准《综合能耗计算通则》(GB/T 2589—2020)[182]，相关数据如表 5－1 所示；分项能源的基础清单数据 f_{kj} 主要来自 CLCD 数据库，对于该数据库未提供的部分，通过文献调研获取：风电、太阳能发电、核电的清单数据分别来自文献[183]、文献[184]和文献[185]。经计算，单位质量综合能源和综合电力的基础清单数据如表 5－3 和表 5－4 所示(清单数据条目较多，仅列出部分)。

表 5－1　能源折算系数

能源	标准煤折算系数	电力折算系数
原煤	0.714 3 kgce/kg	5.812 0 kW·h/kg
石油	1.714 3 kgce/kg	13.948 7 kW·h/kg
天然气	1.330 0 kgce/m^3	10.821 8 kW·h/m^3
电力	0.122 9 kgce/kW·h	/

从上述动态清单中可以看出：

(1) 1 kgce 综合能源生产需投入的原材料质量随时间呈现下降趋势，且下降幅度为情景 3＞情景 2＞情景 1；在消耗的原材料中，初级能源的下降幅度最大，2050 年相较 2010 年在三种情景下分别下降 22％、29％和 35％，可再生能源的大量使用减少了对初级能源的消耗；其次是铝矿石资源下降幅度最大，2050 年相较 2010 年在三种情景下分别下降 13％、21％和 26％。

(2) 1 kgce 综合能源的环境排放随时间呈现下降趋势。能源生产的主要环境排放物为颗粒物、CO_2和 SO_2，图 5－6 以 2010 年的排放质量为基准，重点分析这几种排放物质量的变化情况。可以看出，三种环境排放在 2010～2030 年间下降幅度相对较大，2030～2050 年趋于平缓。三种排放物的减少幅度差异不大，以颗粒物排放量的减少最为显著，其 2050 年的排放量水平在三种情景模式下分别相当于 2010 年排放量水平的 78％、71％和 64％。

表 5-2　每 kgce 综合能源动态基础清单数据(部分)

		情景 1			情景 2			情景 3		
		2010	2030	2050	2010	2030	2050	2010	2030	2050
原材料投入	初级能源(kgce)	1.13	0.895	0.882	1.12	0.811	0.795	1.11	0.749	0.728
	木材资源(m^3)	2.22×10^{-6}	1.77×10^{-6}	1.75×10^{-6}	2.19×10^{-6}	1.59×10^{-6}	1.56×10^{-6}	2.19×10^{-6}	1.47×10^{-6}	1.42×10^{-6}
	水资源(m^3)	3.17×10^{-3}	3.09×10^{-3}	3.08×10^{-3}	3.17×10^{-3}	2.97×10^{-3}	2.96×10^{-3}	3.16×10^{-3}	2.86×10^{-3}	2.84×10^{-3}
	锰矿(kg)	6.26×10^{-6}	5.82×10^{-6}	5.77×10^{-6}	6.32×10^{-6}	6.17×10^{-6}	6.09×10^{-6}	6.34×10^{-6}	6.09×10^{-6}	5.98×10^{-6}
	铝土矿(kg)	5.26×10^{-5}	4.64×10^{-5}	4.61×10^{-5}	5.23×10^{-5}	4.19×10^{-5}	4.14×10^{-5}	5.21×10^{-5}	3.94×10^{-5}	3.87×10^{-5}
	铁矿(kg)	4.67×10^{-4}	4.90×10^{-4}	4.91×10^{-4}	4.69×10^{-4}	4.29×10^{-4}	4.28×10^{-4}	4.68×10^{-4}	4.17×10^{-4}	4.14×10^{-4}
环境排放	颗粒物(kg)	1.06×10^{-3}	8.39×10^{-4}	8.27×10^{-4}	1.05×10^{-3}	7.55×10^{-4}	7.40×10^{-4}	1.05×10^{-3}	6.94×10^{-4}	6.73×10^{-4}
	CO_2(kg)	1.05	0.841	0.830	1.04	0.758	0.744	1.04	0.700	0.679
	CO(kg)	2.19×10^{-4}	1.98×10^{-4}	1.97×10^{-4}	2.18×10^{-4}	1.88×10^{-4}	1.86×10^{-4}	2.18×10^{-4}	1.86×10^{-4}	1.83×10^{-4}
	CH_4(kg)	6.27×10^{-3}	5.54×10^{-3}	5.50×10^{-3}	6.23×10^{-3}	4.97×10^{-3}	4.91×10^{-3}	6.21×10^{-3}	4.68×10^{-3}	4.59×10^{-3}
	SO_2(kg)	3.76×10^{-3}	3.10×10^{-3}	3.07×10^{-3}	3.72×10^{-3}	2.81×10^{-3}	2.77×10^{-3}	3.71×10^{-3}	2.65×10^{-3}	2.58×10^{-3}

表 5-3　每 kW·h 综合电力的动态基础清单数据(部分)

		情景 1			情景 2			情景 3		
		2010	2030	2050	2010	2030	2050	2010	2030	2050
原材料投入	初级能源(kgce)	8.62×10^{-2}	6.90×10^{-2}	6.83×10^{-2}	8.43×10^{-2}	5.56×10^{-2}	5.48×10^{-2}	8.38×10^{-2}	4.81×10^{-2}	4.68×10^{-2}
	木材资源(m^3)	1.66×10^{-7}	1.30×10^{-7}	1.28×10^{-7}	1.62×10^{-7}	1.02×10^{-7}	1.00×10^{-7}	1.61×10^{-7}	8.56×10^{-8}	8.26×10^{-8}
	水资源(m^3)	5.57×10^{-4}	4.87×10^{-4}	4.84×10^{-4}	5.49×10^{-4}	4.22×10^{-4}	4.18×10^{-4}	5.48×10^{-4}	3.77×10^{-4}	3.69×10^{-4}
	锰矿(kg)	7.41×10^{-7}	7.54×10^{-7}	7.43×10^{-7}	7.84×10^{-7}	8.91×10^{-7}	8.75×10^{-7}	8.01×10^{-7}	9.11×10^{-7}	8.91×10^{-7}
	铝土矿(kg)	2.42×10^{-7}	3.61×10^{-7}	3.70×10^{-7}	2.45×10^{-7}	3.79×10^{-7}	3.89×10^{-7}	2.47×10^{-7}	3.76×10^{-7}	3.85×10^{-7}
	铁矿(kg)	3.17×10^{-5}	2.55×10^{-5}	2.52×10^{-5}	3.10×10^{-5}	2.07×10^{-5}	2.05×10^{-5}	3.08×10^{-5}	1.78×10^{-5}	1.74×10^{-5}
环境排放	颗粒物(kg)	1.45×10^{-4}	1.13×10^{-4}	1.12×10^{-4}	1.42×10^{-4}	8.89×10^{-5}	8.72×10^{-5}	1.41×10^{-4}	7.45×10^{-5}	7.19×10^{-5}
	CO_2(kg)	0.142	0.111	0.110	0.139	8.77×10^{-2}	8.61×10^{-2}	0.138	7.37×10^{-2}	7.11×10^{-2}
	CO(kg)	2.82×10^{-5}	2.51×10^{-5}	2.49×10^{-5}	2.81×10^{-5}	2.32×10^{-5}	2.29×10^{-5}	2.80×10^{-5}	2.28×10^{-5}	2.24×10^{-5}
	SO_2(kg)	4.91×10^{-4}	3.93×10^{-4}	3.89×10^{-4}	4.80×10^{-4}	3.18×10^{-4}	3.13×10^{-4}	4.77×10^{-4}	2.79×10^{-4}	2.71×10^{-4}
	COD(kg)	9.67×10^{-6}	5.58×10^{-6}	5.54×10^{-6}	9.54×10^{-6}	4.90×10^{-6}	4.86×10^{-6}	9.47×10^{-6}	4.44×10^{-6}	4.37×10^{-6}
	NH_3(kg)	5.37×10^{-7}	4.58×10^{-7}	4.55×10^{-7}	5.26×10^{-7}	3.82×10^{-7}	3.78×10^{-7}	5.24×10^{-7}	3.34×10^{-7}	3.27×10^{-7}
	氨氮(kg)	4.99×10^{-7}	2.59×10^{-7}	2.57×10^{-7}	4.93×10^{-7}	2.24×10^{-7}	2.22×10^{-7}	4.90×10^{-7}	2.01×10^{-7}	1.97×10^{-7}
	NO_2(kg)	3.10×10^{-6}	2.48×10^{-6}	2.46×10^{-6}	3.09×10^{-6}	2.35×10^{-6}	2.33×10^{-6}	3.08×10^{-6}	2.22×10^{-6}	2.18×10^{-6}

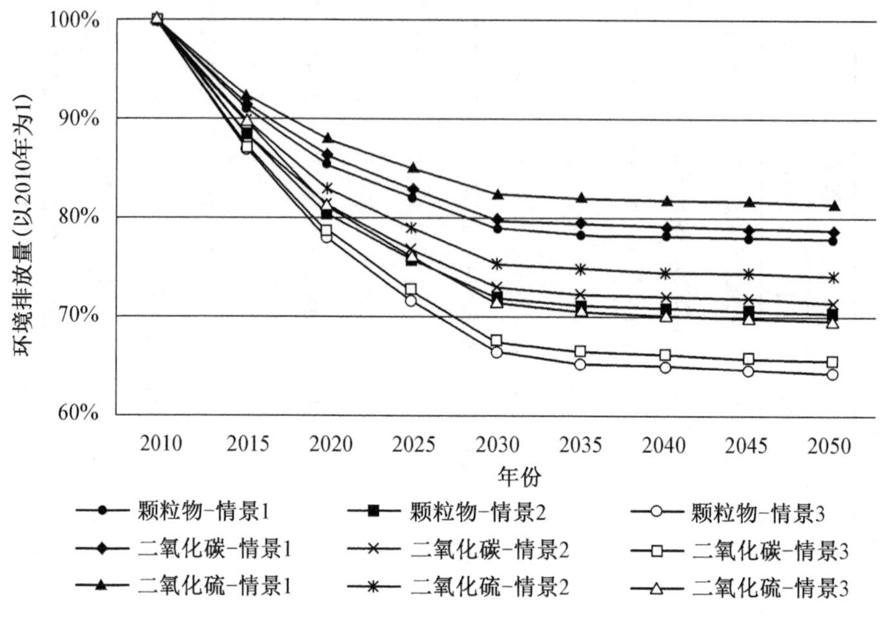

图 5-6　1 kgce 综合能源的主要环境排放质量变化情况(以 2010 年排放量为 1)

(3) 1 kW·h 综合电力生产需要投入的原材料质量随时间呈现下降趋势,下降幅度为情景 3>情景 2>情景 1;初级能源和铁矿资源的下降幅度较大,初级能源 2050 年消耗量相较 2010 年在三种情景下分别下降 21%、35% 和 44%,铁矿消耗量则分别下降 20%、34%和 44%;铝土矿资源的消耗量小幅上升,这是因为天然气发电对铝土矿的消耗很大,远超过其他类型,随着天然气发电在总电力中占比上升,铝土矿资源的投入量增加。

(4) 1 kW·h 综合电力生产的环境排放呈下降趋势,图 5-7 以 2010 年的排放质量为基准,分析了三种重要环境排放物(颗粒物、CO_2 和 SO_2)的质量变化情况。环境排放在 2010～2030 年间下降比较明显,2030～2050 年趋于平缓。三种环境排放的下降程度差异不大。

(5) 随着结构优化,能源和电力的基础清单数据会有比较明显的变化,需要投入的原材料和环境排放大体呈现下降趋势,产生的环境影响将会明显降低。从基础清单数据变化幅度可以看出,在住宅这样长周期产品的环境影响评价中,基础清单数据的动态变化对环境影响评价结果可能有很大影响。

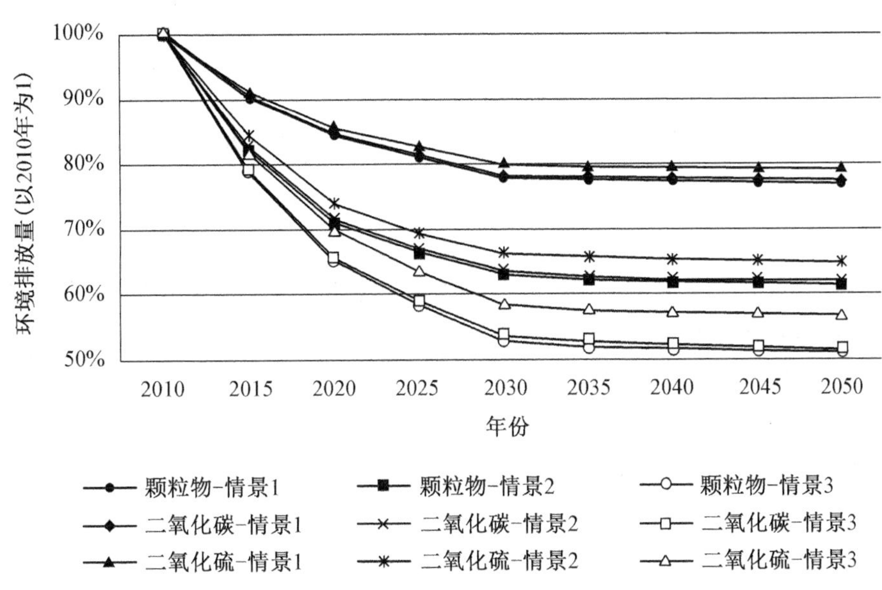

图 5-7　1 kW·h 综合电力的主要环境排放质量变化情况(以 2010 年排放量为 1)

5.4　小结

本章的工作及成果总结如下：

(1) 明确能源基础清单数据动态变化的主要影响因素为能源结构，并综合使用文献调研、线性假设等方法预测 2010～2050 年间能源结构的变化情况。

(2) 基于动态能源结构，构建了综合能源和电力的动态基础清单数据动态评估模型，给出三种情景模式下能源和电力的动态基础清单数据，并对主要环境排放量的变化展开分析。

(3) 本章研究结果表明，能源的基础清单数据在未来一段时期内有较为明显的变化，应将基础清单数据作为重要动态评价要素纳入 DLCA 评价。

第6章 动态权重系统

由于各类环境影响缺乏直接可比性，国内外成熟的建筑领域LCA评价体系都尽量按照客观性的要求构建权重系统，对分类影响类型基于重要性权衡赋予合理的权重，以实现环境影响类型间、受评项目间的可比性，支持方案优化和决策。考虑到价值判断会随时间动态变化，本章构建了基于目标距离法的动态权重系统，为动态加权步骤的开展提供模型方法和数据支持。

6.1 可行性分析

权重系统构建常用的三种方法是专家评价法、货币化法以及目标距离法。已有的LCA评价体系不论应用哪类权重系统，都是隐含着各类权重因子在评价周期内保持不变的假定。权重因子本质上是基于价值判断的赋值，而价值判断是会随环境、社会经济的发展而不断变化[65]，对于具有较长生命周期的住宅建筑，权重因子的数值和相对关系随时间变化对评价结果的影响不可忽视。根据各类方法的特点，对构建动态权重系统的可行性分析汇总如表6-1所示。

专家评价法依赖于专家的经验判断，反映的是专家在被征询意见当时对各种环境类型重要性的认知。EI99、ENVEST和BELES等评价模型使用专家评价法构建权重系统。专家评价法获取权重因子所采用的方法虽然简单、明确，但其形成过程涉及非常复杂的群体决策和知识管理过程，具有较强的主观性，因此LCA评价体系采用专家评价法一直受到很多质疑。权重因子仅仅反映专家在受咨询时对各影响类别重要性的排名，而影响专家对环境影响赋值的因素非常复杂，专家自身就存在认知水平、偏好、情绪等诸多难以量化的变动因素，长周期影响专家对各类环境影响判断的外部因素更为不可预测，因此基于专家评价法构建动态权重系统事实上是不可行的，意义不大。

货币化法认为各种环境影响类别的轻重程度可以用货币化的环境税、排污费率、矿产资源税等进行度量。损害成本法、享乐定价法、条件估值法、重置成本法等都是常见的货币化方法[186]。诸如 EPS[12]、BEPAS[40]评价模型采用货币化法构建的权重系统开展加权评估研究。随经济技术发展、环境排放治理以及资源消耗，社会为某种环境负荷买单的意愿是变化的，权重因子取值需要定期更新[23]。以中国水资源的权重因子为例，其取值在 2006 年为 0.56 元/m^3[40]，在 2012 年为 1.44 元/m^3[22]。理论而言，若能获得分类环境影响的货币表征变动趋势，是可以构建起基于货币化表征的动态权重系统。但事实上，环境税率、排污费、资源税等制定是非常复杂的过程，需要综合保护与发展平衡、治理成本、效率等因素确定，随时间的变化趋势更是复杂，简单的按时序规律对未来的趋势进行外延和推测准确度较低。

目标距离法认为某种环境影响的当前水平与目标水平之间的差距可以表征该影响类型的重要性[19]。对主要的环境排放类物质可以引用权威国际组织、国家、地区和行业等制定的环境减排或控制指标作为目标值；对于消耗类可以根据资源能源的稀缺度构建权重因子。目前很多国家在总体、行业、区域层面针对主要的环境排放物质确定了近期、中期和长期减排或控制性目标，传递了在未来不同时段对环境排放的“容忍”程度。如我国的五年规划、中长期的环境治理战略规划[168]，以及大部分省份、重要城市会出台详细的大气污染治理目标[187]，可为构建分段环境排放的动态权重因子提供较完备的参考。资源稀缺度的动态变化亦可以通过未来使用量、回收利用水平等影响因素的动态趋势变化进行预测。

表 6-1　常见权重方法构建动态系统的可行性分析

方法	指标	可量化性	可预测性	可行性
专家评价法	专家的认知判断	低	很低	低
货币化法	环境税、排污费率、矿产资源税等	高	很低	低
目标距离法	环境减排或控制指标、资源使用量规划等	高	高	高

6.2　目标距离法

目标距离法作为一种常用的权重系统构建方法，认为某种环境影响当前水平与目标水平之间的差距反映了该环境影响的重要程度[19]，两者之间的差距越大，该环境影响越重要，被赋予的权重值越大。

由于不同类别的环境影响目标水平的选取指标存在差异[188]，基于目标距离法权重系统计算的评价结果不能支持跨类别的环境影响比较，只能支持生态破坏子类或资源耗竭子类之间的相互比较。此外，有研究[189]认为该方法只能对减排指标明确的环境排放构建权重因子，部分环境影响类型无法纳入评价，是一个明显局限。但是，政策指标的制定本身就反映了政府或公众对于不同环境排放“容忍”程度的差异，可以认为缺乏控制性指标的环境排放受到的关注很少，“容忍”度较高，相关的生态破坏并未引起广泛关注和重视，不纳入评价相当于对其赋予非常小的权重，可以不根据评价结果提出针对性的改进措施。另一方面，采用目标距离法构建的权重系统有明显优点，国际组织、国家和地方政府以及行业制定的环境排放物的控制指标通常是基于对经济状况、技术发展潜力和政治目标要求等方面的综合权衡[190]，指标具有很强的权威性和前瞻性。基于目标距离法的权重系统能够很好地反映在不同时期，公众对各种环境问题关注的偏重程度，评价结果对于中国这样的发展中国家具有重要意义[23]。并且，国际组织、国家、地区和行业等通常会对未来较长一段时期内的环境排放的指标以及资源使用情况进行规划，使得采用此法构建动态权重系统具有可行性。

目前，目标距离法在传统 LCA 评价模型和各类产品环境影响评价中得到了较为广泛的应用。丹麦 EDIP[190]是目前国际上比较有代表性的采用目标距离法构建权重系统的评价体系，该模型对生态环境、资源和健康三个保护领域的环境影响开展评价，选取政策指标作为各环境影响类型的目标水平构建权重因子，量化了每年人均的环境影响值。文献[25]采用目标距离法构建的权重因子将不可再生能源消耗、富营养化等 4 类环境影响汇总为单一评价指标，对生物质能源、化石燃料等进行评价。在国内，以 EDIP 评价体系为基础，文献[23]以 1990 年为基准，选用 2000 年中国政府对环境排放的削减目标以及资源的稀缺性构建适用于中国的权重因子以及环境影响评价体系；文献[191]选用我国“九五规划”和“十五规划”期间的环境排放指标对包括臭氧层损害、富营养化在内的 5 种生态破坏类型构建权重系统，并与 EDIP 体系的权重因子进行比较。文献[24]和文献[23]分别基于目标距离法构建的权重系统对电动机和产业化住宅的环境影响开展评价。

综上，目标距离法作为常用的权重系统构建方法，在国内外产品的环境影响评价中已经得到了较为广泛的运用和认可。但是目前的研究都是基于评价时点的目标水平构建权重系统，能够支持短期环境影响评价的开展，对于具有较长生命周期的住宅建筑，若假设目标水平始终保持不变则不够合理，应该考虑将中期、长期的目标水平纳入权重系统。

6.3 影响区域划分

采用目标距离法构建权重系统时，由于不同国家和地区的环境状况、排放物管理力度和偏重存在差异，各环境影响类型的目标水平具有很强的地域性。此外，各影响类型造成的损害也存在空间尺度差异，如气候变暖带来的温度上升将对全球产生影响，而水体富营养化的影响只针对局部水域。因此，在选择目标时，要兼顾考虑受评对象的地理位置以及相关环境影响类型的影响区域。

参考 EDIP 体系[190]中对影响区域的划分方式，结合我国政策实际情况，将影响区域划分为全球、全国和地区三类，在构建权重因子时采用对应影响区域的相关指标，如表 6-2 所示。

(1) 影响区域为全球的影响子类包括气候变暖和臭氧损害。气候变暖的主要成因是二氧化碳、甲烷等物质在地球上空形成“玻璃”，阻止热量散失，导致全球的气温升高。臭氧是地球大气中一种微量气体，主要位于大气层的上部或平流层，吸收紫外线以保护地球上的生物免受辐射伤害，臭氧层破坏带来的损害对整个地球有效。

(2) 影响区域为全国的影响子类是资源耗竭各子类。资源在我国各个省市的分布状况不均，如水资源主要分布在西南地区、森林资源主要分布在东北地区，但可以通过贸易交换进行自由移动，且“西电东送”等工程对资源进行跨区域调配，因此以单个省市作为影响区域并不合适，将资源耗竭类型的影响区域定为全国。

(3) 其他生态破坏子类的影响区域为地区。酸雨效应由 SO_2、NO_x 等污染物引起，通常仅对局部地区造成损害[192]；光化学烟雾是碳氢化合物和 NO_x 等一次污染物以及它们发生光化学反应产生的二次污染物的混合物所形成的烟雾污染现象，常认为其影响在一定范围内，如 1943 年的洛杉矶烟雾事件和 1952 年的伦敦烟雾事件；富营养化和水体悬浮物都是水体内的污染现象，破坏范围较难蔓延，主要局限在水体；大气悬浮物是悬浮在大气中的固态粒子和液态小滴等物质，飘浮范围从几公里到几十公里左右；固体废弃物不能主动移动,影响范围有限。

表 6-2 各影响子类的影响区域

影响类型	子类	环境排放	影响区域	指标选取
生态破坏	气候变暖	CO_2、CH_4、CO	全球	全球指标
	臭氧损害	CFCs		
	光化学烟雾	CO、NO_x		
	富营养化	NO_x、NH_3-N、COD	地区	省市指标
	酸雨	SO_2、NH_3、NO_x		
	水体悬浮物	SS		
	固体废弃物	固体废弃物		
	大气悬浮物	烟尘和粉尘		
资源耗竭	水资源	/	全国	全国指标
	木材资源	/		
	初级能源	/		
	矿物资源	/		

6.4 生态破坏类动态权重系统

6.4.1 权重因子构建

(1) 数据标准化

对于生态破坏类的环境影响,采用相关环境排放的政策指标计算"目标水平"构建权重因子。由于影响子类的政策指标来自不同区域,且表述方式存在一定差异,需要进行标准化处理。研究中常用人均环境影响特征化值作为标准化基准,计算如式 6-1 和式 6-2 所示:

$$n_s=\frac{1}{\frac{p_{ei,s}(t_0)}{p(t_0)}}=\frac{p(t_0)}{p_{ei,s}(t_0)} \tag{6-1}$$

式中,n_s:影响子类 s 的标准化因子;

$p_{ei,s}(t_0)$:影响子类 s 在基准年 t_0 的环境影响特征化值,单位为 kg eq./year;

$p(t_0)$:受影响地区在基准年 t_0 的人口总数;

$$p_{ei,s}(t_0)=[c_{y,1}(t_0)\quad\cdots\quad c_{y,j}(t_0)]\cdot\begin{bmatrix}f_{c,1s}\\ \vdots\\ f_{c,js}\end{bmatrix}\tag{6-2}$$

$c_{y,j}(t_0)$：第 j 种环境排放在 t_0 年的排放质量，单位为 kg/year；

$f_{c,js}$：单位质量环境排放物 j 对影响类型 s 的特征化因子；

(2) 权重因子计算公式

生态破坏类型环境影响的权重因子计算公式如(6－3)所示，反映了相较于基准年的环境影响水平，要削减多少才能达到目标年的排放指标。权重因子的动态性主要体现在目标年环境排放指标随时间的动态变化，对第 t 年的环境影响进行加权评价时应该采用对应年份的权重因子。

$$f_{w,s}(t)=\frac{p_{ei,s}(t_0)}{p_{ei,s}(t)}\tag{6-3}$$

$p_{ei,s}(t)$：t 年，影响子类 s 的环境影响特征化值；

$f_{w,s}(t)$：选定 t 年作为目标年时，影响子类 s 的权重因子；

权重因子的计算过程如表 6－3 所示，本环节需要输入的相关数据标记为“输入”，使用已有数据标记为“设定”，通过计算获取的数据标记为“计算”，最终输出的权重因子值标记为“输出”。计算具体的步骤包括：

① 输入各环境排放在基准年的排放量和目标年的规划排放量数值；

② 设定不同环境排放对于相应生态破坏子类的特征化因子；

③ 根据公式计算各生态破坏子类在基准年和目标年的特征化值；

④ 输出各生态破坏子类的权重因子。

表 6－3　生态破坏类权重因子计算过程

影响子类	排放物	$c_y(t_0)$	$c_y(t)$	f_c	$p_{ei}(t_0)$	$p_{ei}(t)$	$f_w(t)$
全球变暖	CO_2	输入	输入	设定	计算	计算	输出
	CH_4	输入	输入	设定			
	……	……	……	……			
臭氧损害	CFCs	输入	输入	设定	计算	计算	输出
光化学烟雾	CO	输入	输入	设定	计算	计算	输出
	……	……	……	……			
	NO_x	输入	输入	设定			

（续表）

影响子类	排放物	$c_y(t_0)$	$c_y(t)$	f_c	$p_{ei}(t_0)$	$p_{ei}(t)$	$f_w(t)$
富营养化	NH_3-N	输入	输入	设定	计算	计算	输出
	……	……	……	……			
酸化	SO_2	输入	输入	设定	计算	计算	输出
	NO_x	输入	输入	设定			
	……	……	……	……			
水体悬浮物	SS	输入	输入	设定	计算	计算	输出
固体废弃物	废弃物	输入	输入	设定	计算	计算	输出
大气悬浮物	烟尘和粉尘	输入	输入	设定	计算	计算	输出

环境排放物的政策指标并不会逐年制定，往往相隔几年、十几年甚至几十年，该政策指标反映一段时期内环境工作的重点方向和对环境排放的“容忍”程度。因此，本书认为以某个年份的政策指标构建的权重因子对前后一段时期均有效力，例如以 2020 年为目标年构建的权重因子可以适用于 2015～2025 年间的环境影响评价。对于住宅这样长周期的评价对象，选择短期、中期和长期的政策指标构建动态权重系统可以满足评价需求。

6.4.2 政策指标选取与动态权重因子实例

本小节以 2015 年为基准年，2020 年、2030 年和 2050 年分别作为短期、中期和长期目标年，以全球和江苏省作为生态破坏子类的影响区域，介绍环境排放政策指标的选取方式，并给出生态破坏子类的动态权重因子实例。

对于气候变暖这一影响类型，采用全球的相关数据指标。IPCC 第五次的研究报告[193]综合考虑人口规模、经济发展、生活方式、气候政策等对温室气体排放量的影响，使用“典型浓度路径(RCP)”描述 21 世纪全球的温室气体排放水平，包括严格减缓情景(RCP2.6)、中度排放情景(RCP4.5 和 RCP6.0)和高排放情景(RCP8.5)四类。考虑到严格减缓情景的减排力度较大，是一种比较理想化的情景，可能难以达到；世界各国对温室气体减排有较大决心(截至 2016 年 6 月 29 日，已经有 178 个缔约方签署了《巴黎气候变化协定》)，高排放情景出现概率较小；本章选取中度排放情景(RCP4.5)模拟未来一段时期的温室气体排放量水平。

对于影响范围为省市的影响子类，短期的政策指标主要来自该地区“十三五”规划文件，资料便捷且数据翔实；中期和长期的目标可参考相关科研机构对中长期发展的战略规划或预测研究，如中国工程院对我国中长期发展的战略规划研究[168]等。由于中长期战略规划一般以全国为研究对象，缺少省际数据，评价中假设受评地区与全国的减排力度保持一致。主要环境排放的相关政策指标汇总如表 6-4 所示。

表 6-4　环境排放的相关政策指标

序号	相关指标	来源
1	2020 年 SO_2 排放总量比 2015 年下降 20%	《江苏省“十三五”节能减排综合实施方案》[195]
2	2020 年 NO_x 排放总量比 2015 年下降 20%	
3	2020 年 COD 排放总量比 2015 年下降 13.5%	
4	2020 年 NH_3-N 排放总量比 2015 年下降 13.4%	
5	2020 年至 2030 年间，NO_x 的排放量年均下降 2.5%	《中国能源发展的环境约束问题研究》[196]
6	2020 年至 2030 年间，SO_2 的排放量年均下降 1.9%	
7	2050 年 SO_2 的排放量削减为 2030 年的 66.7%	《中国能源中长期发展战略研究-环境卷》[197]
8	2050 年 NO_x 的排放量削减为 2030 年的 71.4%	
9	2050 年颗粒物的排放量削减为 2030 年的 75%	

表 6-5 列出了主要环境排放物在基准年和目标年的排放质量，其中基准年排放数据来自世界银行数据库[197]和《江苏省“十三五”节能减排综合实施方案》[194]，目标年的相关数据来自表 6-4 中相应的政策指标。

表 6-5　基准年和目标年的环境排放质量

环境排放物	数据区域	2015 年排放量	2020 年目标值	2030 年目标值	2050 年目标值
温室气体(Gt)	全球	36.1	36.6	29.4	12.8
SO_2(万吨)	江苏	83.49	66.36	54.8	36.5

(续表)

环境排放物	数据区域	2015年排放量	2020年目标值	2030年目标值	2050年目标值
颗粒物(万吨)	江苏	65.45	52.4	46.5	34.9
COD(万吨)	江苏	105.46	90.79	缺	缺
NO_x(万吨)	江苏	106.76	84.82	65.8	47
NH_3-N(万吨)	江苏	13.77	11.9	缺	缺

通过查询世界银行数据库[197]和江苏省的统计年鉴[170]可知,2015年全球的总人口数量为74亿,江苏省人口数量为8 000万。计算气候变暖、酸化、富营养化、大气悬浮物的标准化因子,以及短期、中期和长期的权重因子如表6-6所示。几类环境影响相关排放物的排放控制逐年加强,权重因子均大于1,且长期目标的权重因子值大于中期目标的权重因子,再大于短期目标的权重因子。

表6-6　各生态破坏子类的标准化因子和动态权重因子

影响子类	影响区域	n	$f_w(2020)$	$f_w(2030)$	$f_w(2050)$
气候变暖	全球	2.05×10^{-4}	0.99	1.23	2.82
酸化	江苏省	5.06×10^{-2}	1.26	1.60	2.28
富营养化	江苏省	5.55×10^{-2}	1.26	1.62	2.27
大气悬浮物	江苏省	0.122	1.25	1.41	1.88

6.5　资源耗竭类动态权重系统

资源耗竭类的环境影响是由于评价对象消耗了资源,可用资源量减少,加剧了资源的耗竭度。耗竭性越大的资源,应该赋予越高的权重,权重因子可以根据资源耗竭性水平来构建。

6.5.1　资源耗竭潜力因子

目前国际上常采用资源耗竭潜力因子(Abiotic Depletion Potential, ADP)来评价资源耗竭性,计算公式如式6-4所示,选取资源的储量值和年开采量计算稀缺性水平,以金属锑作为参照资源,ADP因子数值越大表示对应资源越稀缺。

$$P_{AD,i}=\frac{R_{D,i}}{R_i^2}\cdot\frac{R_{ref}^2}{R_{D,ref}} \tag{6-4}$$

式中，$P_{AD,i}$：非生物资源 i 的耗竭潜力；

$R_{D,i}$：资源 i 一年的开采量；

$R_{D,ref}$：选定的参照资源 ref 一年的开采量；

R_i：资源 i 的储量值；

R_{ref}：选定的参照资源 ref 的储量值；

近年来，学者们遵循 ADP 因子评价资源耗竭性的基本思路，将更多资源特征纳入以完善评价：Schneider 等[198]考虑了资源的再生利用，将"人造存量"视为资源储量的一部分，提出 AADP（the Anthropogenic stock extended Abiotic Depletion Potentials）因子衡量资源的稀缺状况；Gao 等[199]考虑了金属在开采、加工等过程中的损耗，引入系数对年开采量予以修正。本章将在 ADP 因子的基础上，综合考虑不同类型资源的特征差异，构建更为全面的评价因子量化资源的耗竭程度。

6.5.2 资源分类及特征分析

自然资源类型多样，根据资源的再生利用性，可以分为可再生资源和不可再生资源：可再生资源是指能在一定可预见周期内重复形成的、具有自我更新、复原特性的资源，如水资源；不可再生资源是指使用后的相当长一段时间内，不可自我更新、复原的资源。后者根据回收利用性，可以再分为可回收资源和不可回收资源（主要指能源）。故可将资源分为可再生资源、可回收资源和不可回收资源三类。

资源特征具有多样性，从供给端、需求端和使用情况三方面来进行分析，并汇总如表 6-7 所示：

① 资源的供给水平主要受到储量的影响。资源储量是指资源可开采使用的数量，资源的储量越小，可利用量越少，那么资源的稀缺程度越大。

② 资源需求在其稀缺性评价中非常重要，资源耗竭问题就是由于资源不足以满足人类生产生活需求所导致。资源需求通过资源年消耗量来衡量，反映每年为了维持正常生产生活所需要的实际资源数量。

③ 在资源的使用状况方面主要考虑再生利用率、回收利用率和能质系数三个特征。再生利用率和回收利用率量化了资源被再次使用的可能

性,相当于资源消耗量的减少,对于缓解资源短缺有积极影响,应该纳入资源稀缺性评价;能质系数表征不同形式能源的品位差异,能源使用过程中有效转化为功的那部分能量才是被有效利用的部分[19],能够有效利用的部分越多,该形式能源的稀缺程度就越低。

表 6-7　资源特征分析

资源特征		缩写	说明	与稀缺性的关系	备注
供给端	储量	rr(resource reserve)	可供开采使用的资源质量	负相关	储量越高,稀缺性越小
需求端	消耗量	yc(yearly consumption)	每年资源消耗水平	正相关	资源消耗增强了稀缺性
使用状况	再生利用率	rnr(resource renewable rate)	资源可再生利用的程度	负相关	可以更新比例越大,稀缺性越小
	回收利用率	rcr(resource recyclable rate)	资源回收利用的程度	负相关	可以回收的部分越多,稀缺性越小
	能质系数	eqc(energy quality coefficient)	有效利用部分的占比	负相关	利用效率越高,稀缺程度越低

综上,资源可分为可再生资源、可回收资源和不可回收资源三类,从需求端、供给端和使用状况共识别出影响稀缺性的 5 类资源特征。资源类型和资源特征之间的关系如图 6-1 所示,可再生资源的特征包括储量、消耗量和再生利用率;可回收资源的特征包括储量、消耗量和回收利用率;不可回收资源的特征包括储量、消耗量和能质系数。在衡量资源稀缺性时应分别考虑各资源特征对稀缺性的影响。

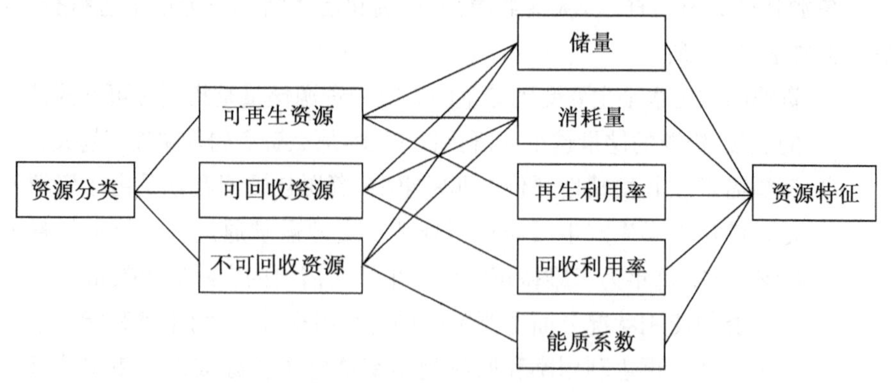

图 6-1　资源分类及特征

6.5.3 权重因子构建

(1) 资源耗竭度

基于 ADP 因子稀缺性评价的基本思想，综合考虑资源特征的多样性和差异性，本章构建资源耗竭度（Resource Depletion Degree, *rdd*）来评价资源的稀缺性，*rdd* 量化了消耗单位质量资源对该资源可利用功能的减少程度[200]，*rdd* 越大就代表该资源的稀缺性越大。结合不同类型资源的特征，并考虑特征的时间动态性，构建动态资源耗竭度的计算公式，如表 6－8 所示，公式中 *rdd* 记作 d_{rd}。

在资源的各类特征中，年消耗水平受到资源供给量、生产生活发展需求等多方面的影响，会随时间发展变化，国家在长期发展中也会对主要资源的使用状况进行规划；资源回收利用率会随着相关技术、设备水平的提升而发生变化；资源的储量和可再生利用率水平是资源自身的天然禀赋，与外界条件无关，不随时间发生变化；能质系数体现的是不同形式能源将总能量转化为有用功的能力，与能源形式有关，与时间无关。综上，年消耗量和回收利用率这两个特征要考虑时间动态性的影响，在评价资源 t 年的耗竭水平时，应采用 t 年的数值。

表 6－8　不同类型资源的耗竭度计算公式

资源类型	计算公式	参数解释
可再生资源	$d_{\mathrm{rd},s}(t)=\dfrac{u\cdot c_{\mathrm{y},s}(t)\cdot(1-r_{\mathrm{rn},s})}{{r_{\mathrm{r},s}}^2}$	$d_{\mathrm{rd},s}(t)$：资源 s 在 t 年的耗竭度； u：单位资源，数值为 1，单位为 kg； $c_{\mathrm{y},s}(t)$：第 s 种资源在 t 年的全国消耗量，单位为 kg/year； $r_{\mathrm{rn},s}$：资源 s 的可再生利用率； $r_{\mathrm{r},s}$：资源 s 的储量，单位为 kg；
可回收资源	$d_{\mathrm{rd},s}(t)=\dfrac{u\cdot c_{\mathrm{y},s}(t)\cdot[1-r_{\mathrm{rc},s}(t)]}{{r_{\mathrm{r},s}}^2}$	$r_{\mathrm{rc},s}(t)$：资源 s 在 t 年的回收利用率；
不可回收资源（能源）	$d_{\mathrm{rd},e}(t)=\dfrac{u\cdot c_{\mathrm{y},e}(t)}{\sum^{k}c_{\mathrm{eq},k}\cdot {r_{\mathrm{re},k}}^2}$	$d_{\mathrm{rd},e}(t)$：能源在 t 年的耗竭度； $c_{\mathrm{y},e}(t)$：能源在 t 年的全国消耗量，单位为 kgce/year； $c_{\mathrm{eq},k}$：能源形式 k 的能质系数； $r_{\mathrm{re},k}$：能源形式 k 的能源储量，单位为 kgce。

(2) 权重因子公式

rdd 量化了不同资源的稀缺水平,稀缺性越高的资源应该赋予更高的权重。引入参照资源的耗竭度可构建权重因子的计算公式,如式(6-5)所示。

$$f_{w,s}(t)=\frac{d_{rd,s}(t)}{d_{rd,ref}} \tag{6-5}$$

式中,$f_{w,s}(t)$:资源 s 在 t 年的权重因子;

$d_{rd,ref}$:参照资源耗竭度;

资源耗竭类权重因子的计算需要获取各类资源特征的相关参数,计算过程如表 6-9 所示。需要输入的相关数据标记为"输入",计算获取的数据标记为"计算",使用已有数据标记为"设定",最终输出的权重因子值标记为"输出"。具体的计算步骤包括:

① 输入资源的消耗量、储量、再生利用率、回收利用率等参数;

② 根据公式计算各种资源的耗竭度;

③ 选定参照资源;

④ 计算各资源耗竭子类的权重因子,并输出。

表 6-9　资源耗竭类权重因子计算过程

分类	资源	$c_y(t)$	r_r	r_m	$r_{cr}(t)$	c_{eq}	$d_{rd}(t)$	$d_{rd,ref}$	$f_w(t)$
可再生资源	水	输入	输入	输入	/	/	计算	设定	输出
	木材	输入	输入	输入	/	/	计算	设定	输出
可回收资源	矿物资源	输入	输入	/	输入	/	计算	设定	输出
不可回收资源	初级能源	输入	输入	/	/	输入	计算	设定	输出

6.5.4　参数选取及动态权重因子实例

仍以 2015 年为基准年,2020 年、2030 年和 2050 年分别作为短期、中期和长期目标年介绍相关参数的选取,并计算我国几种主要资源的动态权重因子。

资源储量和消耗量数据汇总如表 6-10 所示,储量数据来自统计资料[4,201],目标年的消耗量数据主要来自相应的资源发展规划:水资源和能源的消耗量数据来自中国科学院针对我国 18 个领域开展的战略发展研究[196,202]；矿产资源2020年消耗量数据来自《全国矿产资源规划(2016～2020年)》[203]，2030年和2050年的消耗量数据缺乏，考虑到矿产资源的消耗量预测较为复杂，且目前缺少共识性较高、较权威的研究成果，暂使用2020年的消耗量数据。

表6-10　资源的储量及消耗量

分类	资源	储量	消耗量		
			2020年	2030年	2050年
可再生资源	水(kg)	2.80×10^{15}	6.00×10^{14}	6.50×10^{14}	5.50×10^{14}
可回收资源	铁矿(kg)	1.96×10^{14}	1.20×10^{12}	8.30×10^{11}	7.36×10^{11}
	铝土矿(kg)	1.30×10^{13}	7.30×10^{10}	6.66×10^{10}	5.83×10^{10}
	锰矿(kg)	3.52×10^{12}	3.00×10^{10}	3.52×10^{10}	3.59×10^{10}
不可回收资源	初级能源(kgce)	2.78×10^{15}	4.00×10^{12}	4.50×10^{12}	5.60×10^{12}

资源使用相关特征的参数汇总如表6-11所示，水资源的可再生利用率选取了地表水占总水资源的比例来表征，因为地表水可以在几十天内补充，认为100%可再生，而地下水回收时间长达1400年，通常认为其不可再生利用[204]；矿产资源的回收利用率数据来自《中国至2050年矿产资源科技发展路线图》[205]；不同形式能源的能质系数来自文献[19]。

表6-11　各资源使用状况特征的取值

分类	资源	再生利用率	回收利用率	能质系数
可再生资源	水资源	96.2%	/	/
可回收资源	矿产资源	/	2020年:50%;2030年:70%;2050年:80%;	/
不可回收资源	煤炭	/	/	0.35
	石油	/	/	0.46
	天然气	/	/	0.52

参照表6-9提供的计算流程，可以计算各类型资源的动态资源耗竭度。选择锰矿资源在2020年的耗竭度作为参照值，可以计算出各种资源在短期、中期和长期的动态权重因子，汇总如表6-12所示。矿产资源的权重因子较大，其次是初级能源，水资源的权重因子最小。

表 6-12 资源耗竭类的动态权重因子

影响子类	$f_w(2020)$	$f_w(2030)$	$f_w(2050)$
水资源	2.40×10^{-3}	2.60×10^{-3}	2.20×10^{-3}
铁矿资源	1.29×10^{-2}	5.35×10^{-3}	3.16×10^{-3}
铝土矿资源	0.179	9.82×10^{-2}	5.72×10^{-2}
锰矿资源	1.00	0.703	0.478
初级能源	1.23×10^{-3}	1.38×10^{-3}	1.72×10^{-3}

6.6 动态评价公式汇总

将生态破坏类和资源耗竭类的动态权重因子、环境影响指数的计算公式以及相关参数的解释汇总见表 6-13。

表 6－13　环境影响指数计算公式汇总

公式	参数解释
通用	
$\boldsymbol{I}_{EI}(t)=\boldsymbol{C}_B(t)\times\boldsymbol{F}_I(t)\times\boldsymbol{F}_C\times\boldsymbol{F}_W(t)$	$\boldsymbol{I}_{EI}(t)$是动态环境影响指数矩阵；$\boldsymbol{C}_B(t)$是动态消耗量矩阵；$\boldsymbol{F}_I(t)$是动态基础清单数据矩阵；$\boldsymbol{F}_C$ 是特征化因子矩阵；$\boldsymbol{F}_W(t)$是动态权重因子矩阵。
$\boldsymbol{P}_{BEI}(t)=\boldsymbol{C}_B(t)\times\boldsymbol{F}_I(t)\times\boldsymbol{F}_C=[p_{bei,1}(t)\quad\cdots\quad p_{bei,s}(t)]$ $\boldsymbol{I}_{EI}(t)=\boldsymbol{P}_{BEI}(t)\times\boldsymbol{F}_W(t)$	$\boldsymbol{P}_{BEI}(t)$是被评价建筑的动态环境影响特征化值矩阵；$p_{bei,s}(t)$是 t 年时，由被评价建筑引起的环境影响子类 s 的环境影响特征化值。
生态破坏类	
$f_{w,s}(t)=\dfrac{p_{ei,s}(t_0)}{p_{ei,s}(t)}$	$p_{ei,s}(t_0)$是影响子类 s 在基准年 t_0 的环境影响特征化值，单位为 kgeq. /year；$p_{ei,s}(t)$是影响子类 s 在 t 年的环境影响特征化值，单位为 kgeq. /year；$f_{w,s}(t)$是影响子类 s 在 t 年的权重因子。
$i_{ei}(t)=\sum^{s} i_{ei,s}(t)=\underbrace{\sum_{s=1}^{2} p_{bei,s}(t)\cdot\underset{\text{标准化}}{\dfrac{1}{\frac{i_{e,s}(g,t_0)}{p(g,t_0)}}}\cdot\underset{\text{加权}}{f_{w,s}(t,g)}}_{\text{影响区域:全球}}+\underbrace{\sum_{s=3}^{8} p_{bei,s}(t)\cdot\underset{\text{标准化}}{\dfrac{1}{\frac{i_{e,s}(r,t_0)}{p(r,t_0)}}}\cdot\underset{\text{加权}}{f_{w,s}(t,r)}}_{\text{影响区域:省市}}$	$i_{ei}(t)$是 t 年生态破坏指数总值；$p(t_0)$是受影响地区在基准年时点 t_0 的人口总数； $s=1$，代表气候变暖子类；$s=2$，代表臭氧损害子类；$s=3\sim8$，分别代表光化学污染、酸化、富营养化、大气悬浮物、固体废弃物、水体悬浮物； g 代表数据为全球数据，r 代表是数据为省市数据。

（续表）

公式	参数解释
资源耗竭类	
$f_{w,s}(t)=\frac{d_{rd,s}(t)}{d_{rd,ref}}$	$f_{w,s}(t)$是资源子类 s 在 t 年的权重因子；$d_{rd,s}(t)$是资源子类 s 在 t 年的耗竭度；$d_{rd,ref}$ 是参照资源耗竭度；
$d_{rd,s}(t)=\frac{u\times c_{y,s}(t)\times(1-r_{m,s})}{{r_{r,s}}^2}$	可再生资源耗竭度计算公式： u 是单位资源，数值为 1，单位为 kg；$c_{y,s}(t)$ 是资源子类 s 在 t 年的全国年消耗量，单位为 kg/year；$r_{m,s}$是资源子类 s 的可再生利用率；$r_{r,s}$是资源子类 s 的储量，单位为 kg；
$d_{rd,s}(t)=\frac{u\times c_{y,s}(t)\times[1-r_{rc,s}(t)]}{{r_{r,s}}^2}$	可回收资源耗竭度计算公式： $r_{rc,s}(t)$是资源子类 s 在 t 年的回收利用率；
$d_{rd,e}(t)=\frac{u\cdot c_{y,e}(t)}{\sum^{k} c_{eq,k}\cdot {r_{re,k}}^2}$	不可回收资源的耗竭度计算公式： $d_{rd,e}(t)$是能源在 t 年的耗竭度；$c_{y,e}(t)$是能源在 t 年的全国消耗量，单位为 kgce/year；$c_{eq,k}$是能源形式 k 的能质系数；$r_{re,k}$是能源形式 k 的能源储量，单位为 kgce；
$i_{ei}(t)=\sum_{u}^{s} i_{ei,s}(t)=\sum_{l}^{s} p_{bei,s}(t)\cdot\frac{d_{rd,s}(t)}{d_{rd,ref}}$	$i_{ei}(t)$是资源耗竭指数总值；$p_{bei,s}(t)$是 t 年时，被评价建筑的资源耗竭子类 s 的环境影响特征化值。

6.7　小结

本章的工作及成果总结如下：

(1) 系统分析相关指标的可量化性和可预测性，对比专家评价法、货币化法以及目标距离法这三类常见方法构建动态权重系统的可行性，选用目标距离法构建动态权重系统。

(2) 根据各环境影响类型造成损害的范围，设置全球、全国和地区三类影响区域，并对环境影响子类进行归类：影响范围为全球的影响子类 2 类、影响范围为全国的影响子类 4 类以及影响范围为地区的影响子类 6 类，从影响范围的空间尺度来认识各环境影响类型。

(3) 采用目标距离法，基于环境排放目标年的政策指标，构建生态破坏类动态权重系统。以 2015 年为基准年，选取 2020 年、2030 和 2050 年分别作为短期目标年、中期目标年和长期目标年，明确政策指标的选取方法，并计算气候变暖、酸化、富营养化和大气悬浮物 4 类生态破坏子类的动态权重因子。

(4) 从供给端、需求端和使用情况分析可再生资源、可回收资源和不可回收资源这 3 类资源的 5 类特征（储量、消耗量、可再生利用率、可回收利用率和能质系数），并基于 ADP 因子评价资源耗竭性的基本思路，采用目标年的资源特征参数构建动态资源耗竭度以评价资源的耗竭水平，并在此基础上构建资源耗竭子类的动态权重系统。以 2015 年为基准年，2020 年、2030 和 2050 年分别作为短期目标年、中期目标年和长期目标年，计算了全国水资源、铁矿资源、铝土矿资源、锰矿资源和初级能源在未来一段时期内的动态权重因子。

(5) 本章的研究结果表明，短期、中期和长期的权重因子存在明显差异，对于住宅这样长周期的产品，在全生命周期评价中采用动态权重系统开展评价对于科学决策有重要意义。

本章内容已发表为论文，读者可详见文献[86]。

第 7 章　住宅建筑动态环境影响评价实例

本书第 3 章构建了建筑 DLCA 的评价框架，第 4 章至第 6 章分别开展了动态消耗量、动态基础清单和动态权重因子的量化评估方法研究，形成了可操作的 DLCA 评价模型。本章将选取一个住宅案例开展应用研究，演示动态评价的基本流程，一定程度上验证评价模型的有效性以及动态评价开展的必要性，并分析各动态评价要素对动态评价结果的贡献。

7.1　案例背景

本章选取江苏省泰州市某项目的一幢住宅楼作为研究案例，该住宅建筑为框架结构，总面积 8 809.31 平方米，共 70 户家庭。通过调研获取该建筑的施工组织设计文件、施工图纸等工程文件资料。

评估时点为 2015 年初，评估范围涵盖建筑全生命周期，包括：使用前阶段（2015 年）、使用阶段（2016 年至 2049 年）和拆卸阶段（2050 年）。由于 2050 年之后的动态能耗和动态基础清单数据难以获得，评价周期的跨度不超过 2050 年。功能单元是 1 平方米/年，使用年限是 34 年。

7.2　清单分析

(1) 使用前物化消耗量收集

参照《建设工程工程量清单计价规范》(GB 50500—2013)[134]对项目按照分部（子分部）进行单元过程划分，包括 6 个土建工程分部和 4 个措施项目分部；通过阅读施工图纸明确各项分项工程的工程量数据；采用数据较新、条目详细的《江苏省建筑与装饰工程计价定额》[206]将工程量数据转化为资源和能源消耗量数据。有关转换步骤的更详细信息，请参阅文献[207]。

(2) 再现物化消耗量收集

根据4.1.2小节提供的主要建材/构件的自然寿命，较多构件的设计使用寿命为25年，选择在第26年对该建筑的门窗、屋顶、排水管等进行维护更新，消耗量发生时点为2041年，相关消耗依据工程定额确定；拆除处置阶段的废弃物的产生量按照全部建材量的80%计算[208]，其中废钢材、废砌块以及废玻璃按照4.1.2小节中的回收利用率予以回收(仍旧分为基准、提升和理想三个情景)，其余部分填埋处理。

(3) 运营消耗量

水资源消耗量来自统计数据，江苏省2015年户均生活用水量为224吨[170]，该案例建筑共居住70户家庭，故受评住宅每年的生活用水消耗量为15 680吨；2016～2050年间的能源消耗量数据来自4.2.5小节的研究结果。

汇总全周期消耗量数据，通过清单分析步骤将消耗量转化为原材料投入量和环境排放量。采用5.3节建立的三种能源组合情景下的能源动态基础清单数据。其他基础清单数据来自CLCD数据库，沿用静态数据。案例建筑部分年份的资源投入和环境排放数据如表7-1所示，以情景1的动态基础清单数据以及提升情景的废弃物回收率为例。

7.3　影响评价

受评环境影响按照生态破坏和资源消耗进行分类，特征化因子仍沿用静态评价数据[22]，标准化系数以及动态权重因子采用论文第6章研究成果。量化2015年至2025年环境影响时采用2020年权重因子$f_w(2020)$，量化2026年至2035年环境影响时采用2030年权重因子值$f_w(2030)$，量化2036年至2050年环境影响时采用2050年权重因子值$f_w(2050)$。

由于部分影响类型缺乏权重因子，仅对案例建筑的4种生态破坏子类(气候变暖、酸化、富营养化和大气悬浮物)和5种资源耗竭子类(初级能源、水资源、锰矿资源、铝土矿资源和铁矿资源)进行评价。表7-2以情景1的动态基础清单数据以及基准情景的废弃物回收率为例列出案例建筑部分年份的环境影响值。

表 7-1　案例建筑投入产出清单(部分)

		2015 年	2020 年	2035 年	2041 年	2042 年	2050 年
资源投入	初级能源(kgce)	1.22	8.31×10^{-6}	7.79×10^{-6}	4.47	7.77×10^{-6}	7.75×10^{-6}
	水资源(m^3)	1.19	5.38×10^{-8}	4.96×10^{-8}	1.48×10^{-2}	4.94×10^{-8}	4.93×10^{-8}
	锰矿(kg)	4.10×10^{-2}	9.36×10^{-11}	8.40×10^{-11}	5.17×10^{-8}	8.37×10^{-11}	8.33×10^{-11}
	铝土矿(kg)	3.16×10^{-3}	1.89×10^{-11}	2.04×10^{-11}	3.16×10^{-5}	2.04×10^{-11}	2.05×10^{-11}
	铁矿(kg)	0.430	3.04×10^{-9}	2.87×10^{-9}	7.64×10^{-6}	2.87×10^{-9}	2.86×10^{-9}
环境排放	颗粒物(kg)	8.83×10^{-2}	1.39×10^{-8}	1.28×10^{-8}	1.08×10^{-4}	1.27×10^{-8}	1.27×10^{-8}
	苯(kg)	5.37×10^{-6}	1.01×10^{-12}	1.21×10^{-12}	2.28×10^{-9}	1.21×10^{-12}	1.22×10^{-12}
	CO_2(kg)	4.25	1.36×10^{-5}	1.25×10^{-5}	3.38	1.25×10^{-5}	1.25×10^{-5}
	CO(kg)	0.162	2.97×10^{-9}	2.83×10^{-9}	1.66×10^{-2}	2.82×10^{-9}	2.82×10^{-9}
	CH_4(kg)	0.119	2.24×10^{-9}	2.96×10^{-9}	2.40×10^{-4}	2.98×10^{-9}	3.01×10^{-9}
	SO_2(kg)	8.89×10^{-2}	4.78×10^{-8}	4.43×10^{-8}	3.94×10^{-2}	4.42×10^{-8}	4.41×10^{-8}
	COD(kg)	4.02×10^{-2}	6.62×10^{-10}	6.31×10^{-10}	2.40×10^{-5}	6.30×10^{-10}	6.29×10^{-10}
	NH_3(kg)	1.30×10^{-3}	5.44×10^{-11}	5.18×10^{-11}	4.05×10^{-7}	5.17×10^{-11}	5.16×10^{-11}
	氨氮(kg)	1.43×10^{-4}	3.13×10^{-11}	2.93×10^{-11}	4.44×10^{-8}	2.93×10^{-11}	2.92×10^{-11}
	N_2O(kg)	6.19×10^{-4}	5.38×10^{-12}	8.99×10^{-12}	2.24×10^{-7}	9.11×10^{-12}	9.24×10^{-12}
	NO_2(kg)	6.31×10^{-2}	2.99×10^{-10}	2.80×10^{-10}	1.02×10^{-5}	2.80×10^{-10}	2.79×10^{-10}
	甲醛(kg)	7.90×10^{-7}	4.20×10^{-14}	4.91×10^{-14}	8.41×10^{-11}	4.94×10^{-14}	4.96×10^{-14}

表 7-2　案例建筑环境影响值(部分)

影响子类		2015 年	2020 年	2035 年	2041 年	2042 年	2050 年
生态破坏类	气候变暖	8.89×10^{-3}	1.01×10^{-3}	3.49×10^{-3}	5.82×10^{-3}	3.93×10^{-3}	-4.52×10^{-3}
	酸化	5.81×10^{-3}	1.25×10^{-3}	2.71×10^{-3}	7.52×10^{-3}	3.02×10^{-3}	-3.73×10^{-3}
	富营养化	6.70×10^{-3}	6.19×10^{-5}	1.19×10^{-4}	1.26×10^{-4}	1.24×10^{-4}	-1.56×10^{-3}
	大气悬浮物	6.13×10^{-3}	3.53×10^{-4}	6.38×10^{-4}	7.18×10^{-4}	7.19×10^{-4}	-3.57×10^{-3}
	总值	2.75×10^{-2}	2.68×10^{-3}	6.96×10^{-3}	1.42×10^{-2}	7.79×10^{-3}	-1.34×10^{-2}
资源耗竭类	初级能源	1.50×10^{-2}	3.68×10^{-3}	6.34×10^{-3}	1.47×10^{-2}	7.15×10^{-3}	-6.69×10^{-3}
	水资源	2.85×10^{-3}	4.32×10^{-3}	3.97×10^{-3}	4.01×10^{-3}	3.98×10^{-3}	-3.52×10^{-4}
	锰矿资源	4.10×10^{-2}	3.47×10^{-5}	1.95×10^{-5}	2.16×10^{-5}	2.19×10^{-5}	-2.56×10^{-2}
	铝土矿资源	5.66×10^{-4}	6.74×10^{-4}	2.15×10^{-4}	2.17×10^{-4}	2.15×10^{-4}	-3.35×10^{-5}
	铁矿资源	5.54×10^{-3}	1.63×10^{-5}	4.83×10^{-6}	5.32×10^{-6}	5.38×10^{-6}	-1.09×10^{-4}
	总值	6.49×10^{-2}	8.72×10^{-3}	1.05×10^{-2}	1.90×10^{-2}	1.14×10^{-2}	-3.28×10^{-2}

7.4 解释

本小节将对评价结果进行解释，7.4.1 小节基于动态评价结果进行逐年环境影响分析、分阶段环境影响分析和分类型环境影响分析，该动态评价结果是基于情景 2 的动态基础清单数据以及提升情景的废弃物回收利用率；7.4.2 小节基于因素分析法对比 DLCA 评价结果与传统 LCA 评价结果；7.4.3 小节对能源结构和废弃物回收利用率这两个影响因素进行情景比较分析。需要说明的是，采用目标距离法构建的权重系统并不支持跨类别的比较，分别针对生态破坏类和资源耗竭类环境影响进行分析。

7.4.1 动态评价结果分析

(1) 逐年评价结果分析

案例建筑全生命周期内(2015 年至 2050 年)的生态破坏指数和资源耗竭指数值如图 7－1 所示。从曲线走势来看，生态破坏和资源耗竭两种类型的最高值均发生在 2015 年(生态破坏指数值为 2.75×10^{-2} 标准当量/m^2，资源耗竭的指数值为 6.49×10^{-2} 标准当量/m^2)，也即物化阶段，此阶段的环境影响较为集中。两类环境影响指数的最低值均发生在 2050 年(生态破坏指数值为

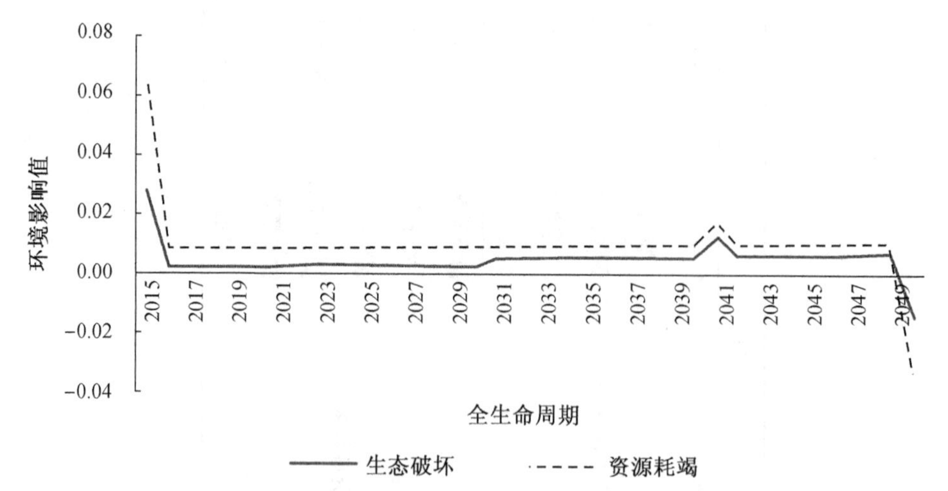

图 7－1 案例建筑全生命周期逐年环境影响值

-1.34×10^{-2} 标准当量/m^2，资源耗竭的指数值为 -3.28×10^{-2} 标准当量/m^2），也即拆除阶段，此阶段回收建筑废弃物相当于节约了部分建筑材料，减少了环境负荷。在 2016～2049 年期间，该建筑环境影响值逐渐增大，并在 2041 年出现一个波峰，因为当年的维护更新相关活动消耗了较多建筑构件及能源，产生了相对集中的环境影响。

（2）生命周期阶段分析

案例建筑在全生命周期各阶段的环境影响值占比如图 7－2 所示。

环境影响占比最大的是使用阶段，约为 80%，远大于其他阶段的环境影响。这是由于住宅的设计使用寿命长达 30 余年，累计消耗的能源和水资源量较大，由此产生的环境影响比较显著。住户是住宅建筑全生命周期中发挥作用时间最长、对其环境表现影响最大的主体，应通过加强节能知识宣传、倡导使用绿色节能设备等措施减少使用阶段的资源能源消耗。

建筑物化阶段产生的环境影响小于使用阶段，但是仍然占有一定比例（约为 15%），此阶段环境影响的强度很大，也值得重视。选用新型节能材料、加强施工现场管理减少消耗等能够降低此阶段的环境影响。

拆除阶段的环境影响指数值均为负数，占比在 5%左右，废弃材料的回收利用对环境有积极意义。

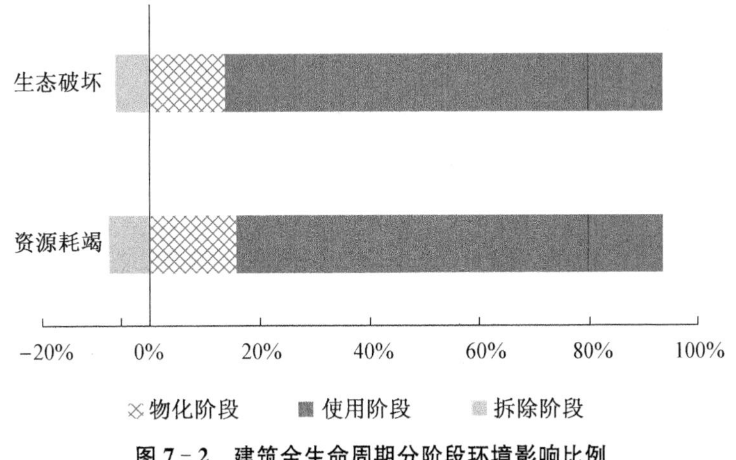

图 7－2　建筑全生命周期分阶段环境影响比例

（3）环境影响类型分析

将两种环境影响类型的子类按比例绘制在图 7－3 中进行对比。

对于生态破坏子类，按照影响大小排序依次是：气候变暖（44.4%）、酸化

(40.7%)、大气悬浮物(10.1%)和富营养化(4.8%)。气候变暖这一影响子类所占比例最高,说明要达到江苏省减排政策指标,建筑在相关排放物(主要是CO_2)的控制压力最大;酸化这一子类的指数值位列第二,对环境带来的负面影响仍然值得重视;富营养化这一子类的环境影响在4种类型中最小,主要是因为能源生产使用过程中排放的NO_2等污染物较少。

对于资源耗竭的子类,按照影响大小排序依次是:初级能源(49.4%)、水资源(41.2%)、锰矿资源(4.6%)、铝土矿资源(3.3%)和铁矿资源(1.6%)。初级能源的资源耗竭指数最高,主要是因为全生命周期中的消耗量很大,并且考虑到其不可再生性,赋予权重较高;水资源的耗竭指数值仅次于初级能源,且远高于其他类型资源,主要是因为全生命周期,尤其是使用阶段消耗了大量的水资源,虽然水资源能够再生,但是也要减少浪费,节约使用。

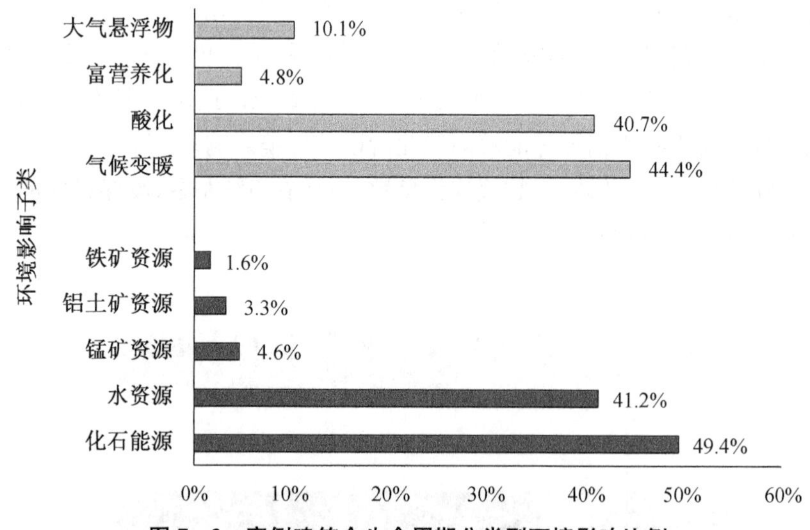

图7-3 案例建筑全生命周期分类型环境影响比例

7.4.2 动静态评价结果比较

本小节对动静态评价结果进行对比分析,两种评价方式在评价要素方面的差异如表7-3所示,动态评价中采用情景2的动态基础清单数据和提升情景下的废弃物回收利用水平,不同情景对于评价结果的影响将在下一小节进行敏感性分析。

表 7-3　动静态评价中的评价要素对比

评价要素	静态评价	动态评价
消耗量	建筑构件与建筑等寿，不考虑维护更新产生的资源能源消耗；建筑废弃物回收利用率与评价时点保持一致；运营能耗不随时间发生变化，采用基准年消耗量；记作 C_B	建筑构件失效后需更新；建筑废弃物回收利用水平发生变化；运营能耗随时间发生变化；记作 $C_B(t)$
基础清单数据	采用基准年时点的基础清单数据，记作 D_I	采用动态基础清单数据，记作 $D_I(t)$
权重因子	采用以 2020 年为目标年构建的权重因子，记作 F_W	采用包含短期、中期、长期权重因子的动态权重系统，记作 $F_W(t)$

(1) 全生命周期动静态评价结果对比

图 7-4 汇总了案例建筑全生命周期环境影响的动静态评价结果，生态破坏的动态评价指数值为 0.178 标准当量/m²，相较于静态评价结果上升 75.4%；资源耗竭的动态评价指数值为 0.355 标准当量/m²，相较于静态评价结果上升 13.2%。可见，传统 LCA 评价方法明显低估了住宅的环境影响水平，开展的动态环境影响评价能够更为准确地评价住宅的环境表现，是非常有必要的；此外，时间动态因素对生态破坏类和资源耗竭类的影响程度存在显著差异。

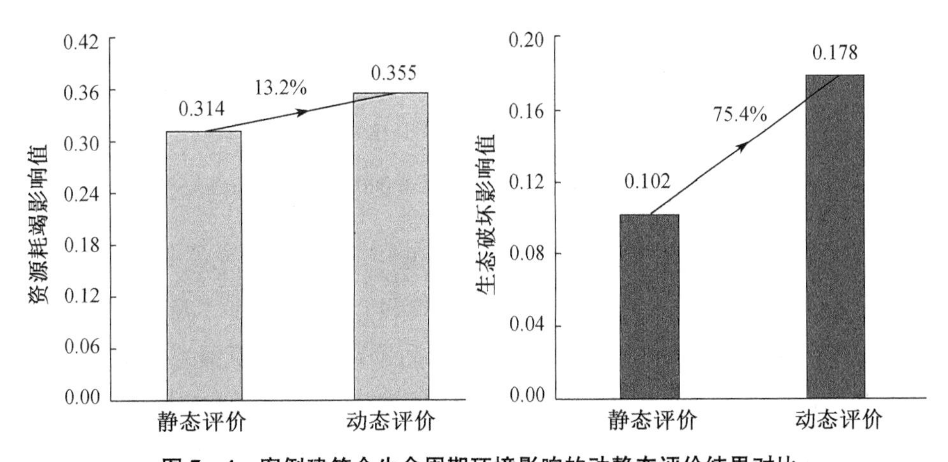

图 7-4　案例建筑全生命周期环境影响的动静态评价结果对比

DLCA 评价中共考虑了三类动态评价要素的影响：消耗量 $C_B(t)$、基础清单数据 $D_I(t)$和权重因子 $F_W(t)$，相应的静态要素分别表示为 C_B、D_I 和 F_W。本章将基于因素分析法，采用连环替代方式分析各动态评价要素对环境影响值的贡献水平。评估结果分别用用 $C_B \cdot D_I \cdot F_W$、$C_B(t) \cdot D_I \cdot F_W$、$C_B(t) \cdot D_I(t) \cdot F_W$ 和 $C_B(t) \cdot D_I(t) \cdot F_W(t)$ 表示。

(2) 动态评价要素对评价结果的贡献分析

采用因素分析法分析各动态评价要素对评价结果的贡献，图 7 - 5 汇总了生态破坏类环境影响的动静态评价结果，三类动态评价要素对于评价结果的贡献各不相同：$C_B(t)$ 的贡献值为 0. 028 2 标准当量/m²，贡献率为 15. 8%，动态消耗量对评价结果产生正面效应，且有较大贡献；$D_I(t)$ 的贡献值为－0. 016 7 标准当量/m²，贡献率为－9. 4%，动态基础清单数据对评价结果产生负面效应，减少环境影响值；$F_W(t)$ 的贡献值为 0. 065 2 标准当量/m²，贡献率为 36. 5%，动态权重系统对评价结果产生正面效应，贡献率高于动态消耗量。

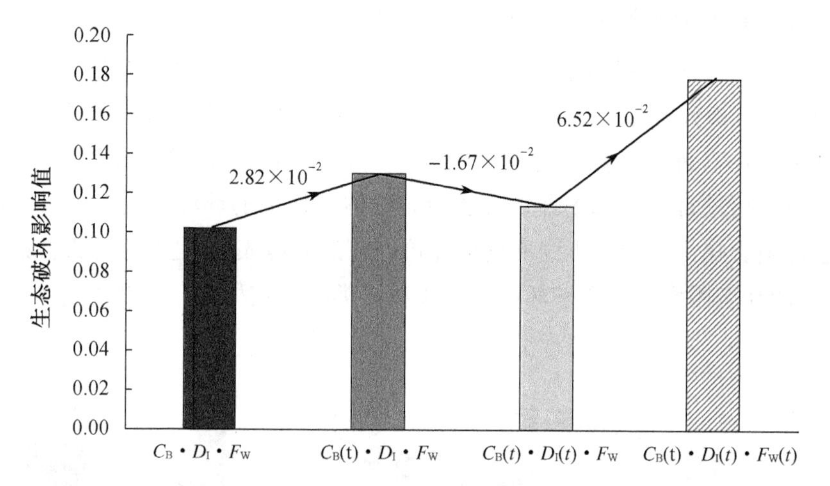

图 7 - 5　案例建筑全生命周期生态破坏影响的动静态评价结果对比

图 7 - 6 汇总了资源耗竭类环境影响的动静态评价结果，三类动态评价要素对于评价结果的贡献各不相同：$C(t)$ 的贡献值为 0. 040 0 标准当量/m²，贡献率为 11. 3%，动态消耗量对评价结果产生正面效应；$D_I(t)$ 的贡献值为－0. 045 9 标准当量/m²，贡献率为－12. 9%，动态基础清单数据对评价结果产生负面效应，减少环境影响值；$F_W(t)$ 的贡献值为 0. 047 3 标准当量/m²，贡献率为13. 3%，动态权重系统对评价结果产生正面效应，贡献率略高于动态消耗量。

各动态评价要素对动态评价结果的贡献汇总如表 7 - 4 所示，动态环境影响值受到三个评价要素共同影响，各要素的影响程度和影响方向不同。传统评价低估了建筑全生命周期的消耗量水平，高估了被使用能源和建筑材料的

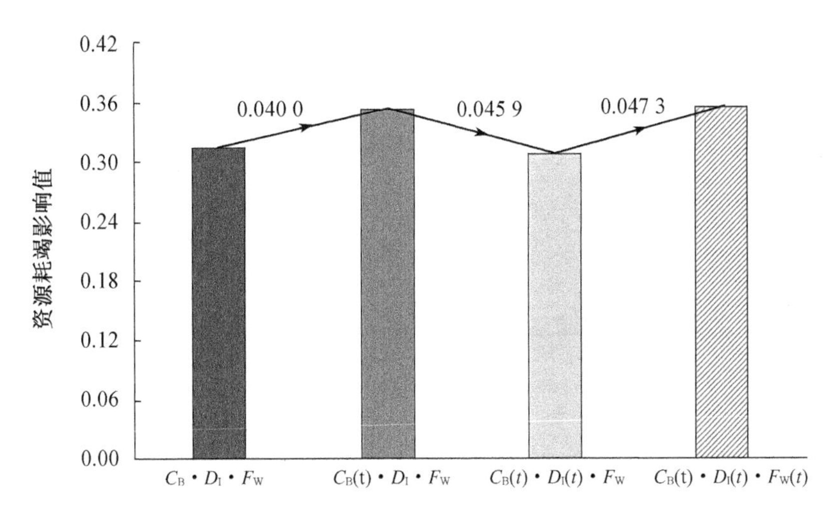

图 7－6　案例建筑全生命周期资源耗竭影响的动静态评价结果对比

基础清单数据水平，低估了各影响类型的权重。从贡献率的绝对大小来看，对评价结果影响最大的是 $F_W(t)$。

表 7－4　各动态评价要素对动态评价结果的贡献

影响类型	对动态评价的贡献	$C_B(t)$	$D_I(t)$	$F_W(t)$
生态破坏	贡献值（标准当量/m²）	2.82×10^{-2}	-1.67×10^{-2}	6.52×10^{-2}
	贡献率（%）	15.8	－9.4	36.5
资源耗竭	贡献值（标准当量/m²）	4.00×10^{-2}	-4.59×10^{-2}	4.73×10^{-2}
	贡献率（%）	11.3	－12.9	13.3

(3) 使用阶段动静态评价结果逐年对比

建筑的使用阶段周期长，环境影响很大，图 7－7 和图 7－8 分别对案例建筑使用阶段的生态破坏指数以及资源耗竭指数的动静态评价结果进行逐年对比，可以更直观地看到各动态评价要素对评价结果的影响程度和影响方向在不同年份存在差异。此外，动态环境影响总值虽然高于静态影响总值，但是逐年来看，建筑使用初期的动态环境影响指数值略低于静态评价结果，随着时间的推移会超过静态评价结果，且两者之间的差距逐渐增大。

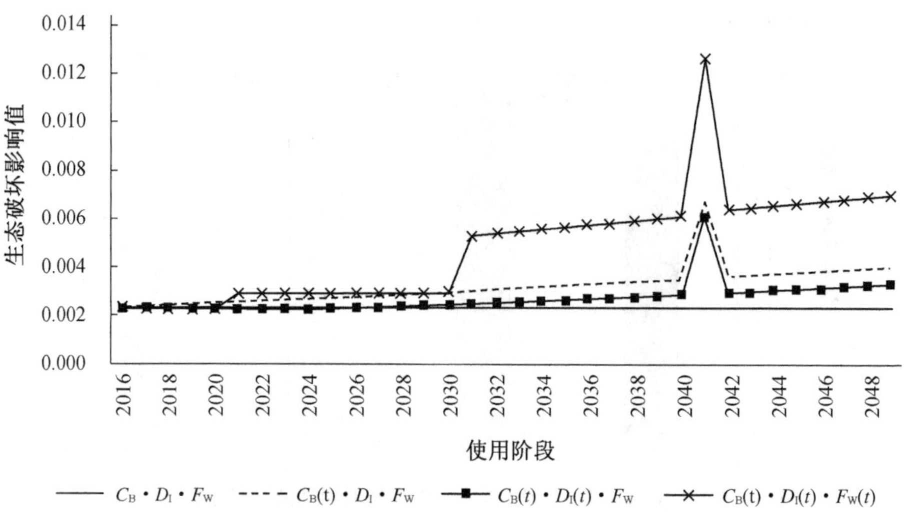

图 7-7　案例建筑使用阶段生态破坏指数动静态评价结果逐年对比

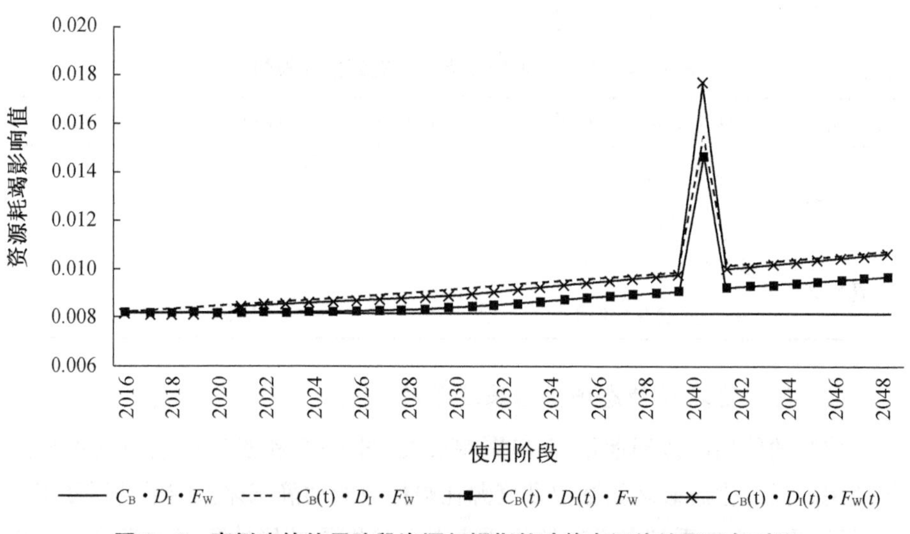

图 7-8　案例建筑使用阶段资源耗竭指数动静态评价结果逐年对比

(4) 各动态评价要素对影响子类的贡献分析

表 7-5 汇总了各动态评价要素对环境影响子类的贡献值及贡献率,对于不同的影响子类,各动态评价要素的贡献程度和影响方向存在明显差异:

动态消耗量对大部分影响类型产生正向影响;在生态破坏子类中,动态消耗量对酸化的贡献率最大(33.12%),对富营养化的贡献率最小(0.78%);在资源耗竭子类中，对初级能源消耗的贡献率最大(36.8%)，对铝土矿资源的贡献率最小(0.01%)，对锰矿资源存在负向影响(−27.78%)。

动态基础清单对大部分影响类型产生负向影响；在生态破坏子类中，对气候变暖的贡献率最大(−18.65%)，对富营养化的贡献率最小(−1.48%)；在资源耗竭子类中，对锰矿资源的贡献率最大(−140.52%)，对铝土矿资源的贡献率最小(0.01%)。

动态权重因子对各影响类型产生的影响有正有负；在生态破坏子类中，对气候变暖的贡献率最大(102.23%)，对富营养化的贡献率最小(6.16%)；在资源耗竭子类中，对锰矿资源的贡献率最大(169.90%)，对铁矿资源贡献率最小(−0.13%)。

表 7-5　各动态评价要素对影响子类的贡献

影响类型		对动态评价的贡献	$C_B(t)$	$D_I(t)$	$F_W(t)$
生态破坏	气候变暖	贡献值(标准当量/m^2)	96.32	−61.08	334.87
		贡献率(%)	29.41	−18.65	102.23
	酸化	贡献值(标准当量/m^2)	122.60	−63.34	210.96
		贡献率(%)	33.12	−17.11	57.00
	富营养化	贡献值(标准当量/m^2)	0.56	−1.05	4.39
		贡献率(%)	0.78	−1.48	6.16
	大气悬浮物	贡献值(标准当量/m^2)	29.01	−21.56	23.75
		贡献率(%)	22.81	−16.95	18.67
资源耗竭	初级能源	贡献值(标准当量/m^2)	387.01	−202.44	307.59
		贡献率(%)	36.80	−19.25	29.25
	水资源	贡献值(标准当量/m^2)	4.21	−2.50	−28.39
		贡献率(%)	0.32	−0.19	−2.16
	锰矿资源	贡献值(标准当量/m^2)	−39.29	−198.79	240.36
		贡献率(%)	−27.78	−140.52	169.90
	铝土矿资源	贡献值(标准当量/m^2)	0.02	0.01	−103.18
		贡献率(%)	0.01	0.01	−50.05
	铁矿资源	贡献值(标准当量/m^2)	0.58	−0.82	−0.07
		贡献率(%)	1.15	−1.63	−0.13

7.4.3 情景分析

在本章中,动态基础清单数据设置了能源结构变化的三种情景(情景 1、情景 2 和情景 3),2050 年建筑废弃物的回收利用率设置了三种变化情景(基准情景、提升情景和理想情景),选用不同情景会对评价结果产生影响,本小节进行对比分析。

(1) 能源结构

第 5 章设置了能源结构变化的 3 种情景,分别给出能源在三种情景下的动态基础清单数据,基于不同的动态基础清单数据对案例建筑的环境影响进行评价,结果如图 7-9 和图 7-10 所示(废弃物回收利用率均采用提升情景的水平)。

图 7-9 表明,调用情景 1 的动态基础清单数据时,案例建筑的生态破坏指数值最大,为 0.212 标准当量/m^2,情景 2 的生态破坏指数相较于情景 1 下降 16.0%,情景 3 的生态破坏指数相较于情景 2 下降 10.7%,情景 3 的生态破坏指数相较于情景 1 下降 25.0%。可见,能源结构优化力度对于建筑的环境排放有较为明显的影响。

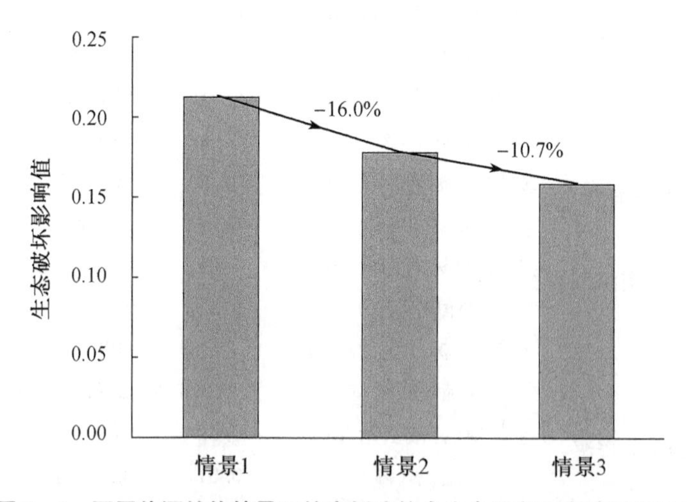

图 7-9 不同能源结构情景下的案例建筑全生命周期生态破坏指数值

图 7-10 对比分析不同情景下的资源耗竭指数值,结果显示:调用情景 1 的动态基础清单数据时,案例建筑的资源耗竭指数值最大,为 0.390 标准当量/m^2,情景 2 的资源耗竭指数相较于情景 1 下降 8.9%,情景 3 的资源耗竭

指数相较于情景 2 下降 5.4%，情景 3 的资源耗竭指数相较于情景 1 下降 13.8%，下降幅度较生态破坏类型有所减小。

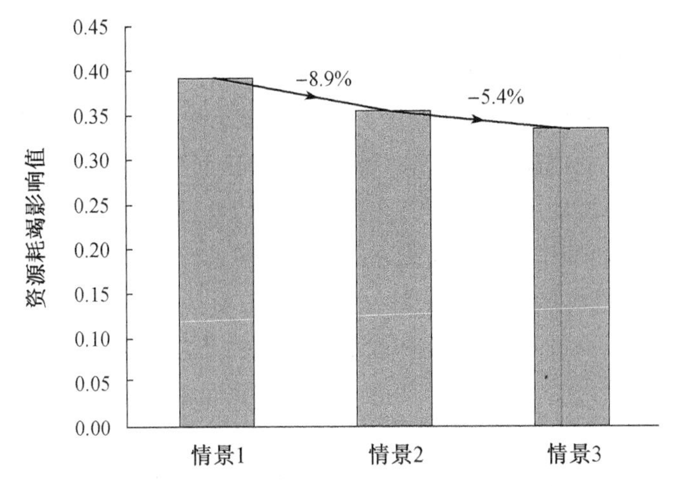

图 7-10　不同能源结构情景下的案例建筑全生命周期资源耗竭指数值

能源结构变化对案例建筑使用阶段逐年环境影响指数值的影响情况如图 7-11 所示，可以看出随着时间的增长，情景 3 与情景 1 之间的能源结构差异越大，环境影响指数值的差异也越大。到 2049 年，情景 3 的生态破坏指数值和资源耗竭指数值相较于情景 1 分别下降了 30.4%和 19.7%。

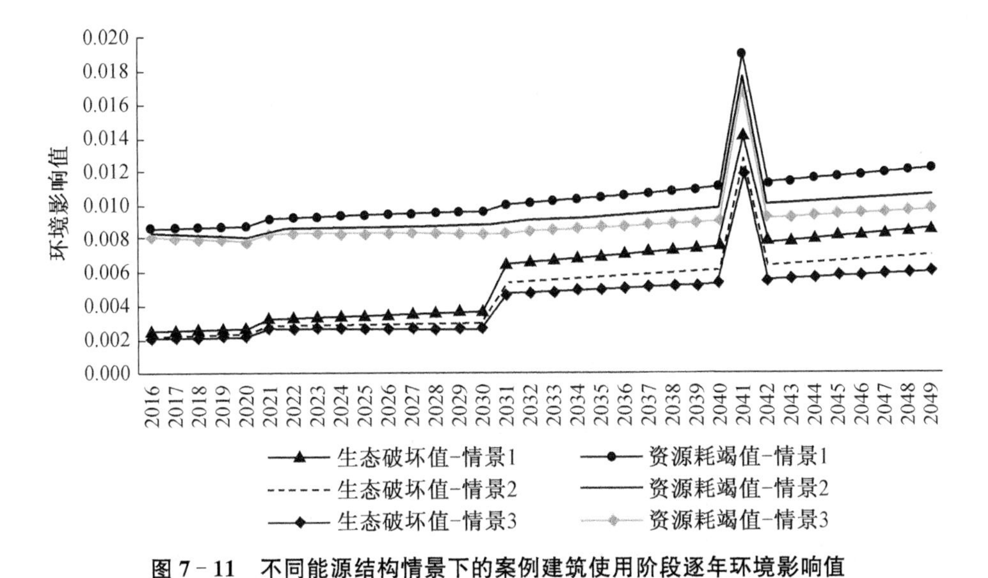

图 7-11　不同能源结构情景下的案例建筑使用阶段逐年环境影响值

综上,能源结构是建筑环境表现的一个重要影响因素,且对生态破坏类的影响相较于资源耗竭类略高。加大能源结构优化、提升可再生能源的比例可以有效提升住宅的环境表现。

(2) 废弃物回收利用率

建筑废弃物的回收利用率直接影响建筑拆除阶段的可回收材料的质量,回收利用率水平的提高对于建筑环境表现将有正面影响。4.1.2 小节建筑废弃物回收利用率设置了基准、提升和理想三个情景,采用不同情景的回收利用率对案例建筑拆除阶段、全生命周期的环境影响进行评价,结果如图 7-12 和图 7-13 所示(能源结构采用情景 2 的水平)。

根据图 7-12 可知,废弃物回收利用率的提升对于建筑拆除阶段的环境影响指数值有较为显著的影响,基准情景下的生态破坏指数值为−0.011 标准当量/m²,提升情景相较于基准情景能够多减缓 20.5%的环境影响,理想情景相较于提升情景能够多减缓 13.1%的环境影响。从建筑全生命周期的环境影响来看,建筑废弃物回收利用率的提升有助于减少建筑产生的环境负荷,但是影响效果并不十分显著。提升情景下的全周期生态破坏指数相较于基准情景下降 1.3%,理想情景下的全周期生态破坏指数相较于提升情景下降 1.0%。

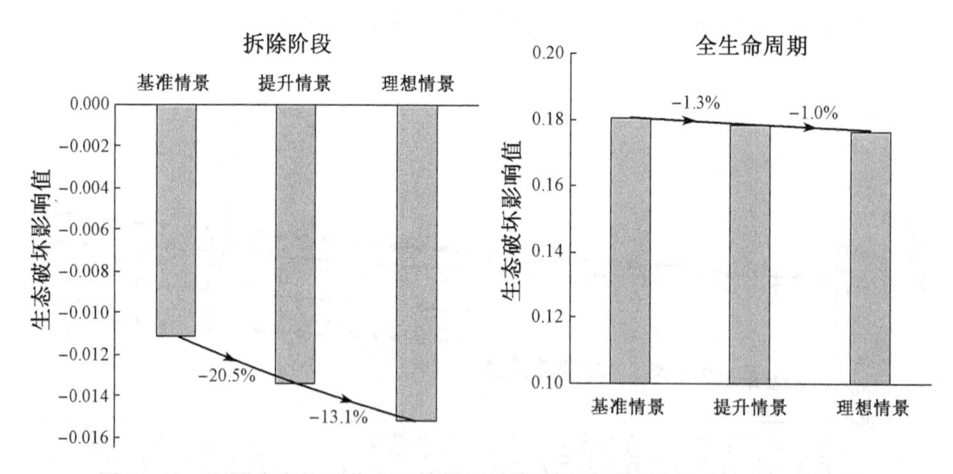

图 7-12 不同废弃物回收水平情景下的案例建筑拆除阶段生态破坏指数值

根据图 7-13 可知,废弃物回收利用率的提升对于建筑拆除阶段的资源耗竭指数值有明显影响,但影响程度小于生态破坏类型。基准情景下的资源耗竭指数值为−0.027 5 标准当量/m²,提升情景相较于基准情景能够多减缓

19.2％的环境影响，理想情景相较于提升情景能够多减缓 7.2％的环境影响。从建筑全生命周期的资源耗竭指数值来看，建筑废弃物回收利用率的提升有助于减少建筑产生的资源耗竭影响，但是影响效果并不十分显著。提升情景下的全周期生态破坏指数相较于基准情景下降 1.5％，理想情景下的全周期生态破坏指数相较于提升情景下降 0.7％。

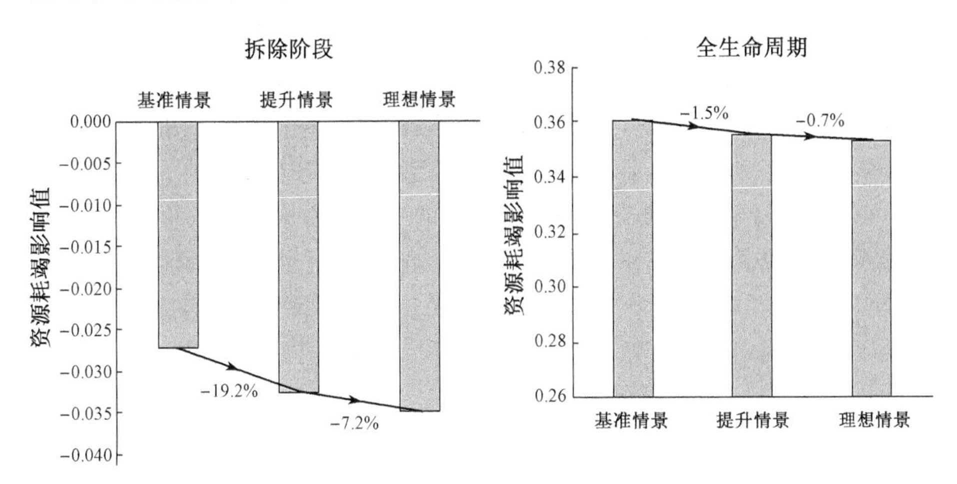

图 7－13　不同废弃物回收水平情景下案例建筑拆除阶段资源耗竭指数值

综上，废弃物回收利用率水平是建筑拆除阶段环境影响的重要影响因素，但是对于提升建筑全生命周期内的环境表现作用有限。

7.5　小结

本章的工作及成果总结如下：

(1) 选取典型住宅作为案例开展评价，收集建筑工程全生命周期各个阶段的资源、能源消耗量，转化为案例建筑的动态资源能源投入量与环境排放量清单数据，通过分类、特征化、标准化、加权等步骤进行环境影响评价，共得到 4 类生态破坏子类和 5 类资源耗竭子类的环境影响指数值。

(2) 对动态评价结果进行分析，结果显示：环境影响指数的最高值发生在物化阶段，最低值为负，发生在拆除处置阶段；使用阶段是环境影响累积值最大的阶段，约占总环境影响的 80％，物化阶段是环境影响最集中的阶段；在全生命周期环境影响中，生态破坏子类影响最大的是气候变暖，其次是酸化和大气悬浮物;资源耗竭子类影响最大的是初级能源消耗,其次是水资源消耗和锰矿资源消耗。

(3) 对动静态评价结果进行对比,结果显示:动态评价结果相较于静态评价结果有显著差异,其中生态破坏指数值高出 75.4%,资源耗竭指数值高出 13.2%,可见传统评价方法低估了住宅的环境影响水平。采用因素分析法分析动态评价要素对评价结果的贡献,结果显示:各动态评价要素对环境影响总值的影响程度和影响方向不同,动态消耗量和动态权重因子为正向影响,动态基础清单数据为负向影响,对评价结果影响最大的是动态权重因子;对于不同的影响子类,各动态评价要素的贡献程度和影响方向存在差异。

(4) 对能源结构和废弃物回收利用率两个影响因素进行敏感性分析,结果显示:能源结构是建筑环境表现的重要影响因素,且对生态破坏类的影响相较于资源耗竭类略高;废弃物回收利用水平是建筑拆除阶段环境影响的重要影响因素,但是对于提升建筑全生命周期环境表现的作用有限。

第 8 章　暖化效应动态评价实例

气候变暖是当前全球面临的重要危机和挑战，本章针对气候变暖这一广受关注的影响类型开展专门的应用研究，系统整合前述章节内容构建针对建筑全生命周期暖化效应(Dynamic Global Warming Impact, DGWI)的动态评价模型，并选取案例建筑开展应用研究，综合比较动静态评价结果并系统分析各类动态因素对最终评价结果的影响力。

8.1　暖化效应动态评价模型

8.1.1　DGWI 评价框架

基于第 3 章系统识别的四类动态评价要素及建筑 DLCA 框架，结合暖化效应特点，构建形成建筑全周期暖化效应动态评价模型，如图 8－1 所示。模型主要包括四个模块，模块一评估建筑全周期各阶段的材料、资源及能源消耗量；模块二运用动态清单分析工具(DyPLCA)将动态消耗量数据转换为动态温室气体排放清单；模块三使用 DynCO_2(Dynamic Carbon Footprinter)工具对温室气体产生的暖化效应进行动态量化表征；模块四基于环境政策目标计算动态权重因子，以量化不同时期暖化效应重要性；最终输出评价结果和分析报告。

受评建筑位于中国江苏省南京市，是一幢剪力墙结构的新建住宅楼。该住宅建筑共有 6 层，可同时居住 12 户家庭，总建筑面积约 1478 平方米。动态评价覆盖受评建筑的全生命周期，包括生产建设阶段、运营阶段、维护更新阶段和拆除回收阶段。根据住宅建筑的设计使用年限(50 年)规定，设定该建筑的全生命周期为 52 年：建设期为 1 年(T_0，2015 年)，使用期为 50 年(从 T_0＋1 到 T_0＋50，即 2016 至 2065 年)，拆除期为 1 年(T_0＋51，即 2066 年)。动态评价的时间步长为 1 年，功能单位设定为整幢建筑。

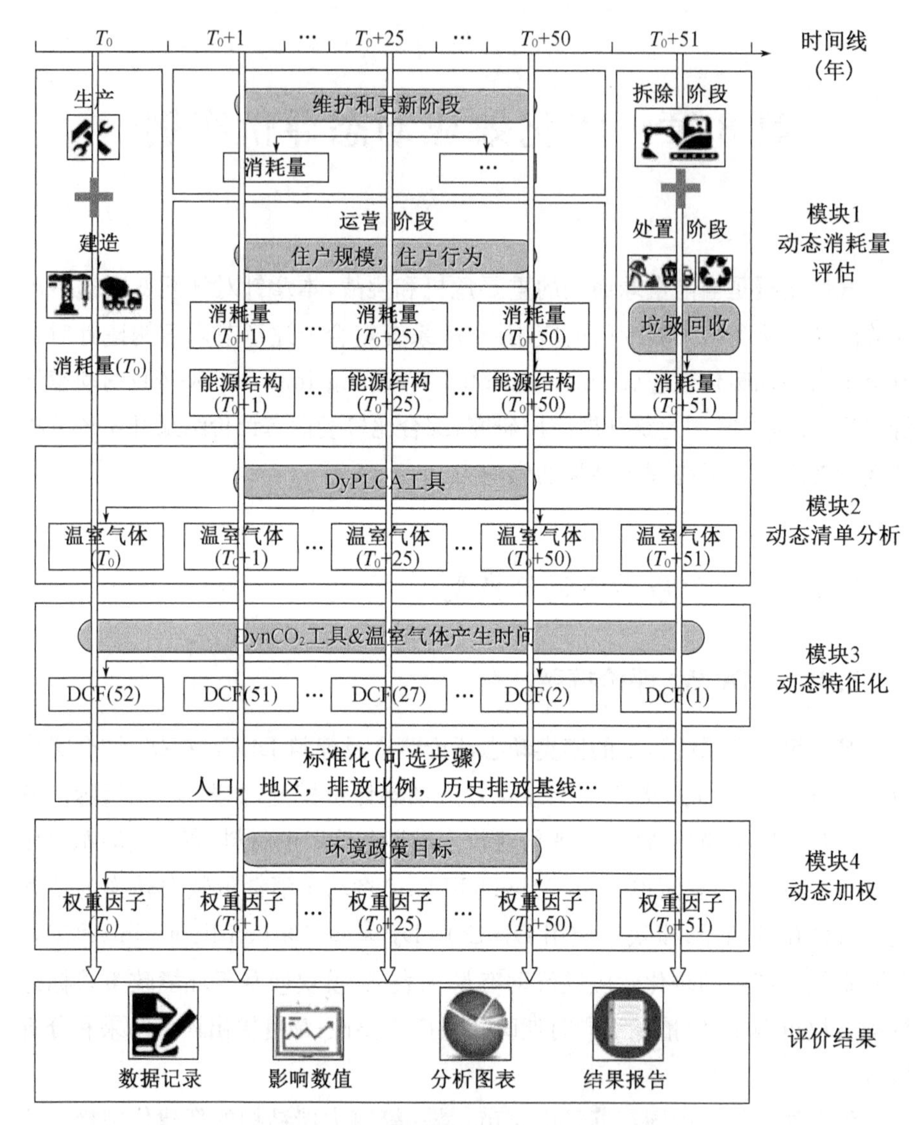

图 8-1　住宅建筑动态暖化效应评价模型

8.1.2　动态消耗量评估模块

传统评价研究中常采用统计资料查阅、现场监测、模拟仿真、问卷调研等方法获取建筑材料、构件、能源、水资源等消耗数据。本模块在静态消耗量数据的基础上，基于第 4 章研究成果，考虑家庭规模、设备使用行为、构件维护更新和废弃物回收 4 类动态因素及其对消耗量的影响。

(1) 家庭规模

家庭是社会的最小单元,家庭规模的大小与建筑运营能耗水平存在紧密联系[86,209-210]。曾毅等[211]在分析中国家庭文化和人口特征的基础上,预测了我国家庭至 2050 年的人口规模变化情况。本章采用线性插值法计算了 2016～2065 年间不同家庭规模的占比情况,如图 8－2 所示。根据 4.2.5 章节中开展的问卷调研及能耗计算,不同人口规模家庭的年运营能耗水平如表 8－1 所示。将不同家庭规模的比例变化(图 8－2)与相应的能源消耗水平(表 8－1)相结合,可以计算平均意义下单个家庭在 50 年内的动态运营能耗水平,公式如式 8－1 所示。

$$E_{\text{size}}(t) = \sum^{j} E(j) \cdot s(j,t) \tag{8-1}$$

式中,$E_{\text{size}}(t)$:考虑家庭规模这一动态因素时,第 t 年的家庭平均能耗(单位:kW·h);

$E(j)$:第 j 类规模家庭的年能耗水平(单位:kW·h);

$s(j,t)$:第 j 类规模家庭在 t 年所占的比例(%)。

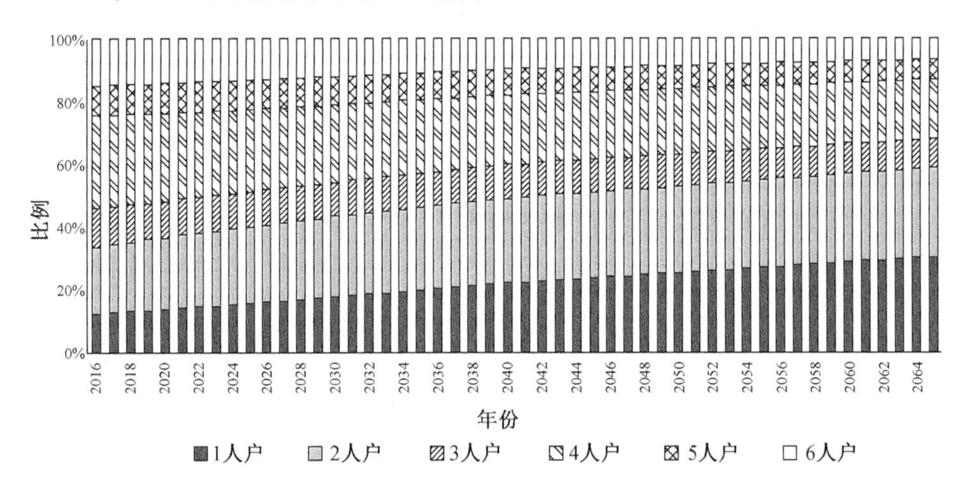

图 8－2　2016～2065 年间不同规模家庭的比例

表 8－1　不同规模家庭的年运营能耗

家庭规模	年运营能耗 (kW·h)
1	1 372.00
2	3 713.07
3	4 361.66

(续表)

家庭规模	年运营能耗 (kW·h)
4	5 072.55
5	5 896.04
6 人及以上	7 000.00

(2) 设备使用行为

住户的设备使用行为动态刻画主要采用设备的数量、使用频率和使用时长这三个动态调整因子,相关公式及参数取值见表 4-10。同时考虑动态家庭规模及动态使用行为这两个动态因素的能耗计算公式为式 8-2。

$$E_{\text{size, behavior}}(t)=\sum^{i} N_i(t)\times P_i(t)\times T_i(t)\times E_{\text{size}}(t) \tag{8-2}$$

式中,$E_{\text{size, behavior}}(t)$:同时考虑家庭规模及使用行为动态时家庭在 t 年的平均能耗(单位:kW·h);

$N_i(t)$:设备 i 在 t 年时的数量调整因子;

$P_i(t)$:设备 i 在 t 年时的使用强度调整因子;

$T_i(t)$:设备 i 在 t 年时的使用时长调整因子。

(3) 构件维护更新

案例建筑的屋顶、门和窗这三类构件在设计使用寿命到期时进行更换,另外考虑到构件生产制造流程和技术可能不断提升优化,温室气体排放量与当前构件生产过程中的排放水平相比将会有所下降[83]。由于缺少相应研究支持,假设温室气体排放水平以每十年 5%的比例下降,相关信息汇总如表 8-2 所示。

表 8-2 构件的设计使用寿命及相关温室气体排放水平

构件	设计使用寿命[80]	更换时点	温室气体减少率
屋顶	25 年	2041 年	12.5%
门	30 年	2046 年	15%
窗	30 年	2046 年	15%

(4) 废弃物回收水平

案例建筑拆除后,几类常见的建筑废弃物(废钢、砌块、木材和玻璃)将回收使用,其余废弃物予以填埋。当前的废弃物回收率数据来自相关研究[128,131],50 年后的回收率水平依据每十年提升 5%的假设计算,本章使用数据汇总为表 8-3。

表 8－3　建筑废弃物回收率水平

废弃物类型	回收率	
	2015 年(当前技术水平)	2066 年(考虑科技进步)
钢材	75%	100%
砌块	55%	80%
木材	20%	45%
玻璃	70%	95%

8.1.3　动态清单分析模块

使用 Tiruta-Barna 等[212]开发的 DyPLCA 动态清单分析软件(http://dyplca.pigne.org/)将模块一中估算的动态消耗量数据转化为对应时点排放的三类温室气体(CO_2、CH_4 和 N_2O)排放量清单。DyPLCA 使用基于图形搜索的跟踪算法,通过考虑如生产时间、流程停留时间、产品交付时间和供应链潜在延迟时间组等特定的时间参数来计算动态清单。动态清单分析框架如图 8－3 所示,背景清单分析考虑技术创新和能源结构演变引起的动态变化,相

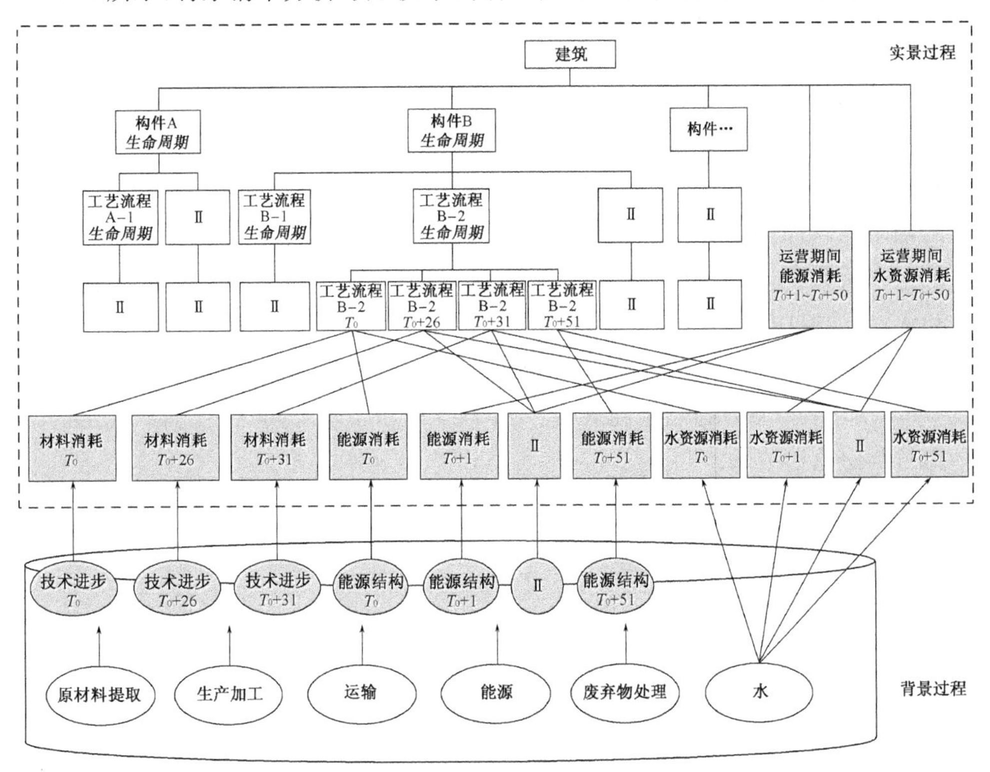

图 8－3　DyPLCA 中的动态清单分析模型

关数据来源于5.3节。表8-4展示了从DyPLCA工具中输出的部分代表性年份的温室气体排放量清单数据。

表8-4 DyPLCA工具输出的温室气体排放量清单(部分)

	年份	1	10	20	30	40	50
情景1	CO_2 (kg)	3.94×10^{-5}	4.32×10^{-4}	4.65×10^{-4}	4.48×10^{-4}	3.93×10^{-4}	2.92×10^{-4}
	CH_4 (kg)	8.94×10^{2}	6.36	8.23	1.05	1.24	1.32
	N_2O (kg)	4.12	1.39×10^{-2}	1.65×10^{-2}	2.17×10^{-2}	2.64×10^{-2}	2.95×10^{-2}
情景2	CO_2 (kg)	3.94×10^{-5}	3.49×10^{-4}	3.61×10^{-4}	3.32×10^{-4}	2.74×10^{-4}	1.82×10^{-4}
	CH_4 (kg)	8.94×10^{2}	6.91	9.09	1.15	1.33	1.40
	N_2O (kg)	4.12	1.54×10^{-2}	1.84×10^{-2}	2.48×10^{-2}	3.06×10^{-2}	3.44×10^{-2}
情景3	CO_2 (kg)	3.94×10^{-5}	3.09×10^{-4}	2.95×10^{-4}	2.27×10^{-4}	1.34×10^{-4}	1.82×10^{-3}
	CH_4 (kg)	8.94×10^{2}	7.07	9.25	1.20	1.42	1.53
	N_2O (kg)	4.12	1.63×10^{-2}	2.04×10^{-2}	2.75×10^{-2}	3.40×10^{-2}	3.81×10^{-2}

8.1.4 动态特征化模块

动态特征化环节采用动态碳足迹计算器 $DynCO_2$[213],其界面如图8-4所示。该工具基于Microsoft Excel的电子表格设置运算逻辑与评估步骤,可快速计算任意期间内温室气体排放的即时暖化效应和累积暖化效应,节省人力与时间,帮助用户分析各类时间范围情景中的碳排放。当前,$DynCO_2$工具已经在桥梁设计方案比选[66]、材料处置方案评价[214]及软木行业碳足迹评价[215]等研究中得到应用与验证。考虑到相关动态特征化模型的成熟度和$DynCO_2$的适用性,本章节将前一模块输出的温室气体动态清单数据录入$DynCO_2$工具开展动态特征化表征。表8-5展示了从$DynCO_2$工具中输出的部分年份数据结果。

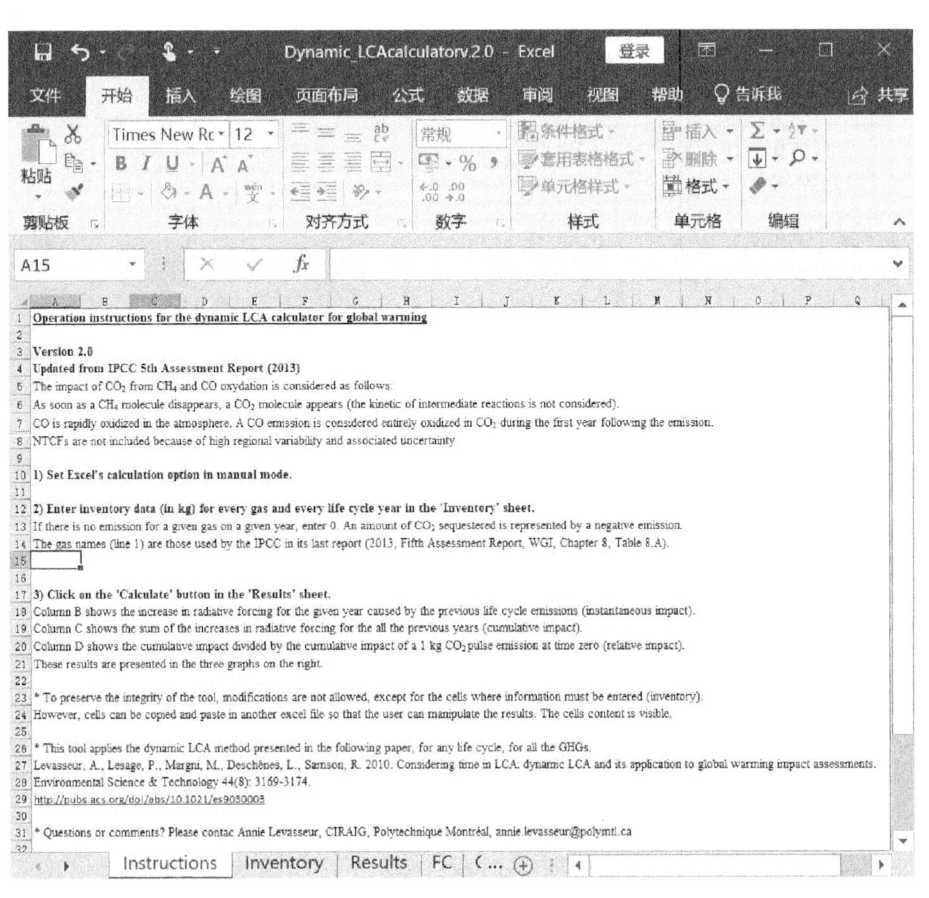

图 8-4　$DynCO_2$ 工具界面图

表 8-5　$DynCO_2$ 工具输出的特征化评价数据(部分)

年份		1	10	20	30	40	50
情景1	即时暖化效应(W/m^2)	8.48×10^{-10}	1.11×10^{-9}	1.52×10^{-9}	2.07×10^{-9}	2.47×10^{-9}	2.67×10^{-9}
	累计暖化效应(W/m^2)	8.48×10^{-10}	9.65×10^{-9}	2.29×10^{-8}	4.10×10^{-8}	6.44×10^{-8}	9.03×10^{-8}
	暖化效应相对值(kg CO_2-eq.)	5.01×10^{5}	6.95×10^{5}	9.19×10^{5}	1.17×10^{6}	1.45×10^{6}	1.70×10^{6}

(续表)

年份		1	10	20	30	40	50
情景2	即时暖化效应(W/m^2)	8.48×10^{-10}	1.02×10^{-9}	1.32×10^{-9}	1.74×10^{-9}	2.03×10^{-9}	2.13×10^{-9}
	累计暖化效应(W/m^2)	8.48×10^{-10}	9.20×10^{-9}	2.10×10^{-8}	3.64×10^{-8}	5.59×10^{-8}	7.68×10^{-8}
	暖化效应相对值(kg CO_2-eq.)	5.01×10^{5}	6.63×10^{5}	8.41×10^{5}	1.04×10^{6}	1.26×10^{6}	1.45×10^{6}
情景3	即时暖化效应(W/m^2)	8.48×10^{-10}	9.80×10^{-10}	1.21×10^{-9}	1.54×10^{-9}	1.68×10^{-9}	1.62×10^{-9}
	累计暖化效应(W/m^2)	8.48×10^{-10}	9.03×10^{-9}	2.01×10^{-8}	3.39×10^{-8}	5.05×10^{-8}	6.71×10^{-8}
	暖化效应相对值(kg CO_2-eq.)	5.01×10^{5}	6.50×10^{5}	8.05×10^{5}	9.70×10^{5}	1.14×10^{6}	1.27×10^{6}

8.1.5 动态加权模块

本模块沿用第 6 章中基于目标距离法构建动态特征化系统的思路,以温室气体排放量的当前水平与未来各时期目标水平之间的差距来表征暖化效应在不同时点重要性。受限于数据的可获取性,第 6 章的动态权重因子在构建时采用了不同时间跨度(5 年、10 年和 20 年)的污染物排放指标。本章节采用 IPCC 最新研究报告[216]中温度升高低于 2℃的情景(Lower - 2℃ pathway)和温度升高略高于 2℃的情景(Higher - 2℃ pathway)中每 5 年的数据,第 t 年的权重因子值是第 t 年和第 $t+5$ 年温室气体排放量引起的全球变暖化效应的比值。情景介绍如表 8 - 6 所示,计算得到动态权重因子数值如表 8 - 7 所示。

表 8 - 6 全球温度升高的情景

情景	描述	简记
温度增幅低于 2℃的情景	21 世纪将峰值升温控制在 2℃以下的可能性大于 66%	WF1
温度增幅高于 2℃的情景	21 世纪将峰值升温控制在 2℃以下的可能性为 50%~66%	WF2

表 8-7　分情景的动态权重因子取值

时段	WF1 情景	WF2 情景
2015～2019	0.99	0.98
2020～2024	1.12	1.07
2025～2029	1.15	1.08
2030～2034	1.15	1.10
2035～2039	1.19	1.12
2040～2044	1.24	1.14
2045～2049	1.35	1.17
2050～2054	1.14	1.10
2055～2059	1.17	1.12
2060～2064	1.21	1.14
2065～2069	1.29	1.17

8.2　动态暖化效应结果分析

8.2.1　即时暖化效应

在本案例中，能源结构动态变化设置了 3 个情景（记作 EM1、EM2 和 EM3），权重因子的动态变化设置了 2 个情景（记作 WF1 和 WF2），最终的暖化效应评价结果共有 6 种组合情景。图 8-5 展示了各情景下建筑全周期的即时暖化效应值，在整体上呈现缓慢上升趋势，并伴有几个波峰和波谷。2041 年和 2046 年的峰值是由于开展了屋顶和门窗构件的更新活动，导致温室气体排放量陡增；2050 年谷值是因为 IPCC 报告设置了新的温室气体减排指标，权重因子骤然减小；2066 年的即时暖化效应明显下降（约 4%），这是因为拆除废弃物的回收利用减少了相应材料的生产需求量，带来了正面的环境效益。此外，6 种情景的即时暖化效应结果存在明显差异。在 2065 年，EM1+WF1 情景的即时暖化效应值为 1.57×10^{-9} W/m^2，比 EM3+WF2 情景的效应值高出约 50%。

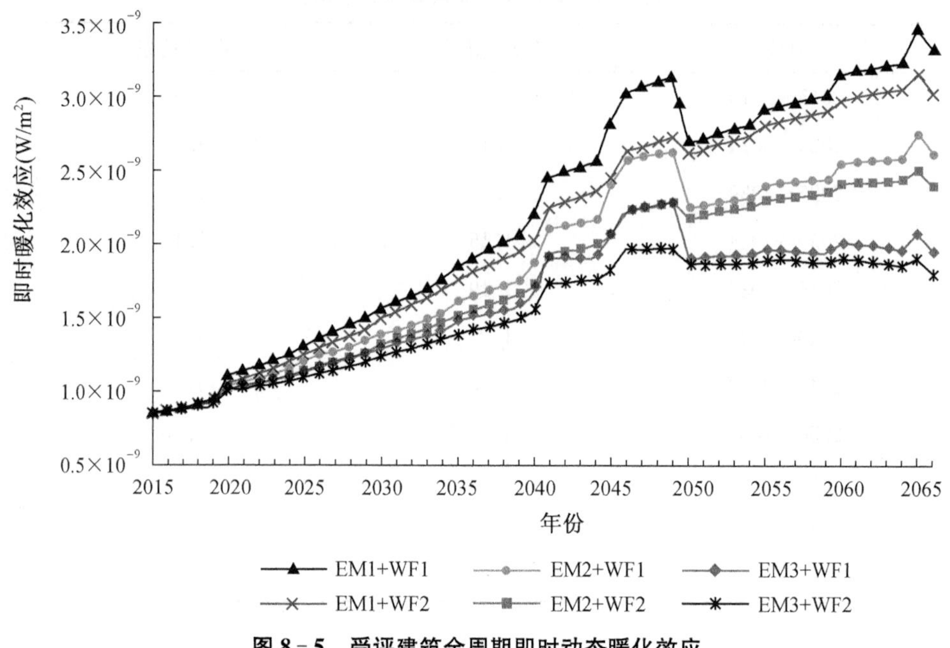

图 8-5 受评建筑全周期即时动态暖化效应

8.2.2 累积暖化效应

图 8-6 展示了建筑分生命周期阶段(即物化阶段、运营阶段、维修阶段和拆除处置阶段)的暖化效应累积值。在受评建筑的四个生命周期阶段中,运营

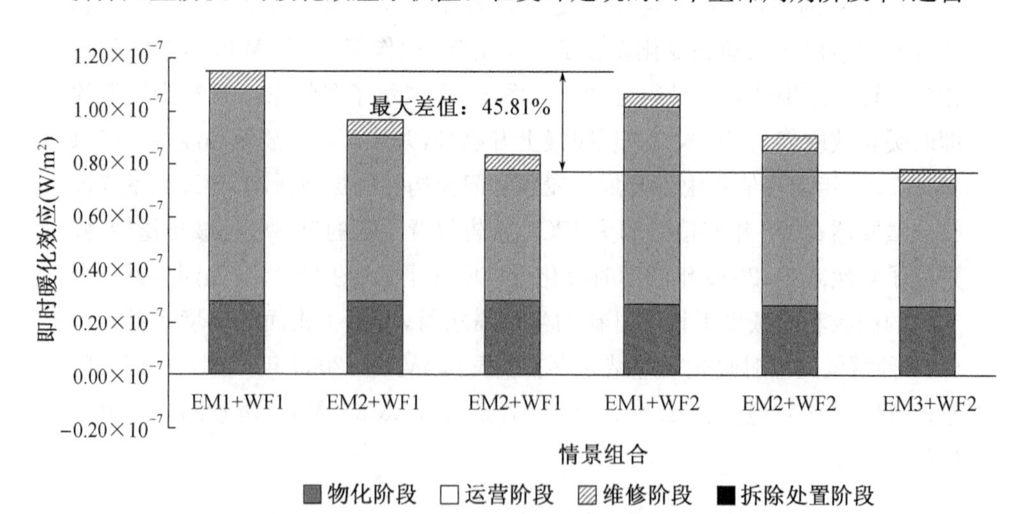

图 8-6 受评建筑分阶段的累计动态暖化效应值

阶段产生的暖化效应占比最大，达到60.19%～71.02%；物化阶段产生的暖化效应其次，约占全生命周期总量的三分之一；拆除及回收阶段产生的暖化效应为负值，且占比例最小，尚不足0.1%。可见，废弃物回收等相关活动虽然带来了正面的环境效益，但是与建筑全周期产生的暖化负荷相比显得微不足道。

横向对比6个情景的暖化效应值，发现最大差距可达45.81%。6个情景的暖化效应总值的平均值为9.49×10^{-8} W/m^2，最大值为1.14×10^{-7} W/m^2（EM1＋WF1情景），最小值为7.82×10^{-8} W/m^2（EM3＋WF2情景）。

8.3 动态因素影响力对比分析

在此案例中，共有七类动态因素纳入评价分析：动态消耗量评估模块中的家庭规模、设备使用行为、构件维护更新和废弃物回收水平，动态清单分析模块中的能源结构优化、动态特征化模块中的特征化因子以及动态加权模块中的动态权重因子。为明确各动态因素对最终评价结果的影响程度，设计四个指标进行计算：年度差值、年度差值比、总差值以及总差值比，计算公式如式8-3至8-6所示。其中，年度差值量化了考虑某动态因素的动态评价结果与静态评价结果之间的年度差距，总差值计算全生命周期内累积的动静态评价结果差值，两个比值计算了差值与静态结果的比例，最终计算结果汇总如表8-8所示。

需要说明的是传统LCA通常采用全球变暖潜能值（Global Warming Potential，GWP，P_{GW}）来进行特征化评价，该指标表示相对于评价起始时刻的1 kg CO_2脉冲排放所产生的环境影响，以kg CO_2-eq.为单位。为了便于比较动静态结果，使用DynCO$_2$评价工具将以W/m^{2}为单位的动态暖化效应累积值（$DGWI_{cumulative}$，$I_{DGW,cumulative}$）转换为以kg CO_2-eq.为单位的动态暖化效应相对值（$I_{DGW,relative}$）。

$$D_R(t,i)=I_{DGW}(t,i)_{relative}-I_{GW}(t)_{relative} \tag{8-3}$$

$$R_{RD}(t,i)=\frac{I_{DGW}(t,i)_{relative}-I_{GW}(t)_{relative}}{I_{GW}(t)_{relative}}\cdot 100\% \tag{8-4}$$

$$D_{TR}(i)=\sum_{t=2015}^{2066}I_{DGW}(t,i)_{relative}-\sum_{t=2015}^{2066}I_{GW}(t)_{relative} \tag{8-5}$$

$$R_{TRD}(i)=\frac{\sum_{t=2015}^{2066} I_{DGW}(t,i)_{relative}-\sum_{t=2015}^{2066} I_{GW}(t)_{relative}}{\sum_{t=2015}^{2066} I_{GW}(t)_{relative}}\cdot 100\% \quad (8-6)$$

式中，$I_{DGW}(t,i)_{relative}$：仅考虑动态因素 i，t 年时的动态暖化效应相对值（单位：kg CO_2－eq.）；

$I_{GW}(t)_{relative}$：t 年时的静态暖化效应相对值（单位：kg CO_2－eq.）；

$D_R(t,i)$：动态因素 i 在 t 年时的年度差值（单位：kg CO_2－eq.）；

$R_{RD}(t,i)$：动态因素 i 在 t 年时的年度差值比；

$D_{TR}(i)$：动态因素 i 在全生命周期内的总差值（单位：kg CO_2－eq.）；

$R_{TRD}(i)$：动态因素 i 在全生命周期内的总差值比。

表 8－8　七类动态因素的影响力分析

动态因素		最大年度差值（kg CO_2-eq.）	最大年度差值比	总差值（kg CO_2-eq.）	总差值比
家庭规模		-9.33×10^{-3}	－24.25%	-2.96×10^{-5}	－12.18%
设备使用行为		3.48×10^{-4}	90.55%	1.10×10^{-6}	45.34%
构件维护更新	构件生产的碳排放每十年下降 2%	9.57×10^{-4}	248.80%	1.53×10^{-5}	6.28%
	构件生产的碳排放每十年下降 5%	8.82×10^{-4}	229.20%	1.40×10^{-5}	5.76%
	构件生产的碳排放每十年下降 8%	8.06×10^{-4}	209.55%	1.27×10^{-5}	5.23%
废弃物回收水平	回收率每十年提高 2%	-6.99×10^{-4}	－73.25%	-6.99×10^{-4}	－2.88%
	回收率每十年提高 5%	-1.21×10^{-5}	－126.32%	-1.21×10^{-5}	－4.96%
	回收率每十年提高 8%	-1.70×10^{-5}	－178.57%	-1.70×10^{-5}	－7.01%
能源结构	节能情景	-1.90×10^{-4}	－49.50%	-3.18×10^{-5}	－13.09%
	低碳情景	-2.63×10^{-4}	－68.48%	-6.96×10^{-5}	－28.66%
	强化低碳情景	-3.69×10^{-4}	－95.94%	-1.02×10^{-6}	－42.00%

（续表）

动态因素		最大年度差值（kg CO_2-eq.）	最大年度差值比	总差值（kg CO_2-eq.）	总差值比
特征化因子		/	/	-4.34×10^{-5}	−17.88%
权重因子	温度升高低于2℃情景	2.94×10^{-4}	30.79%	4.09×10^{-5}	16.83%
	温度升高高于2℃情景	1.84×10^{-4}	19.25%	2.59×10^{-5}	10.67%

由表 8-8 分析可知：

（1）随着家庭规模的减小，使用设备的人员数量下降，能源消耗减少，相应的暖化效应降低。故家庭规模这一动态因素的最大年度差值（-9.33×10^{-3}）和总差值（-2.96×10^{-5}）均为负数。最大年度差值比和总差值比分别为−24.25%和−12.18%，可见动静态评价结果之间的差异较为显著，家庭规模这一动态因素对暖化效应的评价结果有较大影响。

（2）建筑内人的行为一直以来被认为是影响建筑运营能耗的重要因素，表 8-8 的计算结果再次印证了这一点。设备使用行为这一动态因素的最大年度差值和总差值较大，分别为 3.48×10^{-4} 和 1.10×10^{-6}；最大年度差值比高达 90.55%，表明动静态评价结果相差近一倍；总相对差值比为 45.34%，对全周期的总评价结果具有显著影响。建筑运营阶段时间长，住户行为对温室气体的排放水平影响很大，加强居民的节能教育以及倡导使用绿色设备对发展低碳建筑具有重要意义和显著效果。

（3）构件的维护更新和建筑废弃物处置相关的活动发生在特定年份，因此这两类动态因素对特定年份的暖化效应影响非常大（最大年度差值比分别约为 200%和−100%），但是它们对全生命周期暖化效应总值的贡献则非常小（总相对差比分别约为 5%和−5%）。两类动态因素的敏感性分析显示，建筑构件的绿色化水平每提高 3%，最大年度差值降低 20%左右，总差值降低 0.5%左右；废弃物回收利用水平每提升 3%，最大年度差值减少约 50%，总差值减少约 2%，相对来说影响力度更大。

（4）能源消耗贯穿建筑全生命周期始终，且是温室气体排放的主要来源。表 8-8 中的数据显示，能源结构的优化对于降低暖化效应有着非常显著的积极影响。在节能情景、低碳情景和强化低碳三个能源结构优化情景中，总差值比分别为−13.09%、−28.66%和−42.00%，可见对评价结果影响显著。大力发展可再生能源、推广清洁能源技术等可以有效减少建筑的温室气体排放水平,减缓全球变暖进程。

(5) 动态特征化因子对评价结果的影响为负,采用动态特征化因子的总影响比采用静态特征化值的结果低 17.88%。

(6) 动态权重因子对评价结果有着积极影响。随着未来温室气体排放控制力度的加大,公众愈加重视全球变暖问题,对碳排放的容忍度降低。

综上分析,七类动态因素对最终评价结果的影响程度不同,最大的总差值比约达到 45%,最小的总差值比还不足 5%。此外,七类动态因素对最终评价结果的影响方向也存在差异,既有正向影响(如构建维护更新和权重因子),也有负向影响(如能源结构和废弃物回收水平),最终的评价结果是七类动态因素综合作用的结果。在本案例中,设备使用行为、能源结构优化和动态特征化因子对最终评价结果的影响最为显著,被认定为关键动态因素。

8.4 动静态暖化效应对比

8.4.1 案例建筑动静态评价结果对比

本小节对受评建筑的暖化效应开展动静态评价对比。静态评价时,不考虑任何动态因素:清单分析不采用 DyPLCA 工具,能源结构沿用 2015 年的数据;使用全球变暖潜能 GWP100 和 GWP500 两个指标开展特征化研究;权重因子在全周期不同时段内保持不变,取值为 2015~2019 年时 WF1 和 WF2 情景中权重因子的平均值。

案例建筑的动静态暖化效应结果对比如图 8-7 所示。

(1) 当受评时间范围为 100 年时,静态暖化效应总值为 2.57×10^{-6} kg CO_2-eq.,高于大部分动态情景下的评价值。在 6 个动态情景中,只有 EM1+WF1 情景组合的评价结果值高于值,高出的百分比为 6.27%。其他 5 个动态情景的评价结果均低于静态评价值,差距为 1.88%至 34.88%不等。

(2) 当评价的时间范围延长为 500 年时,有 3 个动态情景的评价结果超过静态值,最大差异达到 26.50%。其他 3 个动态情景的评价结果均低于静态值,最大差异为−27.07%。

(3) 随着评价时间范围的拉长,动态评价值变大,这是因为一些温室气体的暖化效应并非在短期内发挥完,而是要持续较长时间,甚至超过几百年。这些随时间发生的变化在静态研究中并没有得到充分重视。

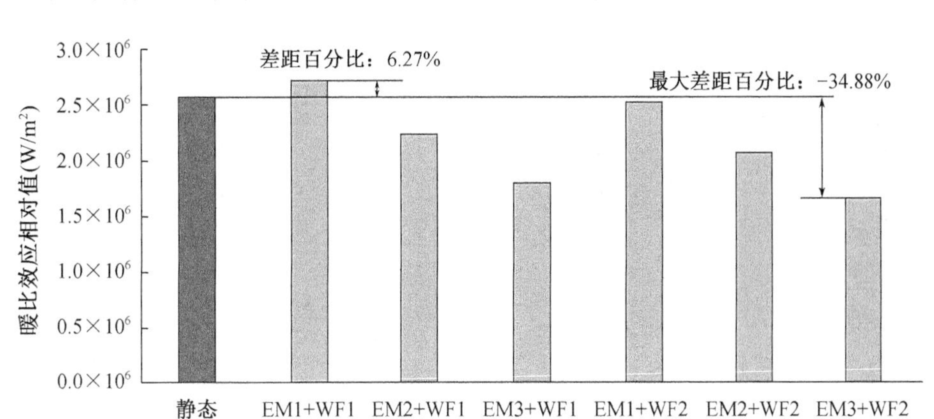

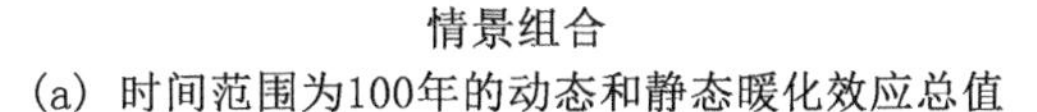
(a) 时间范围为100年的动态和静态暖化效应总值

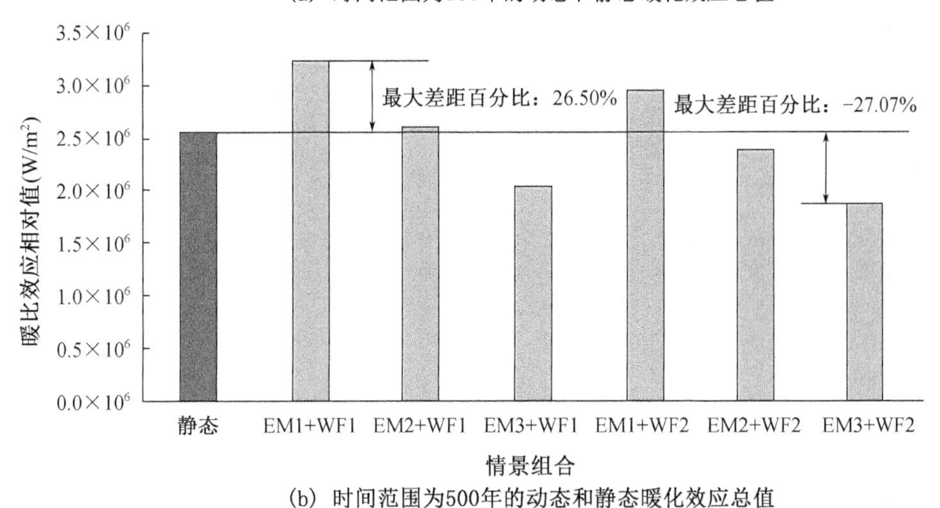

(b) 时间范围为500年的动态和静态暖化效应总值

图 8-7　时间范围为 100 年和 500 年时，案例建筑的动态和静态暖化效应总值

8.4.2　其他研究动静态评价结果对比

本小节系统梳理了当前开展建筑动态暖化效应评价的论文，并将同时量化了动、静态暖化效应的研究及其结论汇总如表 8-9 所示。大部分研究中，建筑的动态暖化效应值低于相应的静态值，动静态结果差异在部分研究中很小，如－2%[105] 和 －0.59%[87]。但是在部分研究中，这个差异值很大，如－170.15%[217]。

表 8-9 建筑动静态暖化效应评价结果对比

文献	动态因素	时间步长	建筑类型	地点	评价时段	(动态值-静态值)/静态值
Collinge 等[105]	能源结构、发电强度、特征因子等	月	机构	美国	1970～2045(全周期)	−2%
Collinge 等[224]	能源结构、发电强度等	小时	办公室	美国	2012～2015(运营)	零能耗建筑:45% LEED 铂金级建筑: 49%
Fouquet 等[86]	能源结构、材料更新、特征因子等	年	住宅	法国	100 年(运营维护)	木建筑: −0.59%～−57.54% (5 种情景) 空心墙建筑:−5.51%～−45.28% (5 种情景) 混凝土建筑:−5.41%～−37.84% (5 种情景)
					500 年(运营维护)	木建筑:0.72%～−69.10% (5 种情景) 空心墙建筑: −1.87%～−54.86%(5 种情景) 混凝土建筑: −0.93%～−53.18%(5 种情景)
Gimeno-Frontera 等[225]	电力结构和制冷剂类型	年	零售店	西班牙	50 年(运营)	−7.09%～−20.22% (3 种情景)
Peñaloza 等[222]	碳交换和特征化因子	年	假设建筑	瑞典	100 年(全周期)	混凝土建筑: −3.90%～−5.13% (4 种情景) 胶合木建筑:−7.47%～−98.22% (4 种情景) 生物材料建筑: 4.85%～−170.15% (4 种情景)
					300 年(全周期)	混凝土建筑: −1.64%～−5.13% (4 种情景) 胶合木建筑: −22.42%～−71.89% (4 种情景) 生物材料建筑: −37.69%～−126.12%(4 种情景)
Zhang and Wang[223]	发电技术改进	年	住宅	中国	50 年(全周期)	−11.18%～−13.71%(2 种情景)
本章	住户规模、使用行为、能源结构等	年	住宅	中国	100 年(全周期)	6.27%～−34.88% (6 种情景)
					500 年(全周期)	26.50%～−27.07% (6 种情景)

各研究中动静态评价结果差异明显，主要可以从以下三个方面进行解释。第一，建筑生命周期长，温室气体排放水平受到来自经济、社会、环境等多方面因素的影响。表 8－9 中各研究考虑的动态因素类型和数量存在明显差异，会影响评价结果。如 Zhang 和 Wang[218] 仅考虑发电技术改进对评价结果的影响，而本章考虑了 7 类动态因素。第二，大部分动态因素的取值与受评建筑所处地区的气候、资源禀赋、施工技术水平、建筑特点等紧密相关。即便是考虑同类型的动态因素，相关取值可能随区域变动。表 8－9 中的动态评价研究分别在美国、法国、西班牙、瑞典、中国等国家开展，动态因素的取值存在差异，且会影响到评价结果。第三，建筑具有单件性和不可复制的特点，每个建筑都是独一无二的。建筑使用的材料、建筑功能（住宅/公共）、使用情况等均会影响评价结果。此外，评价中的时间步长（年/小时）、评价周期（几年/几百年）的选择也会影响评价结果。

8.5　小结

本章的工作及成果总结如下：

（1）构建了针对暖化效应的住宅建筑动态评价模型，包括四个模块：动态消耗量估算、动态清单分析、动态特征化和动态加权。在评价中，综合考虑了 7 类动态因素（家庭规模、设备使用行为、构件维护更新、废弃物回收水平、能源结构优化、特征化因子和权重因子），并运用 DyPLCA、DynCO$_2$ 等动态工具开展评价。

（2）选取案例建筑开展动态评价应用，发现即时暖化效应在全生命周期内缓慢上升，并伴有峰值和谷值，且大部分暖化效应来自建筑运营阶段。量化了七类动态因素对评价结果的影响力，各类因素的影响程度和影响方向存在差异，设备使用行为、能源结构优化和动态特征化因子对最终结果的影响力较大。

（3）梳理了已有建筑动静态暖化效应评价研究，对比发现评价结果受到动态因素数量、类型、取值以及受评建筑特点等影响。

本章部分内容已发表为论文，读者可详见文献[458]。

第 9 章　动态化评价研究总结与发展展望

9.1　主要工作总结

建筑全生命周期环境影响动态化评价篇章主要开展了以下四个部分的工作：

(1) 系统分析 LCA 评价中的时间动态性，并总结 DLCA 研究进展。

基于 LCA 评价的标准流程与基本范式，对生命周期清单分析步骤和影响评价步骤中的时间信息缺失问题进行系统分析，明确评价中潜在的时间动态性。全面总结当前 DLCA 研究的基本进展：总结动态实景清单分析和背景清单分析中的常用方法及动态数据来源；分析动态特征化研究的主要进展，发现暖化效应和毒性的研究较为成熟，其他影响类型的研究零散且未得到广泛应用；动态权重的研究相对较少，折现率的采用存在争议。

(2) 遵循 LCA 标准评价框架，系统提炼四类动态评价要素，并构建建筑 DLCA 评价框架。

遵循 LCA 评价的基本原则，以国内成熟的建筑工程 LCA 评价体系为基准，通过计算逻辑关系以及数据转化关系分析，提出了包括消耗量、基础清单数据、特征化因子和权重因子的 4 类动态评价要素。通过文献调研和理论分析，明确了 DLCA 动态评价要素的基本特征：时间相依性、影响因素的变化趋势可预测性及对评价结果具有显著影响等。整合动态评价要素与 LCA 评价范式和框架，构建建筑 DLCA 评价框架。

(3) 开展各类动态评价要素量化评估方法研究，为 DLCA 评价由框架向模型转变提供支撑。

综合运用施工图纸、工程定额、情景分析、问卷调研、能耗模拟等方法，考虑建材构件使用寿命、废弃物回收水平、住户行为等动态因素，评估建筑全周期动态消耗量水平。基于能源结构变化研究了综合能源和电力的基础清单数据动态评估模型，核算了综合能源和电力在2010～2050年间的动态基础清单数据。基于不同时期的污染物排放政策指标及资源使用规划，采用目标距离法构建了动态权重系统，包括气候变暖、酸化、富营养化和大气悬浮物4类生态破坏子类以及水资源、铁矿资源、铝土矿资源、锰矿资源和初级能源5类资源耗竭子类的短期、中期、长期动态权重因子。三类动态评价要素评估方法的研究可有效支撑DLCA评价框架转变为可操作的评价模型。

(4) 通过案例应用验证DLCA模型的有效性以及开展动态评价的必要性。

选取典型住宅案例，对其全生命周期内的生态破坏和资源耗竭环境影响进行动态评价，运用因素分析法对比动静态评价结果，明确消耗量、基础清单数据和权重系统3类动态评价要素的变化对评价结果的贡献度，并对能源结构和废弃物回收利用率进行情景分析。

考虑到全球变暖危机及建筑温室气体排放量较大，选取案例建筑对其全周期内的暖化效应开展50年的动态评价应用研究，对纳入评价的七个动态因素进行影响力分析，并对比动静态评价结果差异。

9.2 未来研究展望

在过去十余年间，DLCA研究快速发展，取得了较为显著的研究进展。作为国际上环境评价与管理领域的重要热点与挑战，当前的DLCA研究还存在不足与研究难点。本小节从三个方面对未来的DLCA研究进行展望，包括动态取舍准则设立、动态数据库构建和工具化发展。

9.2.1 动态取舍准则

建筑生命周期长、使用材料种类繁多、涉及主体多，其环境影响往往受到来自经济、社会、环境、科技等多个方面的混合影响，时间动态的影响因素众多。将所有动态因素纳入评价并不具备实践可操作性，现有的DLCA研究往往将部分重要的动态影响因素纳入评价，而如何确定哪些动态因素应该纳入评价尚缺乏系统深入的讨论。

传统LCA评价通过设定取舍准则明确应纳入评价的基本流(elementary

flows),可有效缩小研究范围,降低研究复杂度。ISO14044 标准[45]明确建议采用质量、能源消耗量和环境重要度三个指标作为取舍准则,如果某基本流的质量/能耗量/环境重要度在总量中占比较小,低于取舍准则的规定值时,该基本流在 LCA 评价中可以忽略不计。

借鉴传统 LCA 研究,建议在 DLCA 评价中设立动态取舍准则,可以考虑动态因素的变化幅度以及其对最终评价结果的影响力这两个方面。一方面,设定合理的变化幅度百分比来筛选应该纳入评价的动态因素。如果某动态因素在受评时段内的变化幅度非常小,为了减少工作量及评估时间,可以选择忽略该动态因素。另一方面,要考虑动态因素的纳入对最终评价结果的影响程度,影响程度越大表明该动态因素越重要,纳入评价的意义越大。

9.2.2 动态数据库建设

收集完整、高质量的数据是环境影响评价的重要步骤。在 DLCA 评价中,数据需求量非常大。首先,LCA 是从摇篮到坟墓的全生命周期评价,输入流与输出流其次多,这些参数及其随时间的动态变化需描述表征,故数据量很大。其次,各动态因素的取值可能受到技术、社会、经济等层面的综合影响,获得能够准确描述这些动态变化的数据较困难。最后,一些动态因素的取值受到当地文化、资源禀赋、建筑特点等影响,会随评价地区发生变化,这就导致一些研究中成熟的动态参数数据难以在其他研究中使用。

大部分的动态数据无法直接从现有的 LCA 数据库和工具中获得,现有的 DLCA 研究通常采用二手动态数据,这些数据散见于学术论文、行业和政府报告、监管文件和统计资料等。现有研究往往仅纳入部分动态参数,如某些重要的数据流[221]、相关度较高的工艺流程[222]、部分环境影响类别[76,81]等等。

构建包括动态因素的取值以及潜在变化范围的动态数据库可以有效解决上述困难,节省评估人员的时间和精力,促进 DLCA 研究的长远发展。动态数据库应包含产品的基本信息及其动态变化情况、上游供应链的动态清单数据集、各类环境影响类型的动态特征化因子、分时段的动态权重因子等,且数据库应定期进行更新。

9.2.3 工具化发展趋势

传统 LCA 评价涉及复杂计算和大量参数,为简化操作和推广应用,许多机构已经开发 LCA 软件工具,促进了 LCA 在行业实践中的广泛应用。随着

DLCA 研究的发展及成熟，开发便捷高效的动态评价工具是实践应用的需要，也是信息化技术发展的必然。已有学者尝试为部分评价步骤开发相应工具，如 8.1 节所使用的动态清单分析工具 DyPLCA 和暖化效应特征化评价工具 DynCO_2。但截至目前，能够支持全评价流程的动态工具仍旧缺乏。这是目前亟待研究的重要前沿课题，可以有效推动 DLCA 评价转向(半)自动化，具有深远的工程应用前景和产业指导价值。

下篇

智能化趋势

第10章　基于BIM的绿色建筑评价研究进展

信息化、数字化技术的快速发展为绿色建筑评价和管理提供了新的思路和方法,BIM作为建筑领域应用广泛且相对成熟的数字化模型,在绿色建筑的智能评价管理中可发挥重要作用。本章对基于BIM的绿色建筑评价研究进行系统的定性分析和定量研究,呈现当前研究的基本现状和进展。

10.1　BIM概念及发展

BIM技术是一种应用于工程设计、建造、管理的数据化工具,通过对建筑的数据化、信息化模型整合,在项目策划、运行和维护的全生命周期过程中进行共享和传递,使工程技术人员对各种建筑信息做出正确理解和高效应对,为设计团队以及包括建筑、运营单位在内的各方建设主体提供协同工作的基础,在提高生产效率、节约成本和缩短工期方面发挥重要作用。美国国家BIM标准(United States National Building Information Modeling Standard, NBIMS)对BIM的定义由三部分组成[223]:(1) BIM是一个设施(建设项目)物理和功能特性的数字表达;(2) BIM是一个共享的知识资源,是一个分享有关这个设施的信息,为该设施从概念到拆除的全生命周期中的所有决策提供可靠依据的过程;(3) 在设施的不同阶段,不同利益相关方通过在BIM中增加、提取、更新和修改信息,以支持和反映各自职责的协同作业。

BIM技术拥有可视化、协调性、模拟性、可出图性等优点,可为建筑工程项目各利益相关方提供一个信息交换和共享平台,包含丰富的建筑几何信息和语义信息,可以导出相关材料构件的属性、种类等。随着研究的深入,BIM提供的潜在价值已在建筑行业和建筑活动中逐渐体现,在不同领域的应用空间也逐步扩大。以往研究集中于改进建筑规划设计、冲突检测、可视化、量化、成本计算和数据管理领域,应用集中在建筑和基础设施的规划、设计、施工及集成项目交付等方面[224]。近年来,研究重点逐渐从建筑项目生命周期的早期转移到维护、翻新和拆除阶段,拓展出了能源分析、结构分析、工程调度、进度跟踪和建筑安全监管等功能[225]。

我国住房和城乡建设部于2016年和2017年相继发布了国家标准《建筑信息模型应用统一标准》(GB/T 51212—2016)和国家标准《建筑信息模型施工应用标准》(GB/T 51235—2017),大力推广BIM技术。美国、英国等许多国家政府也颁布了BIM推广应用的相关政策,强制要求部分工程建筑在设计、施工等阶段必须构建相应的BIM模型。对于已经建成的建筑,可以借助传感和测量技术(如3D激光扫描等)来建立相应的BIM模型。可以预见,未来每个建筑都能拥有对应的BIM模型,这一数字化工具将在建筑的全生命周期管理中发挥越来越重要的作用。

10.2 基于BIM的绿色建筑研究定性分析

随着信息技术的飞速发展,将BIM与绿色建筑评价与管理相结合已经成为一个新兴趋势和重要实践方向。传统的绿色建筑评价中常采用图纸查阅、实地监测、数据库检索等手段获取基础数据,数据较为分散,关联性较差且更新慢。BIM可以有效实现信息共享,简化数据收集流程,大幅减少工作内容与时间[226-227]。当前,基于BIM的绿色建筑评价研究已经取得了阶段性进展。

(1) BIM既可以支持条款式的定性评价体系,又可以辅助基于LCA的定量评价方法,融合BIM可带来增强效应。

当前研究表明,BIM可以支持不同国家的多种绿色建筑评级体系。Azhar等[228]通过建立概念框架详细阐释BIM可支持可持续分析及其与LEED认证条款之间的关系,在一幢建筑中验证了BIM-LEED的结合可以加快绿色建筑的认证过程。Ilhan和Yaman[229]设计了一款基于BIM的工具GBAT,该工具可从建筑BIM模型中提取必要数据进行自动计算处理,为评估认证提供反馈。Jalaei等[230]开发了一个BIM-LEED集成插件,通过访问BIM模型、能源分析软件、照明模拟工具、谷歌地图等评估建筑物的LEED分值。该插件可以减少手动输入工作,提高评估认证的效率。Liu等[231]通过可行性调查和专家访谈发现BIM技术可协助新加坡绿色建筑认证Green Mark

的 78 项指标中的 31 项。

另一方面，将 BIM 与 LCA 量化评价相融合也是可行的。Santos 等[52]建立了一个用于环境分析的 BIM-LCA 框架，该框架基于 IFC 格式开发信息交付手册和模型视图定义，在 BIM 模型中集成和交换 LCA 分析所需的信息数据。Najjar 等[232]集成 Revit、Green Building Studio（GBS）能耗分析软件和 Tally 工具来分析建筑的环境影响，实现 BIM 软件和 LCA 应用程序之间的数据集成交换，可在项目早期进行可持续性和环境工程分析，支持设计相关决策。Peng[233]将 BIM 与 Ecotect 分析软件相结合，简化建筑生命周期内碳排放的估算流程，还可以通过调整软件内的参数来实现敏感性分析。

（2）BIM 在绿色建筑全生命周期各个阶段的评价分析与管理应用中均可发挥作用，体现出良好的支撑潜力。

① 设计优化与指导。BIM 模型可在建筑的设计阶段提供建筑材料、部品等基本信息，用于支持环境表现的评价，被研究者用于设计阶段的影响评价并辅助决策[234]。Jalaei 等[235]使用 BIM 在概念设计阶段评估并比选最佳材料类型，辅助决策；Inyim 等[236]将 BIM 与优化技术相结合，寻求构件设计的最优方案；Ajayi 等[53]综合运用 Revit、GBS 和 Athena Impact Estimator 等软件工具，比较了多种建筑方案的环境影响水平；Lee 等[237]使用 BIM 和 LCA 开发了一个“绿色模板”，用于支持环境影响评价。

② 运营情况分析。BIM-LCA 在运营阶段的应用包括太阳能分析、照明负荷计算、用水量估算、供暖和制冷能耗模拟、节能家用设备选择等[54,238]。目前已经开发出多种基于 BIM 的运营能耗模拟分析软件，如 GBS、Virtual Environment、Design-Builder Simulation、eQUEST、DOE2 等[234]。Yang 和 Wang[239]将 BIM 与 LCA 结合起来，评估了住宅建筑的运营能耗；Kiamili 等构建了基于 BIM 的 LCA 评价方法，使用可视化编程语言将外部产品数据信息链接到对象，对办公楼的暖通空调系统的物化碳排放水平进行了评估[240]。

③ 维护和拆除活动评价。目前基于 BIM 的 LCA 评价研究主要针对新建建筑，很少有研究将 BIM 应用于建筑维护及拆除阶段的环境影响分析。一些学者采用 BIM 来估算维护和拆卸阶段的废弃物种类和数量，如 Ge 等[241]基于 BIM 构建废弃物管理系统，可用于识别可回收废弃物并对其回收过程进行规划。Cheng 和 Ma[56]基于 BIM 估算香港因拆除和翻修产生的废弃物数量、运输需求以及处置费用。Kim 等[242]采用 BIM 来估算韩国六种废弃物的数量。但是，很少有研究进一步结合 LCA 方法来量化相关活动产生的影响，

仅有 Wang 等[55]使用 BIM 估算废弃物质量,并对比多种废弃物处置方案的碳排放量。

10.3 基于 BIM 的绿色建筑研究定量分析

10.3.1 文献收集

采用 Web of Science(WOS)核心集作为文献的检索源。WOS 是获取全球学术信息的重要数据库平台,三大引文索引(SCIE、SSCI、A&HCI)收录了 12 400 多种权威的、高影响力的国际学术期刊,内容涵盖自然科学、工程技术、社会科学、艺术与人文等学科领域,在文献计量分析研究中被广泛采用。论文的检索条件如表 10-1 所示,仅 2020 年 5 月底前发表的英文期刊论文和综述论文被纳入考虑,会议论文、非英文论文和无法获取全文的论文均被剔除。所有经数据库检索到的文献都被逐篇审核,最终将 239 篇文献纳入分析。

表 10-1 论文检索参数

参数	设置
主题术语	"Green BIM" OR "BIM + green buildings" OR "BIM + LCA" OR "BIM + environmental impact" OR "BIM + environmental performance" OR "BIM + sustainable/energy assessment/evaluation" OR "BIM + life cycle energy"
文档类型	期刊论文和综述
语言	英语
全文	可获取
时间	截至 2020 年 5 月底

注:主题术语的检索范围包括标题、摘要、关键词及附加关键词。

图 10-1 展示了 239 篇文献的发表时间分布状况,可以看到:基于 BIM 的绿色建筑评价研究是近十年刚兴起的新方向,初期阶段(2011~2014 年)的年均发表量仅为 3 篇。2015 年后,这一研究方向得到了迅速发展,每年发表的论文数量迅速上升,至 2019 年达到 67 篇,成为快速发展和广受关注的研究领域。

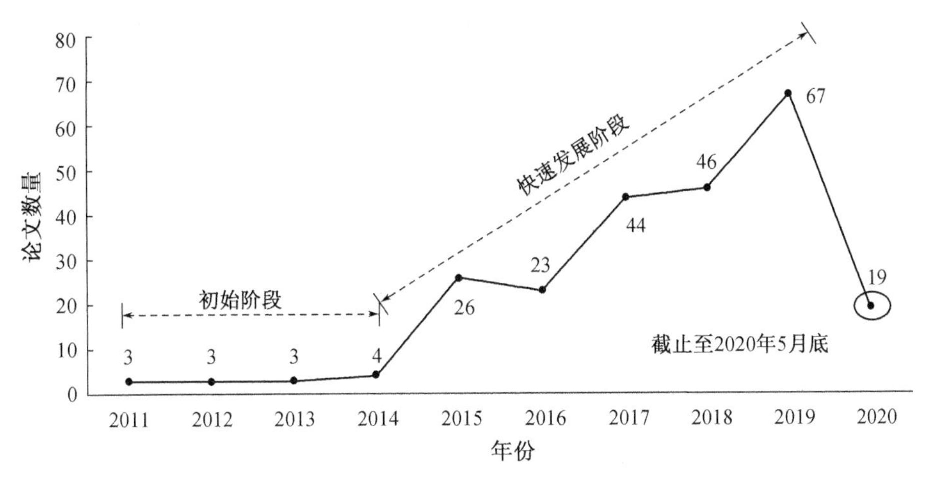

图 10-1　基于 BIM 的绿色建筑评价论文逐年发表数量

本研究采用 CiteSpace(5.6R3 SE 64 位)对选取的 239 篇论文进行计量分析。CiteSpace 是一款应用广泛的引文可视化分析软件,通过可视化手段呈现科学知识的结构、规律和分布情况。使用该软件进行分析时的参数设置情况如下:Time Slicing 设置为"2011～2020",Look Back Years 设置为"－1",Years Per Slice 设置为"1 year",采用"Cosine"方法进行网络连接强度计算,其他参数采用默认值。

10.3.2　论文发表国家及机构分析

图 10-2 展示了 239 篇论文作者国家和机构的共现网络,包含 25 个节点和 31 条连线。节点代表不同的国家和研究机构,其大小反映了相应国家/机构发表论文的数量,两点之间的连线代表国家/机构之间的学术合作联系,连线越粗代表合作越紧密。由图可知,中国(46 篇)、美国(33 篇)、英国(27 篇)等国家的学者在该研究领域发表了较多论文,为该领域的研究发展做出了重要贡献。建筑业是中国的重要支柱产业之一,但是传统粗放型的建造和使用已经带来了较为严重的环境问题,近年来绿色建筑在中国得到了快速发展,相关研究较多。BIM 技术起源于美国,许多公司致力于开发商业 BIM 软件[243],故此领域研究在美国得到了较为蓬勃的发展。图中中心度排名前五的国家分别为:英国(0.80)、中国(0.56)、马来西亚(0.39)、韩国(0.35)和澳大利亚(0.32),在本研究领域有相对重要的作用。

此外,一些学术机构在基于 BIM 的绿色建筑评价领域发表了较多的论文,如香港理工大学(10 篇)、牛津布鲁克斯大学、大连理工大学、开罗大学和天主教鲁汶大学。

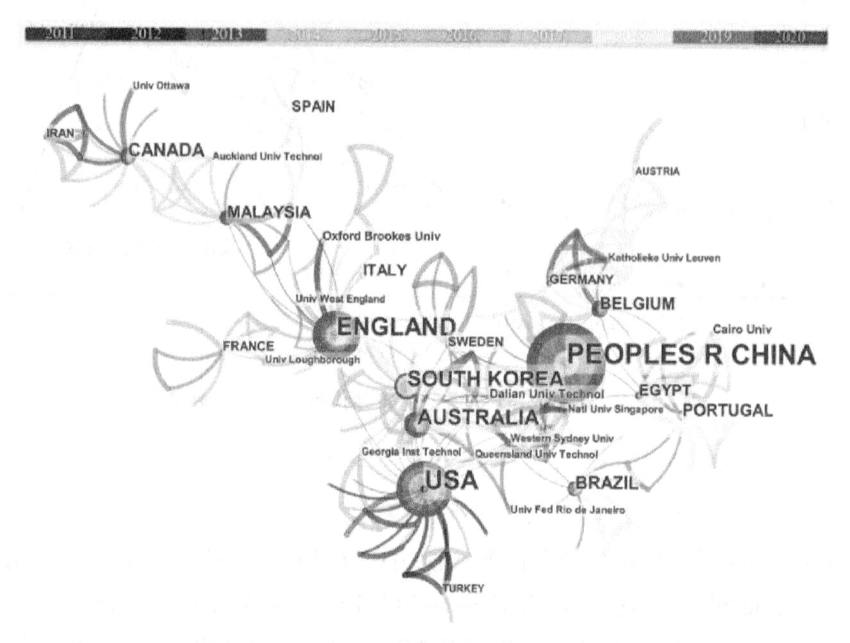

图 10－2　发表论文国家和机构共现网络

10.3.3　作者共引分析

图 10－3 展示了 239 篇论文作者的共引关系,即他们的研究被同一篇文献引用。图 10－3 展现出这个领域的大部分作者之间有学术合作,但并没有形成明显稳定的学术团体。图中共有 404 个节点和 808 条连线,节点的大小代表了该作者的论文共被引次数的多少,连线反映出作者之间直接或间接的合作关系,节点的紫色同心环代表了该作者在共引网络中具有较高的中心度,中心度排名前 5 的作者汇总于表 10－2。

排名前五位的高频被引作者为 Azhar Salman(频次 88,美国),Chuck Eastman(频次 72,美国),Johnny Wong(频次 56,澳大利亚),Jalaei Farzad(频次 40,加拿大)和 Abanda Fonbeyin Henry(频次 40,英国)。Azhar Salman 聚焦 BIM 发表了大量的论文,为基于 BIM 的绿色建筑评估奠定了重要基础,被大量文献引用。他致力于分析 BIM 的发展进程、挑战和未来发展趋势,并关注 BIM 工程项目各利益相关者之间的协作[244-245],探讨 BIM 在建筑可持续性早期评估中的作用，调研BIM用于可持续性分析的可行性[246]，将BIM用于LEED认证实践[228]。排序第二位的高被引作者为Chuck Eastman，他撰写了著名的BIM手册，详细阐述了支持BIM工具的相关技术流程以及利益相关者如何利用BIM，成为BIM领域最重要的参考文献之一[247]。

中心度排名前5的作者为Ahn Ki Uhn（中心度0.25，韩国）、Zabalza Bribian Ignacio（中心度0.24，西班牙）、Chen Ke（中心度0.20，中国）、Attia Shady（中心度0.19，比利时）和Grilo Antonio（中心度0.18，葡萄牙）。Ahn Ki Uhn的研究主要关注建筑能源模拟与评估，他开发了连接计算机辅助设计（CAD）和能源分析工具的实用接口，实现信息转换，对绿色建筑的评估研究具有非常重要的支持作用[248]。

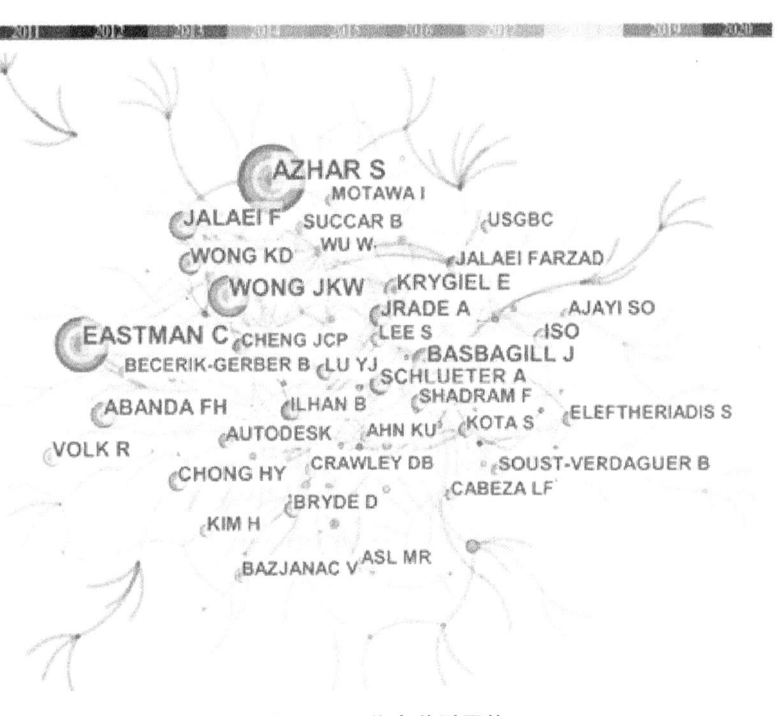

图10-3 作者共引网络

表 10 - 2　高频和高中心度作者 TOP5

编号	频次	作者	国家	编号	中心度	作者	国家
1	88	Azhar Salman	美国	1	0.25	Ahn Ki Uhn	韩国
2	72	Chuck Eastman	美国	2	0.24	Zabalza Bribian Ignacio	西班牙
3	56	Johnny Wong	澳大利亚	3	0.20	Ke Chen	中国
4	40	Jalaei Farzad	加拿大	4	0.19	Attia Shady	比利时
5	40	Abanda Fonbeyin Henry	英国	5	0.18	Grilo Antonio	葡萄牙

10.3.4　研究关键词分析

一篇文章的关键词能够反映论文的学科结构和研究重点[249]，在基于BIM的绿色建筑评价研究中，使用频率最高的5个关键词汇总如表10-3所示，分别为：BIM（频次 168）、LCA（频次 67）、sustainability（频次 45）、performance(频次 44)和 energy(频次 36)。这些关键词大部分都具有较高的中心度(≥0.14)，在这一领域的研究中发挥了较为重要的作用。

表 10 - 3　高频关键词 TOP5

编号	关键词	频次	中心度
1	BIM/building information model/building information modelling/building information modeling	168	0.16
2	LCA/life cycle assessment/life cycle analysis	67	0.18
3	Sustainability	45	0.05
4	Performance	44	0.14
5	Energy	36	0.16

图10-4采用聚类分析对关键词进行分类和排序以更好地识别与呈现关键词之间的相关性，共观察到11个关键词集群，包括：#0 循环经济、#1 温室气体排放、#2 建筑设计、#3 建筑健康、#4 建筑性能分析、#5 生命周期能源评估、#6 多组分能源评估、#7 曲面墙、#8 知识型建筑管理系统、#9 多重决策方法和 #10 建筑环境监测。

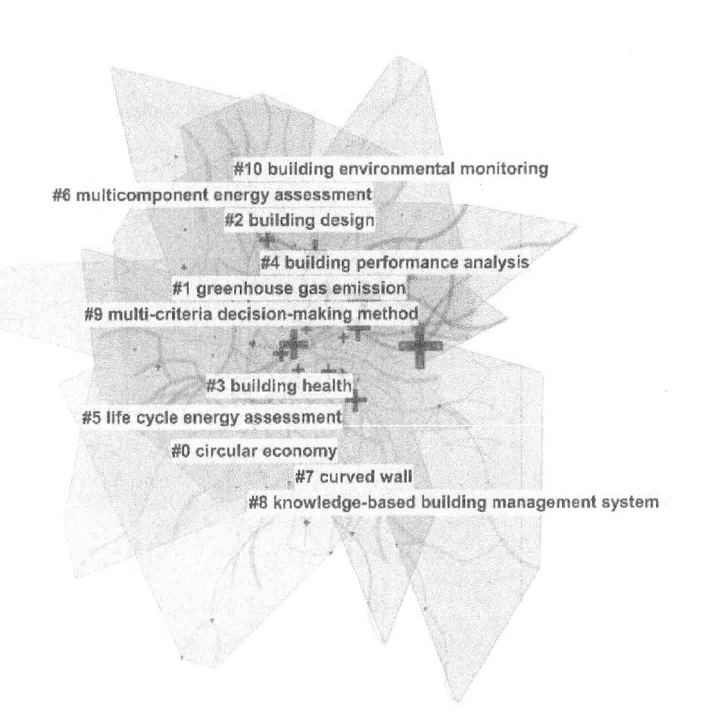

图 10-4　关键词共现网络聚类

10.3.5　文献共被引分析

文献共引分析有助于理解和分析知识基础的构成。基于 BIM 的绿色建筑评价研究文献共引网络包括 224 个节点和 1047 条连线，如图 10-5 所示。每个节点代表一篇论文，两点之间的连线代表两篇文章同时被第三篇文章引用，存在共被引关系。被引用最多的五篇文章汇总于表 10-4 中，Azhar 等人[228]的研究名列首位(共被引频次 50)，该论文细致分析了基于 BIM 开展可持续性分析的潜力与可行性，集成 BIM 和 LEED 认证体系以实现评价过程的简化，所开发的综合评价框架在实践案例中得到检验，并为广泛的应用研究提供了支持，得到了较多关注。Wong 和 Zhou[238]一文的共被引频次为 41，该文章对绿色 BIM 研究进行了全面综述，总结当前研究的困境与不足，并展望未来研究方向，被认为是此研究领域最早的系统综述论文，为此研究领域的拓展起到了重要作用，被学者们广泛引用。Eastman[247]编写的 BIM 手册排名第三，该手册从多个角度系统地审查 BIM 过程和工具，提供了详细的使用指导，还深入讨论了不同利益相关者的技术背景和业务流程，是 BIM 研究领域的重要参考文献。

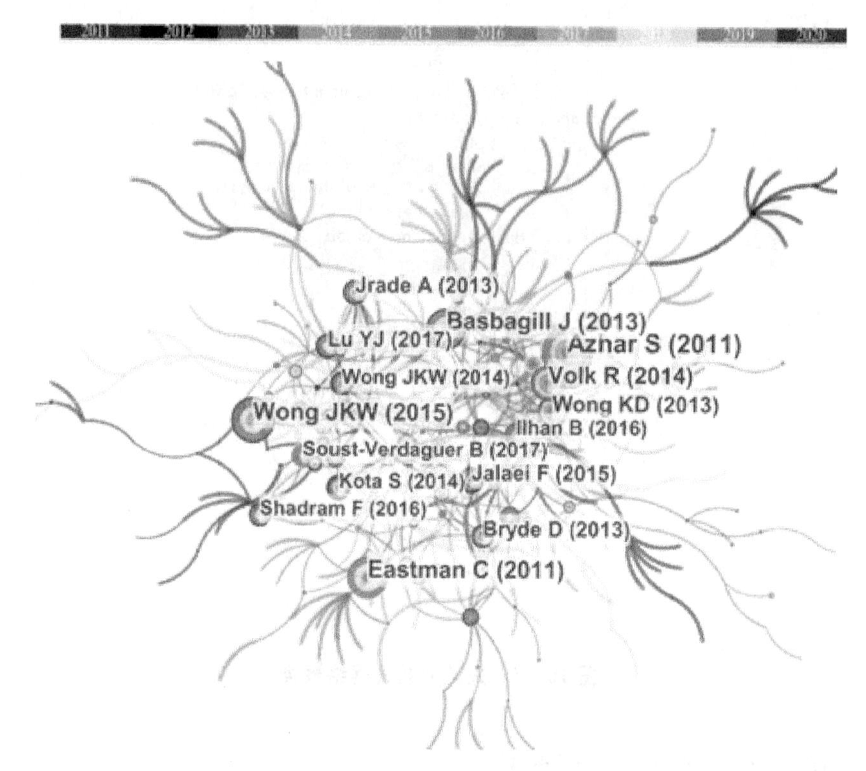

图 10-5　文献共被引网络

表 10-4　高频被引文献 TOP5

编号	标题	作者	出版年份	被引频次
1	Building information modeling for sustainable design and LEED(R) rating analysis	Salman Azhar，Wade A. Carlton，Darren Olsen 和 Irtishad Ahmad	2011	50
2	Enhancing environmental sustainability over building life cycles through green BIM：A review	Wong Johnny 和 Zhou Jason	2015	41

（续表）

编号	标题	作者	出版年份	被引频次
3	A guide to building information modeling for owners, managers, designers, engineers, and contractors	Chuck Eastman	2008	39
4	Application of life-cycle assessment to early stage building design for reduced embodied environmental impacts	John Basbagill, Forest Flager, Michael D. Lepech 和 Martin Fischer	2013	38
5	Building information modeling (BIM) for existing buildings-Literature review and future needs.	Rebekka Volk, Julian Stengel 和 Frank Schultmann	2014	34

对共被引文献进行聚类分析，表 10－5 汇总了 14 个聚类的标签、论文数量、论文发表的平均年份、代表性文献以及聚类平均轮廓值（S 值）。聚类＃0（集成建筑信息）、＃8（决策工具）和＃9（自动建筑能耗模拟）包含论文的平均发表年份为 2009 年，比其他聚类的论文发表时间较早，表明这些研究主题较早得到了学者们的关注。S 值反映了一个聚类的平均同质性，所有聚类的 S 值均大于 0.75，表明此聚类结果具有较高的可信度。前 8 个聚类包含的论文较多（超过 20 篇），其受到的关注度和重要性相对其他聚类更高，将进行详细的分析。

表 10－5　论文共被引聚类群

编号	标签	论文数量	平均年份	代表文献	轮廓值
＃0	建筑信息集成	30	2008	Azhar 等（2011）[245]，Jrade 等（2013）[250]，及 Wong 和 Kuan(2014)[251]	0.955
＃1	建筑垃圾	29	2014	Chang 等（2020）[252]，Liu 等（2015）[253]，Bakchan 等(2019)[254]，及 Jalaei 等(2019)[255]s	0.877
＃2	全生命周期评价数据	28	2012	Cavalliere 等（2018）[256] 和 Sanhudo 等（2018）[257]	0.852
＃3	多准则评价模型	28	2015	Migilinskas 等(2016)[258]	0.759

(续表)

编号	标签	论文数量	平均年份	代表文献	轮廓值
#4	可持续建筑构件	26	2013	Santos 等(2017)[259],Chong 等(2016)[260],和 Jalaei 等(2015)[235]	0.844
#5	未来方向	26	2013	Santos 等(2017)[259],Lu 等(2017)[234],和 Raouf、Al-Ghamdi(2019)[261]	0.829
#6	建筑健康	23	2014	Ding 等(2020)[262]和 Jalaei 等(2019)[255]	0.906
#7	绿色建筑项目	21	2012	Wu 等(2015)[263] 和 Olawumi、Chan (2019a)[264]	0.754
#8	决策工具	20	2008	Bank 等(2011)[265]和 Wong、Zhou(2015)[238]	0.949
#9	早期决策	18	2009	Basbagill 等(2013)[266]和 Yung 等(2014)[267]	0.917
#10	自动建筑能耗模拟	17	2016	Kamel 等(2018)[268],Sanhudo 等(2018)[257],和 Jalaei 等(2020)[230]	0.888
#11	可持续发展	16	2012	Chong 等(2016)[260]	0.976
#12	可持续实践	14	2015	Olawumi 和 Chan(2019a)[264], Olawumi 和 Chan(2019b)[269],和 Zhang 等(2019)[270]	0.995
#13	建筑设计	13	2018	Hollberg 等(2020)[226]和 Seyis 等(2020)[271]	0.978

聚类#0为“建筑信息集成”,包含的论文数量最多,为30篇。建筑信息的集成是BIM在绿色建筑评价支持中发挥的最重要的作用,也是本领域研究的突出特点。该聚类包含三篇代表性论文:Jalaei 和 Jrade[250]将绿色建筑材料认证数据库与BIM相结合,以支持绿色设计;Azhar 等人[228]及 Wong 和 Kuan[251]分别探讨了在LEED和BEAM Plus这两个绿色建筑认证体系中如何融入BIM相关技术。

聚类#1为“建筑垃圾”,包含29篇论文。建筑的建造和拆除过程中通常伴随着大量建筑垃圾的产生,建筑垃圾的处置过程会带来环境污染,如何进行可持续资源化处置与利用是当前学术界的关注热点。Liu 等[253]探讨如何使用BIM在设计阶段优化方案以最小化建筑产生的废弃物量,并设计了决策框架;Bakchan 等[254]提出了一个基于BIM建筑废弃物自动估算框架,支持建筑废弃物评价;Jalaei 等[262]通过开发BIM插件评价建筑废弃物相关的环境负荷。

聚类＃2 为"生命周期评价数据"，是在聚类＃0"建筑信息集成"基础上的进一步研究。该聚类中文献的平均发表年份为 2012 年，与聚类＃0 相比较晚，与其他聚类相关较早。该聚类的代表性文献有两篇：Cavalliere 等[256]将 BIM 中包含的建筑信息进行结构化分析，以讨论 BIM 能够支持 LCA 评价的原因及合理性；Sanhudo 等人[257]使用建筑 BIM 模型提供设计细节和参数数据，开发了一种综合评价方法来评价不同建筑施工方案可能产生的环境影响。

聚类＃3 为"多准则评价模型"，侧重于具体的评估方法，包含 28 篇相关论文。代表性文献为 Migilinskas 等[258]，该论文将 BIM 与能源模拟工具相结合开发了一种新的评估模型来分析复杂准则对各种设计决策（如能耗、污染物排放、成本等）的影响。

聚类＃4 为"可持续建筑构件"，包含 26 篇论文。代表性文献如 Santos 等[259]和 Chong 等[272]对 BIM 研究进行了系统综述，强调了 BIM 在建筑可持续评价与管理中的作用；Jalaei 等人[235]将 BIM 与决策方法相结合，辅助设计师在设计阶段选择最优建筑构件。

聚类＃5 关注本领域有潜力的未来研究方向，包含 26 篇论文。如 Lu 等[234]讨论了基于 BIM 的绿色建筑评价研究中一些有价值的主题：语义互操作性、基于 BIM 的绿色设施管理、BIM 行业标准、BIM 模型的验收改进；Santos 等[259]提出了一些有潜力的研究方向，包括 IFC 数据格式和互操作性、可视化以及 BIM 与地理信息系统（Geographic Information System，GIS）的集成发展；Raouf 和 Al-Ghamdi[261]重点探讨了 BIM 与绿色建筑评价融合后的多方协作问题和知识产权问题等。

聚类＃6 的主题为建筑健康，涉及 23 篇论文。如 Ding 等[262]结合层次分析法、GIS 和 BIM 对商业建筑的健康水平进行评价；Zhang 等人[270]重点分析了将 BIM 应用于中国可持续建筑尚存的阻碍。

聚类＃7 聚焦绿色建筑项目，包含 21 篇论文。Olawumi 和 Chan[264]指出在绿色建筑项目中充分利用 BIM 可以显著降低建筑产生的环境负荷；Wu 和 Issa[263]调查了绿色建筑项目中 BIM 的执行实践情况，并提出一个促进系统化绿色 BIM 实践的模型。

10.3.6　研究发展阶段分析

突变词是在一定时期内出现频率较高的关键词，反映了该时期的研究趋势和学术界的共同兴趣。表10-6呈现了基于BIM的绿色建筑评价研究中的突变词及相应持续的时间，从时间维度视角分析突变词，可以将此领域研究的发展分为四个阶段：

第一阶段(探索阶段，2015年以前)。这一时期，研究还处于萌芽和探索的阶段，获得成果零散而有限，尚未观察到有效的突变词。

第二阶段(技术可行性分析阶段，2015～2016年)。这一阶段是"information(信息)""genetic algorithm(遗传算法)""IFC"等突现词初现的阶段。学者们集中关注BIM与绿色建筑评价整合的技术可能性，交互操作、算法和IFC格式等基本问题在此阶段被频繁讨论。

第三阶段(实践应用阶段，2017～2018年)。这一阶段可认为是快速发展阶段。"infrastructure(基础设施)""construction material(建筑材料)""energy efficiency(能源效率)"和"residential building(住宅建筑)"等突现词使用频率较高，研究人员将BIM工具应用在了在这些领域。建筑材料和能源作为环境污染的主要源头，获得了较多关注。

第四阶段(工具化发展阶段，2019～2020年)。在此阶段，BIM与绿色建筑评价的融合研究已经相对成熟，学者逐渐将注意力转移到便捷计算工具的开发。如Oti和Tizani[273]通过集成生命周期成本和碳足迹评价工具，评估多种设计方案的环境影响水平；Cheng和Ma[56]使用Autodesk Revit编程接口开发了建筑废弃物的估算工具，可支持废弃物量化、废物处理费用计算和运输需求评估。自动化工具软件的开发是未来重要的研究趋势和发展方向，更多诸如人工智能、大数据等新兴信息技术将更好地融合到评价管理中。

表10-6 研究突现词及持续时间

阶段	突现词	强度	开始时间	结束时间
第二阶段(2015～2016)	genetic algorithm	18 299	2015	2015
	model	31 791	2015	2016
	information	18 299	2015	2015
	IFC	18 479	2016	2016
第三阶段(2017～2018)	energy efficiency	22 591	2017	2017
	infrastructure	15 601	2017	2017

(续表)

阶段	突现词	强度	开始时间	结束时间
	construction material	15 393	2017	2018
	retrofit	15 601	2017	2017
	residential building	2 548	2018	2018
第四阶段(2010～2020)	tool	19 374	2019	2020
	integration	16 101	2019	2020

10.4　小结

本章的工作及成果总结如下：

(1) 系统介绍了 BIM 的概念内涵，特点、主要研究进展及应用情况，世界各国正在大力推广 BIM 的相关政策及工程实践，可以预见 BIM 将成为建筑工程领域重要的数字化工具。

(2) 总结基于 BIM 的绿色建筑评价研究阶段性进展，发现 BIM 既可以支持条款式的定性评价体系，如 LEED、Green Mark 等，又可以用于辅助基于 LCA 的定量评价方法，具有简化数据收集与处理流程、提高认证的计算效率等优点。BIM 与绿色建筑评价的结合具有显著的增强效应。当前，两者集成研究已应用到建筑全生命周期各个阶段的绿色评价与分析，包括设计优化与指导；建筑运营能耗、照明负荷、碳排放水平的计算与分析；维护更新方案评价；拆除废弃物估算与管理等。

(3) 通过 WOS 核心数据库检索、论文逐篇阅读筛选等步骤挑选出基于 BIM 的绿色建筑评价论文 239 篇，采用 CiteSpace 软件进行了文献计量学可视化综述，分析相关论文的发表国家/机构、作者共引情况、研究关键词、文献共被引情况以及本领域研究发展的不同阶段。基于突现词分析，将此领域的研究分为四个阶段：探索阶段(2015 年以前)、技术可行性分析阶段(2015～2016 年)、实践应用阶段(2017～2018 年)和工具化发展阶段(2019～2020 年)。

本章系统综述了基于 BIM 的绿色建筑评价研究进展，可以得出如下几点重要结论。第一，将 BIM 这一信息化模型融入绿色建筑评价与管理实践是当前重要的研究趋势和热点,能够满足全生命周期各阶段的评价需求,有效支持条款式定性评价体系和 LCA 定量方法,受到多个国家学者的广泛关注。第二,BIM 可以为绿色建筑的评价过程提供准确便捷的高质量信息数据,能够有效简化评价数据的收集流程,提高评价的准确性,两者结合能够带来显著的增强效应。考虑到 DLCA 仍然遵循 LCA 评价的基本范式和框架,可以推断 BIM 与 DLCA 结合具有可行性,且有很好潜力。第三,与传统静态的 LCA 评价相比,DLCA 评价的开展涉及多门学科知识,需要综合交叉,BIM 模型能够有效集成多个学科信息这一优势对于 BIM 和 DLCA 协同具有重要价值。

本章部分内容已发表为论文,读者可详见文献[459]。

第 11 章　BIM-DLCA 评价模型

本章遵循 DLCA 评价的基本流程和框架，整合 BIM 构建建筑智能动态评价模型。BIM 可快速准确提取受评建筑的基本信息和特征数据，通过结合多种模拟软件和仿真方法进行数据处理，可实现对建筑全生命周期动态消耗量的智能评估，支持环境影响动态评价。

11.1　BIM-LCA 集成研究进展

将 BIM 技术与 LCA 有效整合可实现建筑信息的自动化快速提取，在项目的早期决策阶段对建筑的环境影响评估有较为准确的认识，近年来逐步成为建筑可持续研究领域的热点。BIM 可支持包括环境影响分析、自动化建筑材料选择、温室气体排放评估等[274]，学者们尝试设计多种框架以指导 BIM-LCA 集成的评估工作流程[52,275]。

BIM 与 LCA 有多种集成策略，融合程度随着发展进程逐步深化。在浅层次的集成策略中，BIM 模型里的相关数据以工程量清单和 IFC 等开放格式文件提取并直接导入专业 LCA 软件中进行分析，或将 IFC 格式的 BIM 模型导入含有 LCA 配置文件的 BIM 查看器，再将链接后的数据一起导入 LCA 软件中完成计算和量化分析。如：Panteli 等人[276]通过 BIM 模型导出工程量清单，利用 EcoHestia 工具进行量化分析，以评估建筑物悬挑结构的环境性能；Abanda 等人[277]将 BIM 工具与.NET 框架环境相结合，并将信息导入 Excel，以实现 BIM 和 LCA 之间的全自动数据交换，评估建筑碳排放水平；Naneva 等人[278]提出采用特定的 IFC 查看器协助 LCA 和 BIM 间的信息交换。在这种集成策略中，BIM 与 LCA 的结合并不紧密，而是通过专业软件在各自的领域分别发挥作用。典型应用包括比利时的 TOTEM 工具和法国的 eveBIM-viewer。TOTEM 工具通过 IFC 格式实现了 BIM 与 LCA 的互操作性，eveBIM-viewer 是一款多尺度 BIM 查看器，其配置的 FDES 文件可自动连接至建筑组件上，并导入相关软件进行分析。

在深层次集成策略中，LCA 的具体评估数据以参数形式添加到 BIM 模型中。一种方法是将 LCA 插件内置到 BIM 软件中，以期最大限度地在本地 BIM 模型中完成分析流程，Tally、One Click LCA 和 CAALA 等工具都是这种方法的典型插件。另一种方法是直接在 BIM 模型的对象中刻录 LCA 相关参数信息，省去后期数据链接的过程，目前这一策略尚处于理论阶段，但其发展潜力被学术界认可，并有望引领未来 BIM-LCA 集成的研究趋势。

11.2 BIM-DLCA 智能动态评价框架

遵循 LCA 评价的基本框架（目的和范围确定→清单分析→影响评价→解释）和研究范式，整合时间动态评价要素，集成 BIM、模拟仿真软件、机器学习（Machine Learning，ML）算法等多种智能化技术建立建筑全周期环境影响的动态智能评价模型。模型包括五个模块：目标和范围定义、4D BIM 模型构建、动态数据库、动态评估和解释，模型框架如图 11－1 所示。

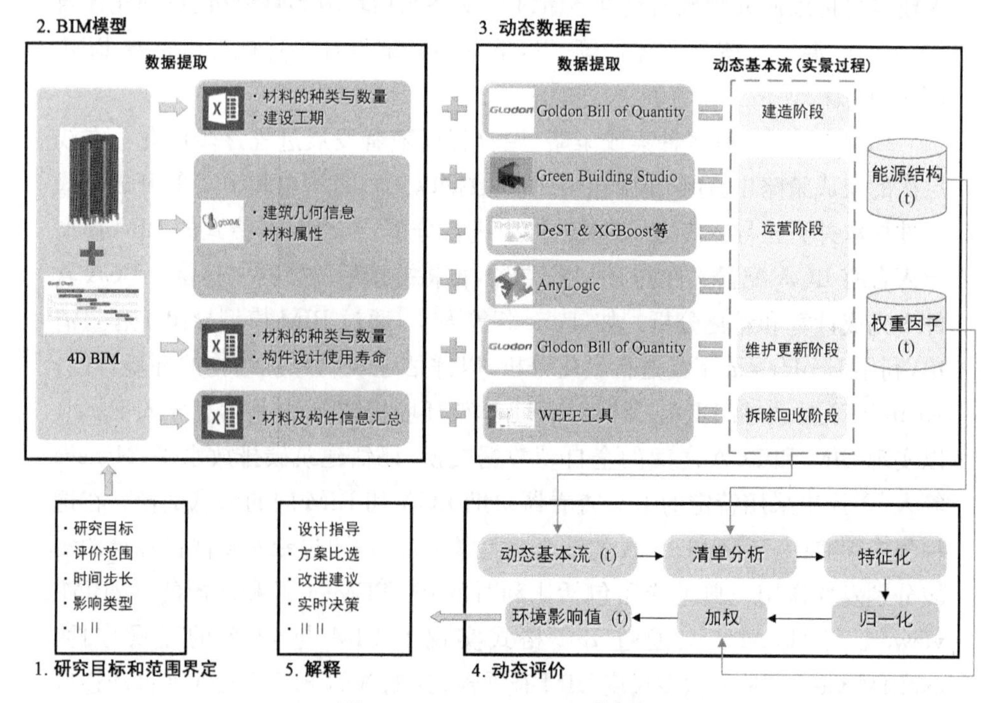

图 11－1　BIM-DLCA 评价框架

11.2.1　研究目标和范围确定

此模块明确所构建的 BIM-DLCA 评价模型的目标及范围如下。

① 研究对象：单体建筑；

② 系统边界：建筑的全生命周期，含使用前物化阶段、运营阶段、维护更新阶段和拆除阶段；

③ 评价时点：BIM 建模后。该模型是对建筑全生命周期环境影响的预评价；

④ 时间步长：评价者可以结合研究目标与精度需求合理选择评价的时间步长；

⑤ 受评的影响类别：生态环境和自然资源两大保护领域，其中生态破坏类型包括全球变暖、酸化、富营养化和大气悬浮物，资源耗竭类型包括初级能源、水资源和各类矿石资源。

11.2.2　4D BIM 模型构建

受评建筑的 BIM 模型包含每个构件的几何信息和材料属性，以建筑墙体为例，BIM 模型可以提供厚度信息（215 毫米）和材料属性信息（砖），如图 11－2(a)所示。在原 3D BIM 模型的基础上，根据施工进度计划表增添工作分解结构（Work Breakdown Structure，WBS）这一参数来描述和表征各材料构件的施工时间，构建 4D BIM 模型。如图 11－2(b)所示，每个 WBS 参数由三位数字组成，第一位数字表示工程类型（如结构工程、砌筑工程、门窗工程等），后两位数字表示施工顺序。例如，WBS 201 表示 1～3 层的结构工程，WBS 203 表示 7～9 层的结构工程，WBS 401 表示 1～3 层的门窗工程。每个 WBS 值对应一个具体施工任务，并包含有明确的任务开始日期和结束日期。使用受评建筑的 BIM 模型可以直接导出材料构件的信息清单，并保存在 Microsoft Excel 文件中，为后续动态评价提供基础数据，如图 11－2(c)所示。

11.2.3　动态数据库

这一模块汇总动态评估需要的数据，包括建筑全周期产生的动态消耗量、动态能源结构数据以及动态权重因子数据。在这三类数据中，动态消耗量数据与具体的受评建筑密切相关，将通过综合运用 BIM、模拟仿真软件、智能算法等进行分阶段估算，是智能化评估模型的重要部分，将在 11.3 节中进行详

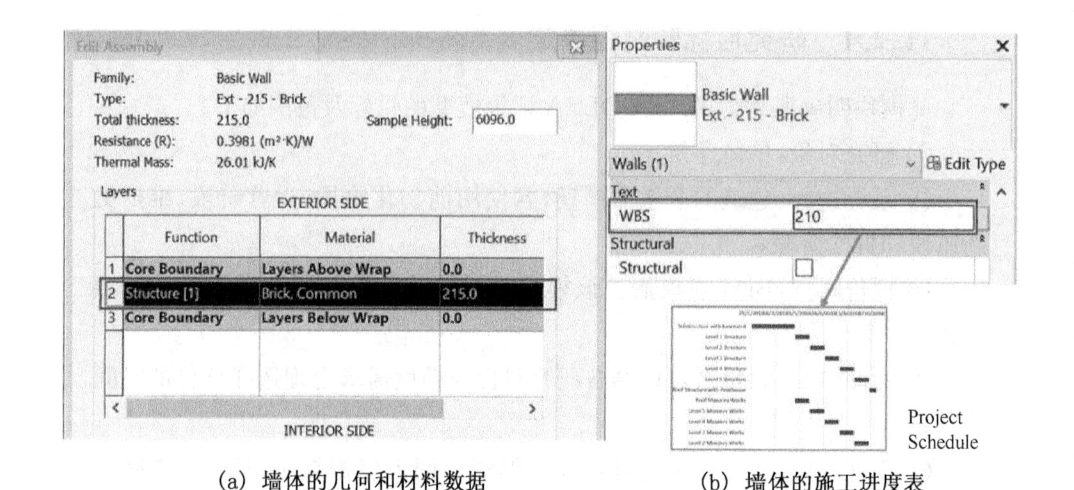

(a) 墙体的几何和材料数据 (b) 墙体的施工进度表

A	B	C	D
Family and Type	Material：Name	Material：Volume	WBS
Basic Wall：Ext-215-Brick	Brick, Common	12.040 m^3	210

(c) 提取的信息摘要

图 11－2 从 4D BIM 模型中提取信息示意

细介绍。动态能源结构数据和动态背景清单数据集研究详见本书第 5 章,采用相关研究成果及数据;动态权重系统构建过程及数值详见本书第 6 章。动态数据库模块为评价的具体开展提供详细的数据支撑。

11.2.4 动态影响评价

采用上一模块的动态数据,对受评建筑全周期的动态环境影响进行评价,动态评价开展遵照 DLCA 的基本范式和评价步骤(详见本书第 3 章)。首先,根据时间步长汇总建筑全生命周期内的实景清单数据流;然后结合 CLCD 静态数据以及动态能源结构变化进行清单分析,将全周期的动态消耗量转化为原材料和污染物的投入产出清单数据;通过特征化步骤将清单数据转化为具体环境影响类型的特征效应,相关的特征化因子来自 BEPAS 模型;最后采用基于目标距离法构建的动态权重系统将特征化效应转化为最终的动态环境影响值。

11.2.5　解释

分析最终的动态环境影响评价结果，比较不同的方案，提出针对性改进建议等，可用于支持最佳材料类型比选、建筑设计优化、多方案比较等。

11.3　动态消耗量智能评估

建筑全生命周期内的消耗量属于实景清单数据，与受评建筑密切相关，可以划分为物化消耗量和运营消耗量两类。考虑到生命周期各阶段的特点及数据收集方式存在差异，故分阶段介绍动态评估方法。

11.3.1　物化消耗量

(1) 使用前物化阶段

建筑使用前物化阶段消耗量的动态评估思路借鉴于本书第 4 章。使用 BIM 的三维数据模型替代传统的二维施工图纸，快速、准确、便捷地提供建筑实体形成所需要的材料、构件等基本信息，形成相关的工程量清单数据。但是，与施工图纸类似，从 BIM 模型中提取的信息不包括施工活动和现场堆放等过程中可能存在的材料折损消耗，也没有考虑施工过程中机械设备使用的能源消耗，未能切实反映物化阶段的资源能耗消耗水平，故采用内嵌中国不同省市地区建筑施工定额的广联达工程量清单软件(Glodon Bill of Quanlity)完成从工程量清单数据到实际材料、机械消耗量数据的转化工作。依据 4D BIM 模型中导出的施工进度信息，可将建筑施工阶段的消耗量细分到每月甚至每天，形成动态施工消耗量数据清单。

(2) 维护更新阶段

建筑维护更新阶段仍旧考虑部分构件失效和替换活动所产生的环境影响。建筑材料和构件的设计使用年限是确定维护更新活动时点的关键数据，已经作为 WBS 参数刻录到 4D BIM 模型中，可直接从模型中导出。相关材料、水资源、机械设备的消耗量评估可参照施工阶段，使用广联达清单软件进行计算。

(3) 拆除阶段

拆除回收阶段的环境影响评估采用第 14 章开发的 WEEE(Waste Estimation and Environmental impact Evaluation)评价工具。基于 BIM 模型导出的建筑实体材料及构件体积信息估算不同类型废弃物的质量,根据废弃物性质及实践惯例设计废弃物处理方案,采用 GIS 在线地图辅助设计废弃物运输路线,最终评估相关的环境影响水平。需要说明的是,由于建筑的拆除回收活动往往发生在 BIM 模型建立后的数十年,建筑废弃物的回收利用水平可能会随技术进步有所提升,故建议在动态评价中考虑废弃物回收率提升及其对评价结果的影响。

11.3.2 运营消耗量

建筑运营阶段的能源消耗量在全生命周期中占比较大,是建筑环境影响的主要来源。常见的建筑运营能耗智能模拟预测方法包括基于物理实体的模拟仿真法和数据驱动法[279]。前者综合运用建筑的几何结构、设备系统、区位气候等信息对建筑的能耗水平展开模拟,典型工具包括 DOE-2、EnergyPlus 和 DeST 等。后者通过传感器、统计资料等方式采集数据,使用机器学习算法、模拟仿真等建立建筑各特性与能耗之间的关联关系。本书将使用机器学习算法、多主体建模(Multi-Agent System, MAS)和 GBS 能耗模拟工具为建筑运营能耗智能动态模拟提供三种研究思路。

(1) 基于机器学习的动态能耗模拟

机器学习方法具有良好自学习和函数逼近能力,可基于样本数据的训练对建筑长周期消耗量进行模拟预测,近年来被许多研究采用。本书将建筑运营能源消耗的影响因素作为输入变量,以能源消耗量作为输出变量,通过反复多次的机器学习建立输入变量与输出变量的关系。通过预测建筑使用期内输入变量相关参数变化,结合训练的机器学习模型,可以估算输出能耗的动态变化,具体研究内容及数据详见本书第 12 章。

(2) 基于多主体建模的动态能耗仿真

多主体建模是计算实验中常用的方法,其中的主体是运行于动态环境中具有较高自治能力的实体,有自己的知识结构、行为逻辑以及期待实现的目标,具备独立性、适应性、自治性等特性。多主体建模方法可用于模拟建筑运营使用过程中人与建筑设备系统的交互关系以及相关的能耗水平,具体研究内容及数据详见本书第 13 章。

(3) 基于 GBS 的动态能耗模拟

GBS 是 Autodesk 公司研发的一款基于 Web 的建筑整体能耗、水资源和碳排放分析工具,已在很多国家的能耗模拟与分析评价中得到应用。使用时需输入建筑基本信息,包括项目所在地、建筑类型、环境参数等,然后上传建筑的 BIM 模型至 GBS 服务器进行计算。在动态研究中,各项输入参数随时间的动态变化需纳入考虑,通过反复调整输入参数的取值,可以获取建筑运营周期内的动态能耗分析结果。具体操作步骤及相关数据可参见本书第 15 章中的案例应用。

11.4　小结

本章的工作及成果总结如下:

(1) 系统综述了当前 BIM-LCA 的集成进展研究,对于浅层次集成策略和深层次集成策略的主要方法、集成思路、研究进展与成果予以总结分析。

(2) 遵循 DLCA 研究的基本范式和评价思路,集成 BIM、模拟仿真软件、机器学习算法等多种技术建立建筑全周期环境影响的智能化动态评价框架,包括目标和范围定义、4D BIM 模型、动态数据库、动态评估以及解释五个模块。

(3) 分别构建建筑使用前物化阶段、维护更新阶段和拆除阶段的动态物化消耗量以及运营阶段动态消耗量智能评估方法,形成全周期动态实景清单数据,为 DLCA 评价开展提供基础数据支持。

本章内容已发表论文,读者可详见文献[460]。

第12章　基于机器学习的建筑运营能耗动态模拟

使用人是建筑运营能耗水平的重要影响因素，作用时间长，影响强度大。本章从使用人的视角出发，采用机器学习方法构建住宅建筑运营各项能耗与使用人特征及行为之间的关联规律，并构建能耗分析模型。运用该模型，综合考虑建筑运营过程中使用人相关特征的潜在动态变化，模拟不同类型家庭的动态能耗水平。

12.1　基于机器学习的建筑能耗研究进展

机器学习作为人工智能的一个子集，具有接收数据并自行学习的能力，已经在较多领域得到应用[299]。机器学习的流程主要分为五个步骤：数据收集、数据预处理、特征工程、模型训练以及模型评估。数据收集是机器学习过程的基础，结合具体的研究目标和内容，制定数据清单并收集相关数据。数据预处理又称数据清理、数据整理或数据处理，是指对数据进行检查和审查的过程，以纠正缺失值、拼写错误、使数值正常化/标准化。特征工程指的是把原始数据转变为模型训练数据的过程，目的是获取更好的训练数据特征，优化机器学习模型。模型训练步骤通过有标签样本来调整并确定所有权重和偏差的理想值，在训练过程中检查多个样本并尝试找出可最大限度地减少损失的模型，以实现损失函数的最小化。模型评估是指对于已经建立的一个或多个模型，根据其模型的类别，使用不同的指标评价其性能优劣的过程。

在建筑能耗模拟研究领域，机器学习方法因不需要建立复杂的物理实体模型而得到广泛应用，能够在结果的准确性和操作的复杂性之间取得有效的平衡[280]，比统计和基于物理实体的研究方法更有利。在结果准确性方面，机器学习方法可兼容非线性模拟，达到较高的精度和准确性。在操作复杂性方面，机器学习方法不涉及较为复杂的计算和资源需求限制。人工神经网络

(Artificial Neural Network，ANN)、支持向量机(Support Vector Machines，SVM)、随机森林(Random Forest，RF)、决策树(Decision Tree，DT)、极端梯度提升(eXtreme Gradient Boosting，XGBoost)和多项式回归(Polynomial Regression，PR)等多种机器学习算法已经被应用于建筑能耗分析研究中。

已有一些学者采用机器学习算法构建相关影响因素与建筑能耗之间的关系，常见的影响因素包括室外气候条件(如干球温度、太阳辐射)、室内环境条件(如室温、房间相对湿度)、建筑特征(如几何形状、朝向、建筑结构)、使用人特征(如作息、人数)等。如，Dong 等(2005)[281]利用 SVM 算法，根据平均室外干球温度、相对湿度和全球太阳辐射等指标参数，模拟热带地区建筑总能耗水平；Ascione 等(2017)[282]使用 ANN 方法，利用 9 种建筑几何特征、30 个围护结构参数、6 个建筑运营参数以及 3 个暖通空调相关功能分析了空间供暖和制冷的能耗；Yu 等人[283]利用 DT 算法使用气候条件(如年平均气温)、建筑特征(如房屋类型、建筑类型)、住户特征(如居住人数)和电器设备(如空间供暖、热水器)参数对建筑能源使用强度进行分类；Feng 等(2021)[284]采用 XGBoost 来分析建筑特征和当地气候对制冷能源需求的影响；Li 和 Yao (2020)[285]使用五种机器学习算法，以居住者的行为作为输入变量来模拟家庭供暖和制冷的能耗水平；Zhang 等(2018)[286]应用随机森林、Lasso、Bagging 等机器学习模型，以住宅类型、家庭规模、家庭收入和建筑结构为输入，估算家庭的电力消耗水平。研究表明，机器学习方法在模拟分析建筑能耗方面具有较高的准确性和良好效果[287-288]。

12.2　基于机器学习的建筑运营能耗模拟

12.2.1　模型框架构建

本章以住宅建筑的运营能耗为研究对象，基于使用人的研究视角，采用机器学习方法构建的动态能耗模拟分析模型。模型共包括四个模块，如图 12-1 所示，模块一通过大样本问卷调查收集典型的住户信息数据，为模块二的能耗计算提供数据支持；模块二将家庭运营能耗分为制冷、采暖、热水、炊事和家用电器五大类型，并分别计算能耗；模块三采用六种机器学习算法，通过模型训练分别建立起使用人相关因素与五类能耗之间的关系，并通过比较筛选出表现最佳的机器学习模型;模块四分析了使用人相关因素在住宅运营长周期中潜在的变化,设定相关的动态参数对家庭的未来能源消耗水平进行预测分析。

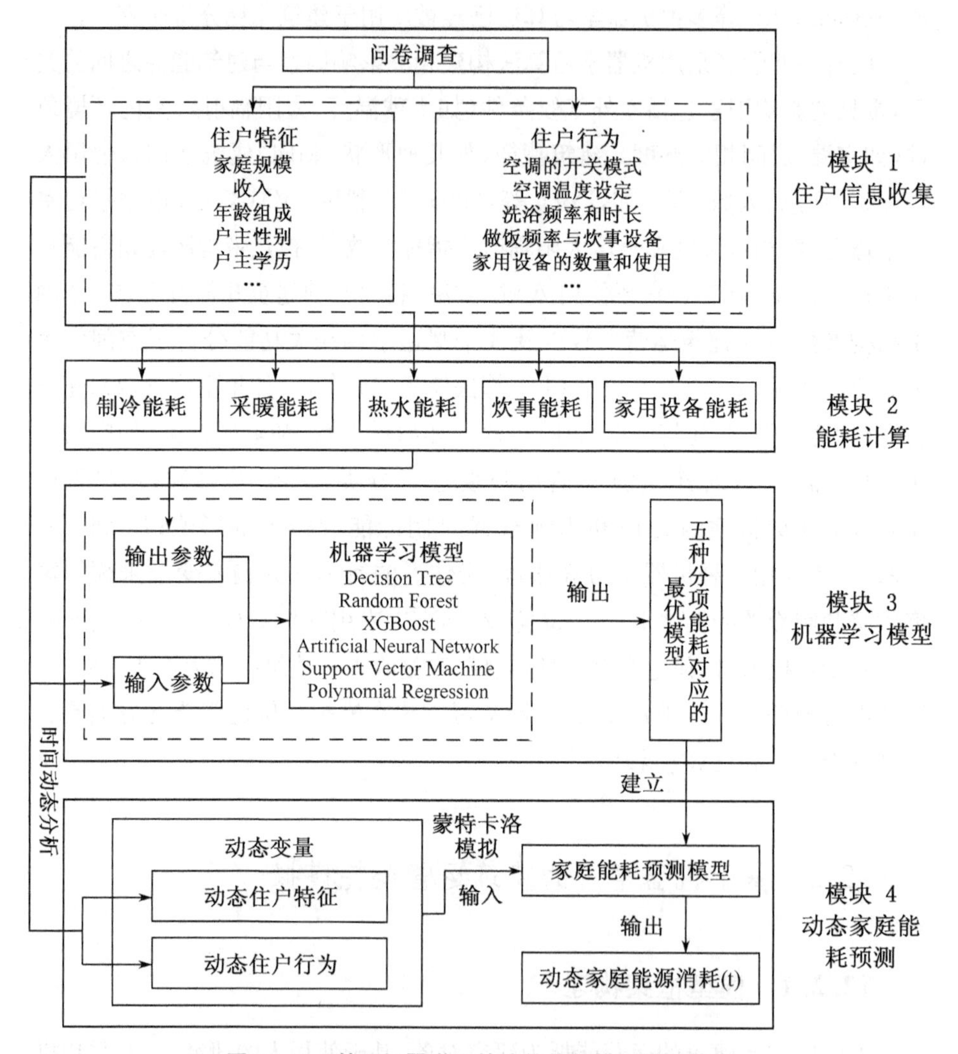

图 12－1　基于机器学习的建筑能耗模拟模型框架

12.2.2　数据收集模块

本模块通过问卷调查收集住户信息,包括住户特征和住户能源消费行为两个部分,其中住户特征部分搜集的信息涉及家庭规模、收入、年龄组成、户主的性别、户主的受教育程度等；住户能源消费行为部分调查了家用电器和设备的使用模式，如空调的开启、关闭模式和温度设置，炊事设备类型及使用频率，洗浴的频率和时间等。问卷具体信息、发放及回收情况见本书第 4 章。

12.2.3　能耗计算模块

家庭运营能耗分为制冷、采暖、热水、炊事和家用电器五大类型。其中制冷和采暖能耗数据通过 DeST 软件模拟获得，空调使用模式包括五种模式（从不开、一直开、进入房间时开、夏天感觉热时开/冬天感觉冷时开、晚上睡觉时开）和五种关闭模式（从不关、离开房间时关、晚上睡觉前关、早上起床后关、夏天感觉冷时关/冬天感觉热时关），这些模式编码如表 12 - 1 所示。在家庭制冷和采暖的能耗计算过程中将出现二十余种模式组合，结合问卷调研和 DeST 仿真结果，各组合模式的占比及其平均制冷、采暖能耗分别如图 12 - 2、图 12 - 3 所示。

表 12 - 1　空调用能模式划分及其编号

类别	模式	编号
开	从不开	A
	夏天/冬天一直开	B
	进时开	C
	觉得热/冷的时候开	D
	晚上睡觉时开	E
关	从不关，直至夏天/冬天结束	a
	出时关	b
	晚上睡觉前关	c
	早上起床后关	d
	觉得冷/热时关	e

考虑到一些模式组合的能耗结果相近，采用质心聚类法对空调制冷和采暖的使用模式组合进行聚类。质心聚类的过程首先是选择 K（K＝5）个点作为初始中心点，将每个点分配给最接近的中心点形成聚类，然后用分配的新点重新计算聚类中心点。上述分配和重新计算的步骤不断重复，直到每个点都保持不变[289]。空调使用模式的最终聚类结果如表 12 - 2 所示，有关空调使用模式被分为五种类型，分别标记为Ⅰ、Ⅱ、Ⅲ、Ⅳ和Ⅴ。

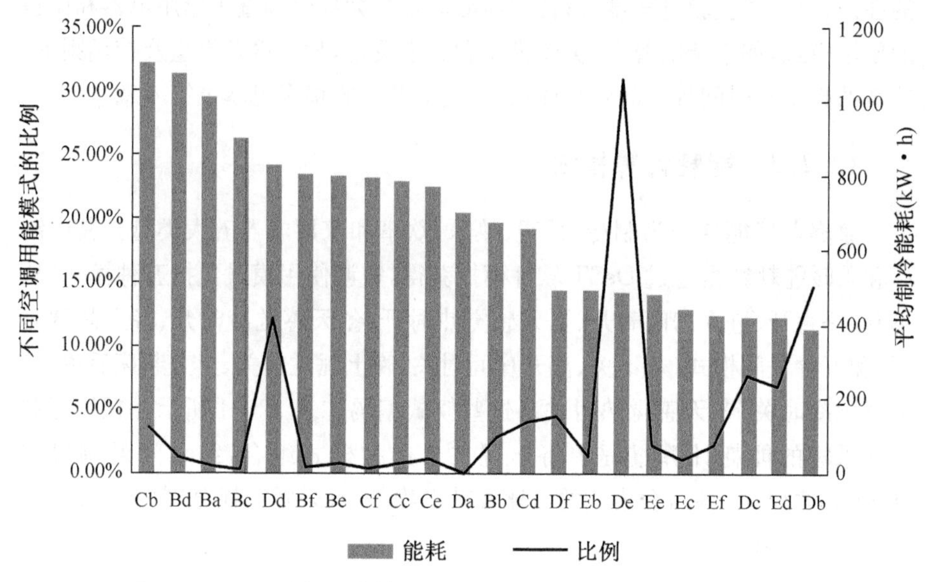

图 12-2　不同空调用能模式的比例和平均制冷能耗(单位:kW·h)

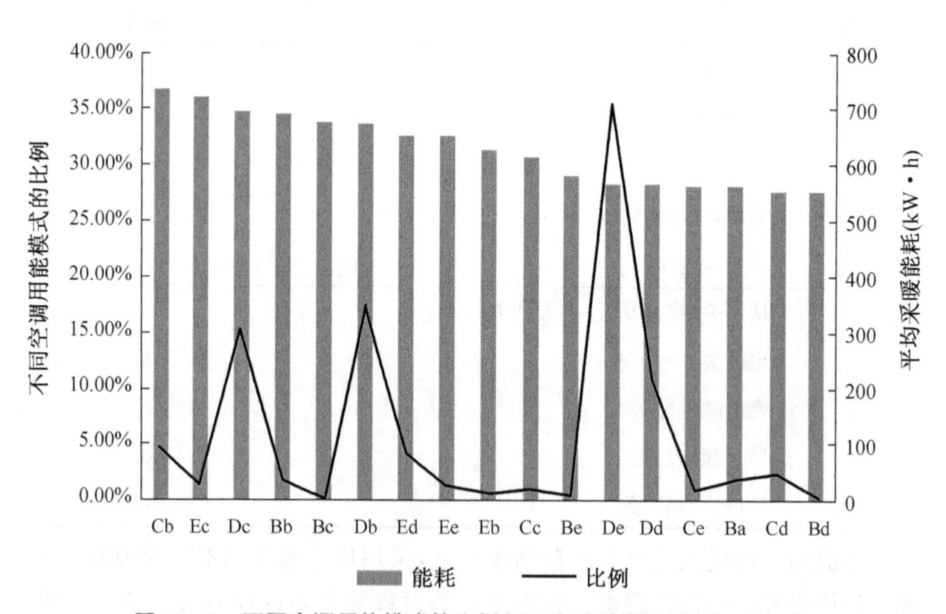

图 12-3　不同空调用能模式的比例和平均采暖能耗(单位:kW·h)

表 12-2　空调使用模式聚类结果

聚类	平均能耗(kW·h)	名称	相关模式	比例	编号
制冷情形					
0	405.15	节约型	Ec、Ef、Dc、Ed、Db	32.45%	Ⅰ
1	486.97	较节约型	Df、Eb、De、Ee	39.11%	Ⅱ
2	661.79	适中型	Da、Bb、Cd	32.45%	Ⅲ
3	817.95	较浪费型	Bc、Dd、Bf、Be、Cf、Cc、Ce	16.12%	Ⅳ
4	1 085.25	浪费型	Cb、Bd、Ba	5.56%	Ⅴ
采暖情形					
0	564.37	节约型	Be、De、Dd、Ce、Ba、Cd、Bd	52.63%	De
1	643.24	较节约型	Ed、Ee、Eb、Cc	7.05%	Ed
2	672.23	适中型	Bc、Db	17.58%	Db
3	693.88	较浪费型	Dc、Bb	16.73%	Dc
4	729.38	浪费型	Cb、Ec	6.02%	Cb

热水、炊事以及其他家用设备能耗数据采用能耗公式计算获得，具体计算方法与过程见 4.2.3 节，计算结果见 4.2.5 节。最终，共获得 1 926 条制冷能耗数据，1 127 条采暖数据，2 113 条分项能耗数据。最终汇总得到住户全年分项运营能耗如图 12-4 所示，家庭用户总能源消耗量为 4 611 kW·h。分项能

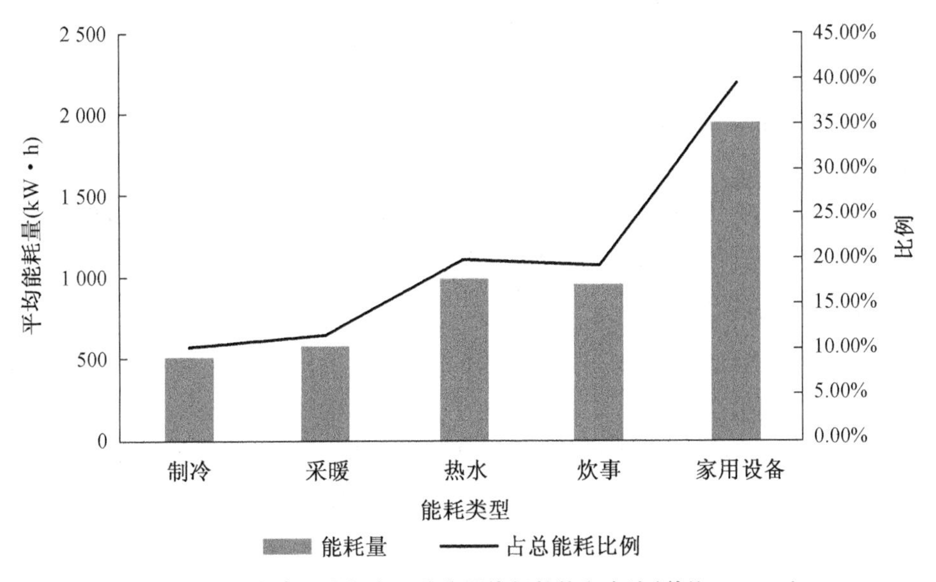

图 12-4　家庭总能耗中五种分项能耗数值和占比(单位:kW·h)

耗排序从高到低依次是热水能耗、炊事设备能耗、其他设备能耗、制冷能耗和采暖能耗。

12.2.4 机器学习模型构建模块

本小节使用上述能耗计算结果作为机器学习算法的训练数据,以此构建各分项能耗模拟模型。综合考虑算法的准确度和建筑能耗研究的适用性,本模块采用六种机器学习算法(DT、RF、ANN、XGBoost、SVM 和 PR)开展模拟研究。

(1) 数据预处理

采用以下三个步骤对数据进行预处理:检查数据是否缺省、数据转换、标准化处理。首先使用 isnull()、sum()函数查看数据是否存在缺省值,发现制冷能耗、采暖能耗和其他分项能耗的数据均完整,无缺省值。同时使用 LabelEncoder 对文本型目标标签进行编码,值在 0 到 n_class−1 之间。然后对输入特征进行标准化处理,防止各输入特征的量纲和数量级不同对结果的准确性产生影响。

(2) 输入参数

参数输入包括住户特征及能耗使用相关行为。其中住户特征包括性别、年龄、受教育水平、家庭规模、家庭收入(绝对值)这几项输入参数。能耗使用行为参数因能耗类型而异,对于制冷和采暖能耗,聚类后的五种用能模式作为输入参数;对于炊事能耗,使用做饭频率、各种炊具使用时长作为输入参数;对于热水能耗,洗浴频率和洗浴时长作为输入参数;对于其他家庭设备能耗,各类设备的数量以及使用时长作为输入参数。

选取 80%的数据作为训练集,20%的数据作为测试集。使用生成的训练数据集来训练机器学习模式模型,测试数据集用于评估训练模型的性能。

(3) 训练模型

六类算法模型的训练过程介绍如下:

① 在决策树模型训练中,通过 Python 的 sklearn. tree 模块的 DecisionTreeRegressor 库建立模型。划分数据集合选择特征的标准设置为 gini,特征选择时选择节点的原则设置为 best,内部节点再划分所需最小样本数为 2。

② 在随机森林模型训练中,通过 Python 的 sklearn. ensemble 模块调用

RandomForestRegressor 库建立模型。此模型在决策树模型的基础上，每棵树训练样本和待选特征的随机选取。内部节点再划分所需最小样本数为 2。树的数量设置为 1 000，训练特征的选取为有放回抽样。

③ 在 SVM 模型训练中，通过 Python 的 sklearn 模块调用 svm 库构建 SVM 模型。SVM 通过核方法向量映射到一个更高维的空间里，在这个空间里通过内点法、序列最小法和随机梯度下降法等数值求解法找到一个最大间隔（最佳）超平面。核方法选择基于径向的函数 RBF，RBF 的 gamma 参数设置为 1。

④ 在 XGBoost 模型训练中，在 Python 中调用 XGBoost 官网下载 xgboost 库构建 XGBoost 模型。XGBoost 通过特征分裂生长树和基于上次模拟的残差的拟合新增树。单棵树的最大深度是 3，学习率为 0.1，损失函数为线性，共 100 棵树。

⑤ 在 ANN 模型训练中，通过 Python 的 sklearn. neural_network 模块的 MLPRegressor 库建立 ANN 模型，隐藏层为一层，神经元数量设置为 150 个，激活函数选择 sigmoid，学习率设置为 0.001。训练过程中，权重和阈值反复调整直至误差最小。

⑥ 在 PR 模型训练中，通过 Python 的 sklearn. preprocessing 模块的 PolynomialFeatures 进行数据预处理，形成多项式特征，degree 为 3，interaction_only 为 true。然后，再将预处理的数据使用 sklearn. linear_model 模块的 LinearRegression 库建立多项式模型。

(4) 模型评价

使用了两个常见性能指标来评估各机器学习模型的模拟性能：平均绝对值误差（MAE，E_{MA}）和决定系数（R^2），计算详见式 12 - 1 和 12 - 2。其中 *MAE* 代表所有模拟结果和实际能耗之间差异的平均绝对值，这个值越接近于零，说明模型拥有更高的精确度。R^2 表示模型中自变量对因变量的解释程度，取值范围为 0～1，越接近 1，表示模型拟合优度越大，自变量引起的变动占总变动的百分比高。

$$E_{MA} = \frac{1}{n}\sum_{i=1}^{n} | y_{pred}^{i} - y_{test}^{i} | \tag{12-1}$$

$$R^2 = 1 - \frac{\sum_{i=1}^{n}(y_{pred}^{i} - y_{test}^{i})^2}{\sum_{i=1}^{n}(\overline{y} - y_{test}^{i})^2} \tag{12-2}$$

式中,E_{MA}:平均绝对值误差;

R^2:决定系数;

n:测试集数量;

y_{pred}^i:使用模型的模拟结果值;

y_{test}^i:测试集中的真实值;

$\overline{y}$:测试集的平均数。

不同机器学习算法模型的 MAE 和 R^2 如表 12-3 所示。经对比,筛选出制冷能耗表现最好的算法是 DT,采暖能耗表现最好的算法是 RF,而炊事能耗、热水能耗、其他设备能耗模拟分析中,PR 算法的表现最好。各类能耗将择优采用机器学习模型,并运用到能耗模拟模块中。

12.2.5 能耗模拟模块

(1) 家庭规模动态参数设定

家庭规模被证明是影响能源消耗的一个重要因素,随着快速城市化和全球化发展,中国的平均家庭规模在过去几十年间呈现出变小趋势[290]。传统孝道文化所倡导的多代同堂的家庭已经逐渐减少,越来越多的年轻人在工作后选择与父母分开居住。基于城市人口普查数据和中国文化特点,傅崇辉等[291]预测分析了至 2050 年不同家庭规模的比例变化,本章采用其研究数据描述家庭规模的动态变化。

(2) 用能行为动态参数设定

根据国家发展和改革委员会为我国中长期发展制定的规划[168-169],设置三种情景(基准情景、低碳情景和发展情景)描述家庭中使用人行为潜在的动态变化。基准情景中各类用能行为都与现状保持一致,不考虑时间变化,该情景主要为其他两类情景的设定提供参考和对比。发展情景的设定基于我国仍是发展中国家的基本国情,居民的生活质量还将进一步提高,各种设备的数量和使用时长将增加以追求更舒适的生活。低碳情景的设置响应我国的"碳达峰、碳中和"战略,居民的环保意识增强,生活方式朝着更加低碳节能的方向发展。相关参数设置汇总如表 12-4 所示。

表 12-3　不同机器算法模型的性能

能耗类型	XGBoost		ANN		RF		SVM		DT		PR		选用
	MAE	R^2	*MAE*	R^2	*MAE*	R^2	*MAE*	R^2	*MAE*	R^2	*MAE*	R^2	
制冷能耗	53.43	0.82	106.20	0.57	49.30	0.82	99.92	0.48	43.11	0.82	85.94	0.64	DT
采暖能耗	7.26	0.95	40.48	0.62	7.08	0.95	41.54	0.51	5.62	0.94	31.86	0.68	RF
炊事能耗	187.98	0.69	258.44	0.71	208.16	0.65	371.78	0.46	263.80	0.65	88.92	0.84	PR
热水能耗	83.67	0.97	167.00	0.92	135.90	0.92	191.29	0.83	219.70	0.77	16.84	0.99	PR
其他设备能耗	195.38	0.92	577.88	0.65	338.80	0.38	256.84	0.87	474.84	0.57	32.35	0.99	PR

表 12-4　多情景分项能耗计算中的动态行为参数设置

能耗类型	发展情景	低碳情景
制冷	使用类型Ⅳ和Ⅴ的比例每年增加3%,使用类型Ⅰ和Ⅱ的比例每年减少3%。	使用类型Ⅳ和Ⅴ的比例每年减少3%,使用类型Ⅰ和Ⅱ的比例每年增加3%。
采暖	使用类型Ⅳ和Ⅴ的比例每年增加3%,使用类型Ⅰ和Ⅱ的比例每年减少3%。	使用类型Ⅳ和Ⅴ的比例每年减少3%,使用类型Ⅰ和Ⅱ的比例每年增加3%。
热水	沐浴时间每年增加2%[168]。	沐浴时间每年减少1%[168]。
炊事	炊事设备的数量每年增加1%[168]。	炊事设备的工作时间每年减少1%[168]。
家用设备	家用设备的数量每年增加1%,工作时间每年增加1%[169]。	家用设备的工作时间每年减少2%[168]。

(3) 基于蒙特卡洛方法的能耗模拟计算

考虑到模型中的各种变量和参数具有概率特征,采用蒙特卡洛方法模拟生成抽样结果。所有的动态变量都被假定为遵循标准正态分布,有95%的置信区间,为每个动态变量随机生成10 000个值的组合,并输入选定的机器学习模型中,结果的平均值作为最终的能耗计算结果。

12.3　动态能耗模拟结果分析及讨论

12.3.1　平均家庭能耗

采用12.2节构建的模型,分析2020～2060年期间以家庭为单位的动态能耗,结果如图12-5所示。基准情景下,一个家庭41年的累计能耗量为207 954.39 kW·h,比发展情景的累计值低19.44%。可见,追求更舒适的生活环境的代价是多消耗40 431.25 kW·h能源。与基准情景的能耗水平相比,低碳情景下单个家庭41年间的总能耗减少潜力为17 275.57 kW·h。三个情景的能耗差异水平较大,说明加强低碳教育、提高居民的节能意识将具有重要的环保意义。

图12-6展示了三种情景下的家庭年度能耗量的变化。低碳情景中,家

庭能耗水平逐年下降，2060 年能耗值(4 249.96 kW·h)比 2020 年能耗值(4 999.65 kW·h)下降 14.99%。在发展情景中，家庭能耗水平呈现大幅上升，在 2060 年达到最大值，为 6 857.80 kW·h。

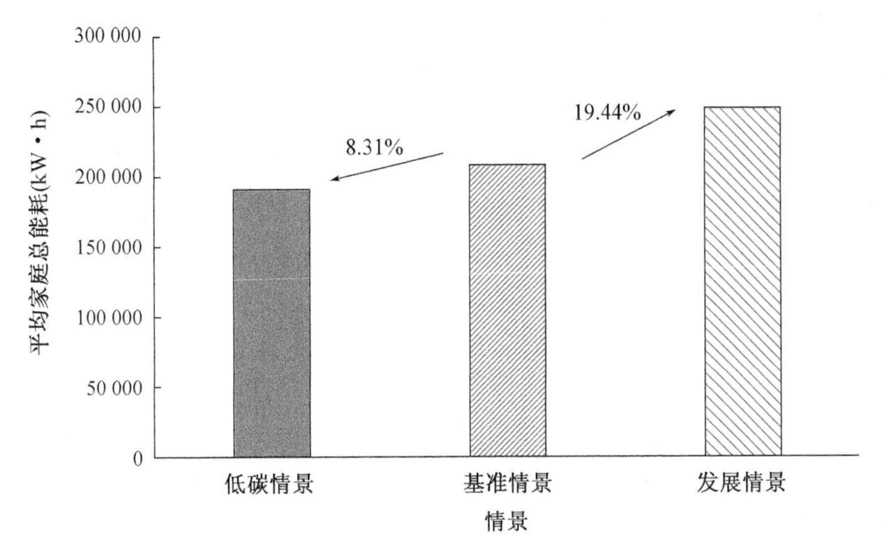

图 12-5　2020～2060 年平均家庭在不同发展情景下的能耗总值(kW·h)

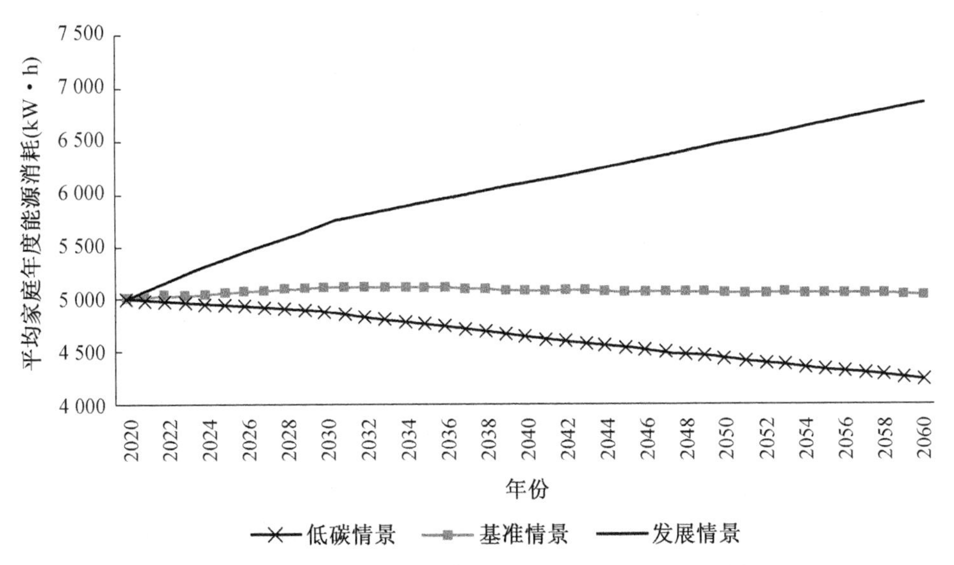

图 12-6　2020～2050 年平均家庭在不同情景下的年度能耗量(kW·h)

12.3.2 典型家庭能耗对比分析

本节将以中国的典型家庭(丁克家庭、核心家庭和主干家庭)为分析对象,讨论随着家庭中重要事件的发生对能耗带来的影响。丁克家庭是我国近年来数量不断增多的新家庭类型,由两位成年人组成且家庭中没有小孩。核心家庭是中国最常见和标准的家庭类型,由父母和未婚的子女组成。主干家庭通常包含两代或更多的夫妇,并且中间不存在断代,这种家庭类型在中国社会中也十分常见,因为祖父母是帮助年轻夫妇照顾小孩的主要力量。表 12-5 总结了典型家庭的关键事件及时间节点,这些事件影响着家庭的规模大小和年龄构成,进一步影响家庭的能源消耗水平。相关假设如下:

① 一对夫妇在 2020 年结婚,此时丈夫的年龄为 28 岁,妻子的年龄为 26 岁;

② 孩子将在夫妇结婚三年后出生,并在他/她 18 岁时离开家去上大学;

③ 根据国家政策,女性和男性分别在 55 岁和 65 岁退休,他/她在家庭中的角色从成年人转变成老人;

④ 据统计,男性和女性分别在 77 岁和 82 岁时死亡[292]。

表 12-5　2020～2060 年典型家庭变化节点及事件

	丁克家庭	核心家庭	主干家庭
2020	一对夫妇结婚	一对夫妇结婚	一对夫妇结婚
2023	/	孩子出生	孩子出生、祖父退休
2040	/	/	祖父逝世
2041	/	孩子离家	孩子离家
2047	/	/	祖母逝世
2047	妻子退休	妻子退休	妻子退休
2057	丈夫退休	丈夫退休	丈夫退休

三种典型家庭中的住户特征随时间发生变化,假设用能行为的变化方式采取低碳情景方式,2020～2060 年间的动态总能耗和年度能耗分别如图 12-7 和图 12-8 所示。主干家庭的总能耗水平最高,达到了 206 159.29 kW·h,其次是核心家庭和丁克家庭。与上一小节中平均家庭的能耗相比,丁克家庭与核心家庭的总能耗量分别低 29 696.85 kW·h 和 13 221.42 kW·h。各类家庭

的年度能耗整体呈下降趋势，但显示出明显差异。家庭成员的出生、离家和死亡等事件会给能耗水平带来较大影响。不同典型家庭之间的最大能耗差异发生在 2023 年，主干家庭和丁克家庭之间的差异达到 2 077.86 kW·h。

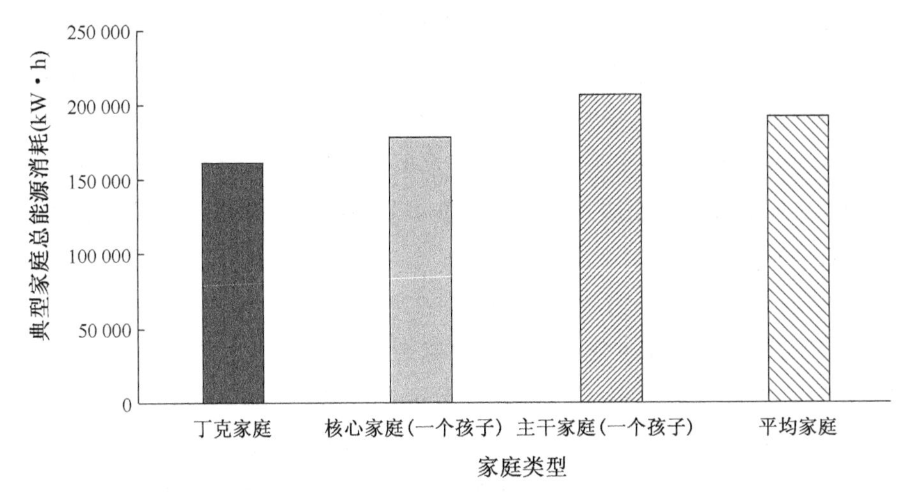

图 12－7　2020～2060 年典型家庭总动态能耗

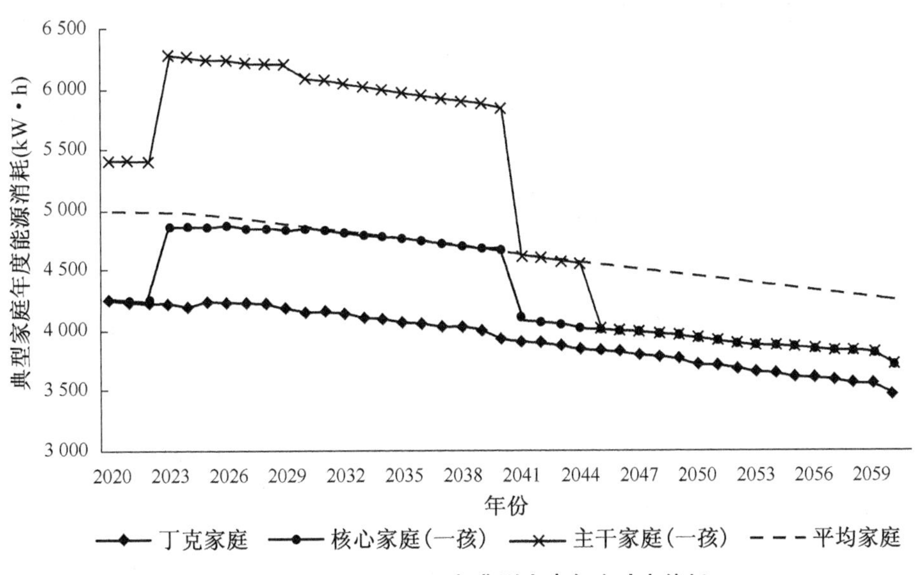

图 12－8　2020～2060 年典型家庭年度动态能耗

12.3.3 生育政策对能耗的影响分析

在过去几十年中,中国的生育政策不断发生变化。1982 年,我国开始实施计划生育国策,每个家庭只允许生一个孩子。2016 年,二孩政策出台,这在一定程度上带来了我国出生人口的反弹[293]。2021 年,为积极应对人口老龄化,三孩政策开始实施。这些生育政策都会对家庭规模产生影响(如表 12-6 和表 12-7 所示),进一步影响家庭能耗水平。因此本节对两种典型的家庭类型(即核心家庭和主干家庭)养育一个、两个和三个孩子情形下的家庭能耗水平进行模拟分析。

图 12-9 和图 12-10 展示了 2020～2060 年期间抚养不同数量孩子的家庭的总能源消耗量和年度能源消耗量。随着家庭中孩子数量的增加,家庭能耗量也随之上升。对于核心家庭来说,多养一个孩子意味着在 41 年内增加约 10 699.97 kW·h 的能源消耗。在主干家庭三代同堂的情况下,家庭能耗增加量约为 7 372.12 kW·h。就年度能耗水平而言,孩子的出生和离家求学的会对家庭能耗产生较大影响。在核心家庭中,生育孩子带来的平均年能耗增加量为 626.88 kW·h,孩子离家求学导致的年能耗减少量约为 583.28 kW·h。对于主干家庭,相应的年能耗增加量为 663.40 kW·h,平均年能耗减少量为 586.09 kW·h。结果表明,生育政策会对家庭生活能耗产生较大影响,能源政策制定者需将生育政策变化纳入统筹考虑。

表 12-6 核心家庭在不同生育政策下的关键事件

	核心家庭(一个孩子)	核心家庭(两个孩子)	核心家庭(三个孩子)
2020	一对夫妇结婚	一对夫妇结婚	一对夫妇结婚
2023	孩子出生	第一个孩子出生	第一个孩子出生
2027	/	第二个孩子出生	第二个孩子出生
2030	/	/	第三个孩子出生
2041	孩子离家	第一个孩子离家	第一个孩子离家
2045	/	第二个孩子离家	第二个孩子离家
2048	/	/	第三个孩子离家
2049	妻子退休	妻子退休	妻子退休
2057	丈夫退休	丈夫退休	丈夫退休

表 12－7　主干家庭在不同生育政策下的关键事件

	主干家庭(一孩)	主干家庭(两孩)	主干家庭(三孩)
2020	一对夫妇结婚	一对夫妇结婚	一对夫妇结婚
2023	孩子出生、祖父退休	第一个孩子出生、祖父退休	第一个孩子出生、祖父退休
2027	/	第二个孩子出生	第二个孩子出生
2030	/	/	第三个孩子出生
2040	祖父逝世	祖父逝世	祖父逝世
2041	孩子离家	第一个孩子离家	第一个孩子离家
2045	/	第二个孩子离家	第二个孩子离家
2047	祖母逝世	祖母逝世	祖母逝世
2048	/	/	第三个孩子离家
2050	妻子退休	妻子退休	妻子退休
2060	丈夫退休	丈夫退休	丈夫退休

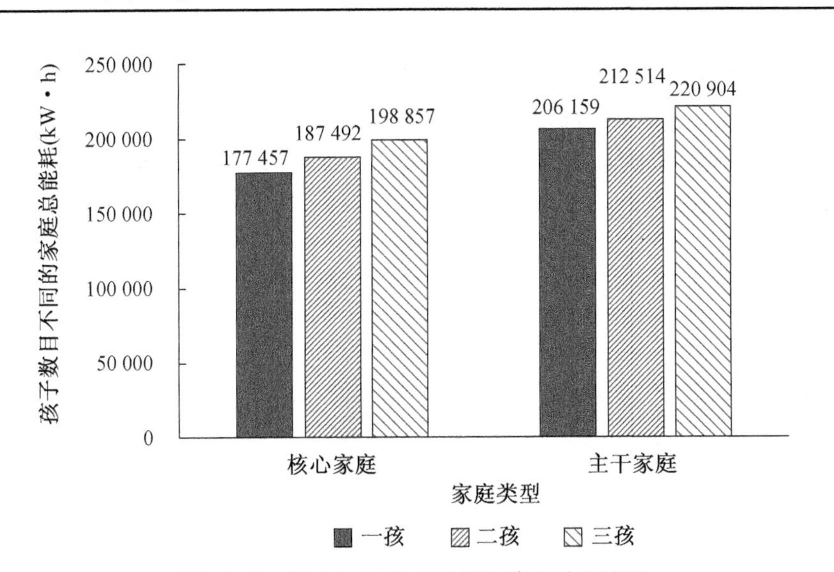

图 12－9　2020～2060 年典型家庭总动态能耗

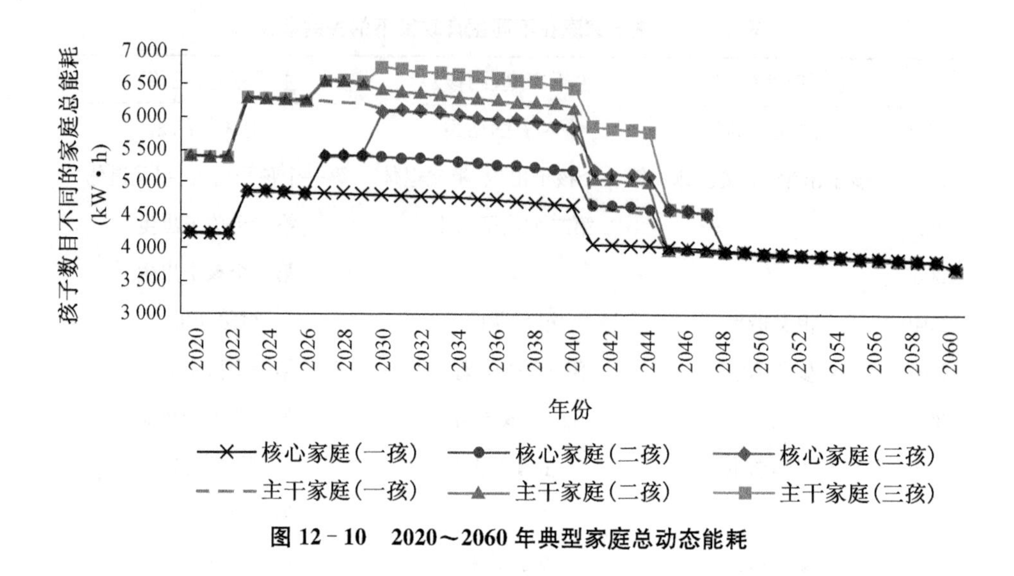

图 12-10　2020～2060 年典型家庭总动态能耗

12.3.4　动静态能耗结果对比

本节对比分析动静态能耗结果。根据图 12-11,三种典型家庭类型在 2020～2060 年间的累计动态能耗与相应的静态水平存在明显的差异。其中,主干家庭的动静态能耗差异最大,达到了 15 422.53 kW·h,而核心家庭的动静态能耗差异最小,为 3 579.30 kW·h。

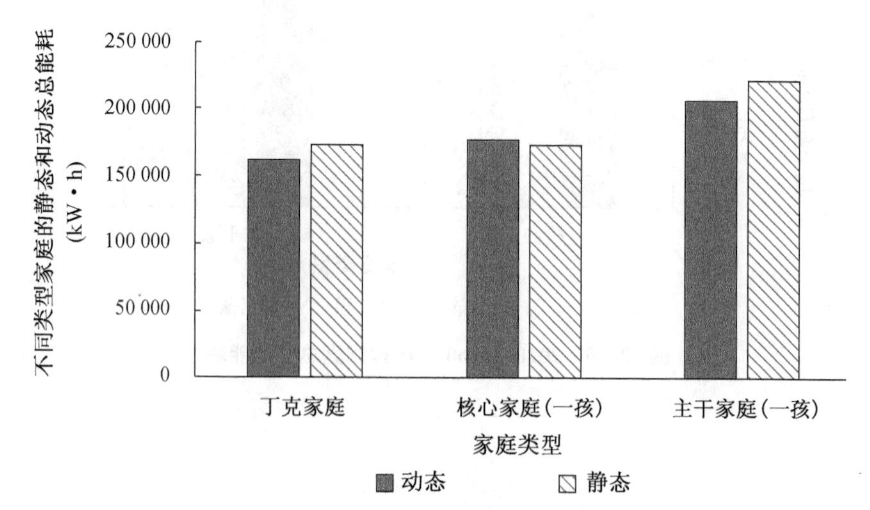

图 12-11　2020～2060 年不同类型家庭的静态和动态总能耗

如图12-12所示，静态评价结果在2020～2060年内保持不变。丁克家庭的动态能耗量始终低于相应的静态值。对于核心家庭和主干家庭，动态能耗值在前期显著高于静态值，后期则低于静态值。动态和静态结果之间差异最大的年份出现在2060年，对于主干家庭、丁克家庭和核心家庭来说，这种差异分别达到了1 681.38 kW·h、784.14 kW·h和519.57 kW·h。从动态视角开展能源消耗量模拟研究能提供一个新的发展性视角，结果更具代表性，对于中长期的科学节能减排方案及计划制定具有一定的指导意义。

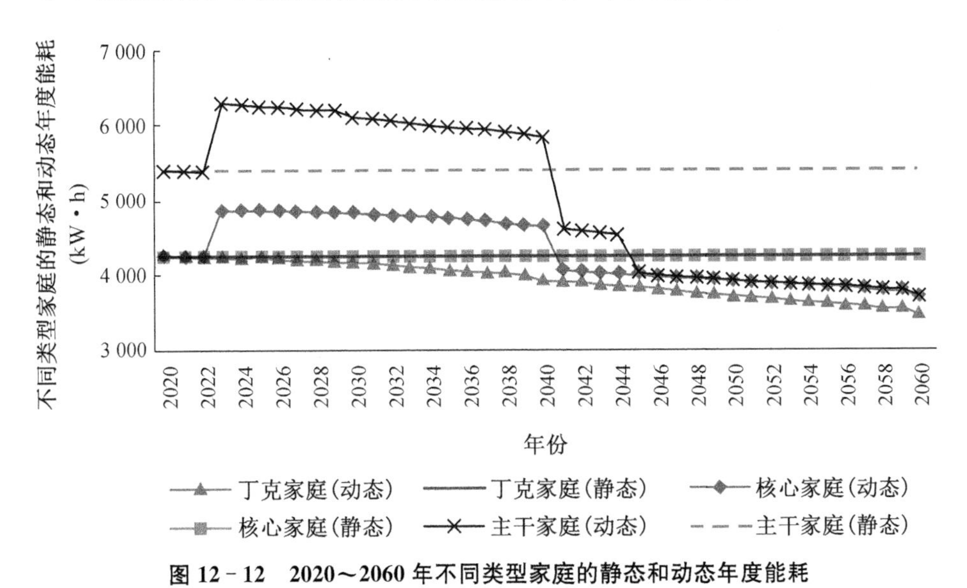

图12-12　2020～2060年不同类型家庭的静态和动态年度能耗

12.4　小结

本章的工作及主要成果总结如下：

(1) 从住户视角建立了建筑运营能耗动态模拟模型，包括数据收集、能耗计算、机器学习模型建立和动态能耗模拟四个模块，对制冷、采暖、热水、炊事和家用电器这五种主要的家庭能源类型展开分析。

(2) 分析住户特征和用能行为随时间的潜在动态变化，对2020～2060年家庭能耗开展动态评价，结果显示丁克家庭、核心家庭和主干家庭这三种典型家庭的能耗存在明显差异。主干家庭的总能耗水平最高，其次是核心家庭和丁克家庭。各类家庭的年度能耗在节能情景下整体呈下降趋势,家庭成员的出生、离家和死亡等事件会对家庭能耗水平产生较大影响。

(3) 生育政策会对家庭生活能耗产生较大影响,随着家庭中孩子数量的增加,能耗量也会上升。对于核心家庭来说,多养一个孩子意味着在41年内增加约10 699.97 kW·h的能源消耗;在主干家庭三代同堂的情况下,多养一个孩子,家庭能耗增加量约为7 372.12 kW·h。

(4) 动态能耗评价结果相较于静态结果有显著差异,其中主干家庭41年内动态能耗量下降15 422.53 kW·h,丁克家庭的动态年能耗量始终低于相应的静态值。

本章内容已发表论文,读者可详见文献[461]。

第13章 基于多主体交互的建筑运营能耗动态仿真

本章采用多主体建模的方法，从环境-建筑系统-使用人交互的视角出发，对建筑运营期间空调能耗水平进行虚拟建模与动态仿真。并定量分析外界气候、建筑系统、和使用人这三类影响因素对建筑能耗的影响，并预测长周期下能耗的变化情况。

13.1 建筑运营能耗影响因素分析

建筑运营期间的能耗受到多种因素的影响，一般来说，可以归类为外界气候、建筑系统和使用人三类。外界气候包括大气中的温度、湿度和太阳辐射等因素，此类因素通过影响建筑室内热环境水平，进而调整使用人在室内的用能行为，故对建筑的能耗水平产生影响。Chen 等[294]研究发现当地气候对建筑能耗水平具有显著影响，位于夏热冬暖气候区的建筑在夏季的能耗水平是位于严寒气候区的建筑能耗水平的 5 倍以上；Meier 等[295]模拟了美国东部建筑用能情况，发现全球变暖情景下，建筑的夏季电力需求将增加 7%；Chen 等[296]发现气候对于办公建筑和住宅建筑的能耗影响非常显著。

建筑系统包括围护结构和各类用能设备等，均会对运营能耗水平产生影响。一方面，围护结构的热力学性能决定了室内外热量传递情况和室内热环境[297]。例如，建筑的围护结构保温性能较好，则冬季室内温度较高，能起到被动节约采暖能耗的效果[298]；窗墙比大的建筑可以获得更充足的自然光线，人工照明的需求减少，但是室内获得了更多的太阳辐射和热量传递，可能会增加夏季制冷的需求。另一方面，建筑内用能设备的数量和能效水平也会影响运营能耗，如 Yu 等[299]研究发现使用节能设备后，建筑能耗水平会下降 17.6%。

使用人是各类建筑设备的直接使用者，是对建筑运营能耗影响程度最大、影响时间最长的主体[145-146]。使用人的节能意识、用能习惯等与建筑能耗水平息息相关。Martinaitis 等[300]研究发现养育两个孩子的家庭在采暖和照明方面的能源需求量分别比没有孩子的家庭高 17% 和 6%；Clevenger 和 Haymaker[301]发现住户不同的作息方式和空调设定温度对能耗的影响差别可高达 150%；Hu[302]等在研究中强调使用人温度偏好和用能行为对能耗影响较大。另外，建筑空间内的使用人之间也存在交互，一个人的用能行为受到其他人行为与用能意愿的影响[303]。

13.2 基于 MAS 的建筑能耗研究进展

多主体建模是一种基于复杂系统理论的自下而上的建模方法，将运行于动态环境中具有较高自治能力的实体看作是智能体（Agent，也称主体）。在模型中，各智能体有自己的知识结构、行为逻辑以及期待实现的目标，具备独立性、适应性、自治性等特性，可根据变化的局部环境做出有针对性的对策和行动，各智能体根据其属性和行为规则互相交流、协作甚至竞争[304]。MAS 方法在社会学[305]、交通运输[306]、供应链[307]等领域已经得到了发展及应用。

多主体建模方法常被用于模拟微观个体交互而涌现出的宏观现象，近年来在建筑能耗领域有一定的研究应用[308]。Ding 等人[309]使用 MAS 方法模拟大学宿舍楼不同使用情景下的能耗水平；Chen 等人[310]结合 MAS 与 Energyplus 模拟办公楼的照明、空调和窗户使用情况，并将能源消耗情况进行可视化呈现；Dorrah 等[311]利用 MAS 和多目标优化方法对办公建筑的空间布局进行优化，以降低能耗。这些研究表明，MAS 在建筑能源领域的应用是可行和有效的。然而，目前的 MAS 研究主要集中在使用人行为模拟上，对于外界气候、建筑设备系统等考虑相对欠缺[308]。此外，当前研究通常将建筑内的所有使用人视作一个智能体开展模拟，而不考虑单个个体在行为活动和用能习惯方面存在差异，也不考虑人与人之间的交互作用。本章充分考虑外界气候、建筑系统和使用人之间的交互影响，构建建筑能耗模拟仿真模型，并量化三类因素对能耗的影响。

13.3　基于 MAS 的建筑能耗仿真模型

13.3.1　基于 MAS 的模型框架

本章将气候、建筑系统和使用人三类能耗影响因素视作多主体建模中的 Agent，在虚拟环境中建立模拟建筑运营的 MAS 模型，框架如图 13－1 所示。外界气候通过建筑围护结构影响建筑室内的温度、湿度等环境状况，使用人在感知建筑室内环境的情况下，结合自身的舒适要求和用能习惯，采取一系列的

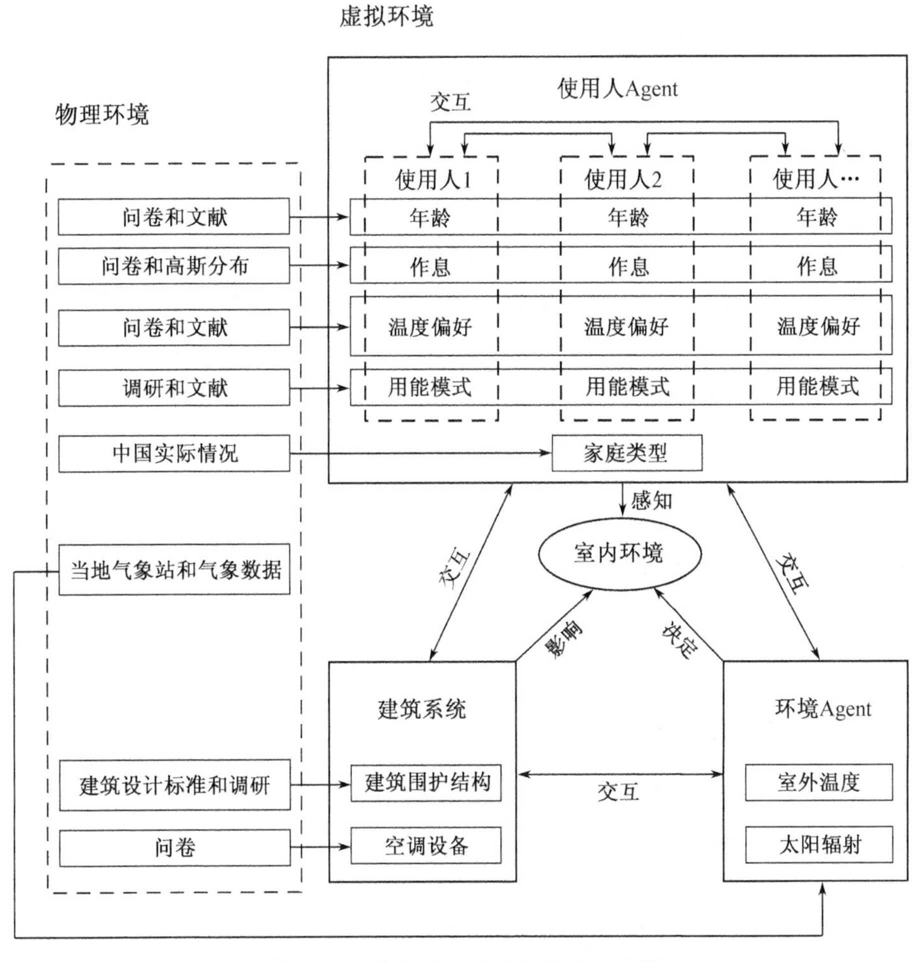

图 13－1　住宅建筑能耗模拟 MAS 框架

行为去调节建筑内各设备的使用状态,将建筑室内环境状况调整到自己的舒适区间。该建筑 MAS 模型是使用基于 Java 语言的 Anylogic 平台开发,模型中的三类 Agent 具备各自的属性、状态和行为规则,会根据周围的环境采取行动,做出决策。Agent 的相关信息和数据来源于问卷调查、实地调研、地方标准、研究文献等,将在 13.3.2～13.3.4 节中分别展开详细介绍,Agent 之间的相互作用和能耗计算在 13.3.5 节中介绍。模型的模拟周期设置为一年,时间步长设定为一小时。

由于 Agent 的许多属性参数(如气候特征和居住者行为)在不同气候区存在显著差异,本章选择江苏省南京市作为研究区域。南京市位于夏热冬冷气候区,四季分明,气候差异及变化明显。考虑到制冷能耗和采暖能耗在住宅建筑总能耗中占有相当大的比例[312],本章重点关注制冷能耗和采暖能耗。需要说明的是,根据国家集中供暖政策,南京市在冬天不采用集中供暖模式,常用空调取暖。

13.3.2 气候 Agent

在外界气候的各项参数中,温度和太阳辐射是影响室内热环境主要因素,因此将这两个因素设置为气候 Agent 的属性。气候数据来自中国权威的、常用的气候数据库——中国典型气象年数据(Chinese Standard Weather Data, CSWD)[313]。根据国家标准《民用建筑供暖通风与空气调节设计规范》(GB 50736—2012)[314],南京的采暖期设置为 12 月 1 日～2 月 28 日,共 90 天,制冷期为 6 月 15 日～8 月 31 日,共 78 天。

选用 Ecotect 这一基于热力学算法的热环境专业分析软件将室外气候数据转化为建筑的室内气候参数。将受评建筑的 BIM 模型导入 Ecotect 工具中,结合 CSWD 数据库中南京市的气象参数,可以分析得到逐时的建筑室内温度参数,用于后续的模拟仿真分析。

13.3.3 建筑系统 Agent

建筑系统 Agent 的属性参数包含建筑外围护结构信息和用能设备。本章的模拟研究选用南京某框架结构住宅作为案例,该建筑共四层,每层面积约 270 平方米,容纳两户家庭。每个家庭设置有三个卧室,一个客厅,一个厨房和一个卫生间。该案例建筑围护结构(包括墙壁、屋顶、地板、门、窗)的热工参数参照当地建筑设计标准[171]设置,如表 13-1 所示,窗墙比设为 0.211。

在设备方面，本章研究只考虑空调，并假设每间客厅和卧室都配备有独立的空调系统，用于夏季制冷和冬季采暖。空调的使用模式及习惯详见 13.3.4 节的介绍。

表 13-1　围护结构参数

围护结构	选材		传热系数 K[W/(m² · K)]	热惰性指标 D
外墙	参考建筑标准外墙	钢筋混凝土 230 mm，真空隔热板 2.95 mm	1.015	2.533
内墙	混凝土隔墙、水泥聚苯板	钢筋混凝土 120 mm，真空隔热板 1.71 mm	1.6	1.307
屋顶	参考建筑保温屋顶	钢筋混凝土 200 mm，膨胀聚苯板 28 mm	1.149	2.2
楼板	挤塑聚苯板保温（正置）	钢筋混凝土 120 mm，挤塑聚苯板 20 mm	1.105	1.391
门	单层木质内门	无水泥纤维板 25 mm	/	/
窗	标准外窗 28	/	/	/

13.3.4　使用人 Agent

将住宅建筑内的每个使用人视为一个独立的 Agent，具备各自的属性特征和行为模式。根据建筑能耗模拟的目标，选定使用人年龄、作息、温度偏好、空调开关模式和家庭结构作为使用人 Agent 的属性参数，各参数分析如下。

（1）年龄

不同年龄的人在生活作息和温度偏好方面往往存在差异，本研究将年龄作为一个重要属性，把居民划分为三类：65 岁以上为老年人（65 岁是国家法定退休年龄）、18 岁以下为未成年人，18～65 岁为成年人。

（2）作息

使用人作息是建筑能耗模拟分析中的重要参数，不同年龄使用人在工作日和周末的作息规律通过大规模的问卷调查（详见 4.2.5 节）获取。考虑每个个体的作息实际情况具有一定的随机性，在模拟中，假设各事件时间点服从标准差为 0.25 h 的高斯分布。

(3) 温度偏好

空调能耗模拟研究中,夏季制冷温度通常设置为 26 ℃,冬季采暖温度通常设置为 18 ℃。问卷调查结果及相关研究[315]表明:老年人和孩子更喜欢温暖的环境,因此相关的制冷温度和采暖温度分别设定为 27 ℃和 20 ℃,汇总如表 13-2 所示。

当一个房间中同时存在多个使用人时,可能在空调的设定温度上会产生冲突,模拟中设置了三条决策规则来处理潜在的冲突,如表 13-3 所示。Rule Ⅰ是成人决策型,大部分家庭的户主都是成年人,他们的温度偏好占据主导权;Rule Ⅱ是尊老爱幼型,家庭更照顾老年人和儿童的需求,温度的设置满足他们的偏好;Rule Ⅲ是民主决策型,空调设定温度根据室内人员的温度偏好进行投票,少数服从多数。

表 13-2 三类使用人的温度偏好

	儿童	成人	老人
采暖温度	20 ℃	18 ℃	20 ℃
制冷温度	27 ℃	26 ℃	27 ℃

表 13-3 解决潜在冲突的决策规则

决策规则类型	规则内容	记作
成人决策型	采取成人的温度偏好,制冷温度为 26 ℃,采暖温度为 18 ℃	Rule Ⅰ
尊老爱幼型	老人和儿童的意见更加重要,制冷温度为 27 ℃,采暖温度为 20 ℃	Rule Ⅱ
民主决策型	温度设定由投票决定,如果平票则由成人决策	Rule Ⅲ

(4) 空调开关模式

根据广泛的文献调研,设置四种常见的空调开关模式:全时段型、作息型、需求型和活动型,如表 13-4 所示。全时段型的使用模式代表在制冷期/采暖期的全时段内空调一直处于开启状态;作息型模式是根据使用人的作息情况调节空调的开启和关闭,室内是否有人是判断空调是否开启的主要依据;需求型模式是根据室内热环境是否超过使用人的舒适度区间来判断是否开启空调,夏天空调的使用模式是“热了开、冷了关”,冬天空调的使用模式是“冷了开、热了关”;活动型模式是根据活动的开始和结束情况设置空调的开启和关闭模式，如睡觉前打开空调，起床后关闭空调。在四种使用模式中，全时段型的使用模式消耗的能源最多，因为空调一直处于工作状态，是一种较为极端模式，在中国家庭中很少见。需求型和活动型则相对节能，也是使用较为广泛的模式。

表 13 - 4　空调的用能模式

模式	何时开	何时关
全时段型	一直	从不
作息型	有人进入房间	所有人离开房间
需求型	温度超出舒适区间	温度达到舒适区间
活动型	活动开始时	活动结束后

(5) 家庭类型

建筑的能耗模拟通常是以家庭为单位开展，受到家庭成员的数量和年龄结构的影响。结合中国家庭的实际情况，本章主要考虑七种典型的家庭类型（如表 13 - 5 所示），包括小型家庭（1～2 人）、中等家庭（3～4 人）和大家庭（≥5 人）。

表 13 - 5　家庭类型

家庭类型	人数	人员类型	记作
小家庭-仅成人	1～2 人	仅老人	S_A
小家庭-仅老人	1～2 人	仅成人	S_E
中等家庭-仅成人	3～4 人	仅成人	M_A
中等家庭-成人与老人	3～4 人	成人＋老人	M_{AE}
中等家庭-成人与小孩	3～4 人	成人＋小孩	M_{AC}
中等家庭-老人与小孩	3～4 人	老人＋小孩	M_{EC}
大家庭	5 人及以上	成人＋老人＋小孩	L_{AEC}

13.3.5　能耗仿真计算

在 MAS 模型中模拟气候 Agent、建筑系统 Agent 和使用人 Agent 之间的交互过程以及能源消耗，模型运行过程如图 13 - 2 所示。首先，对三类 Agent 初始化，并对相关属性赋值；基于气候 Agent 的相关参数和建筑系统 Agent 中的围护结构参数，使用 Ecotect 工具进行建筑室内热环境分析；使用人 Agent 依据作息表执行活动，移动到目标房间并感知室内热环境状况，结合该使用人 Agent 的舒适度要求、空调使用模式等决定是否改变房间内空调的状态；当不同使用人 Agent 的空调使用决策出现冲突，则调用决策规则来进行判定;当空调处于开启状态时,使用 bin 法计算相关能耗。上述模拟过程将不断重复,直到整个评估阶段结束。

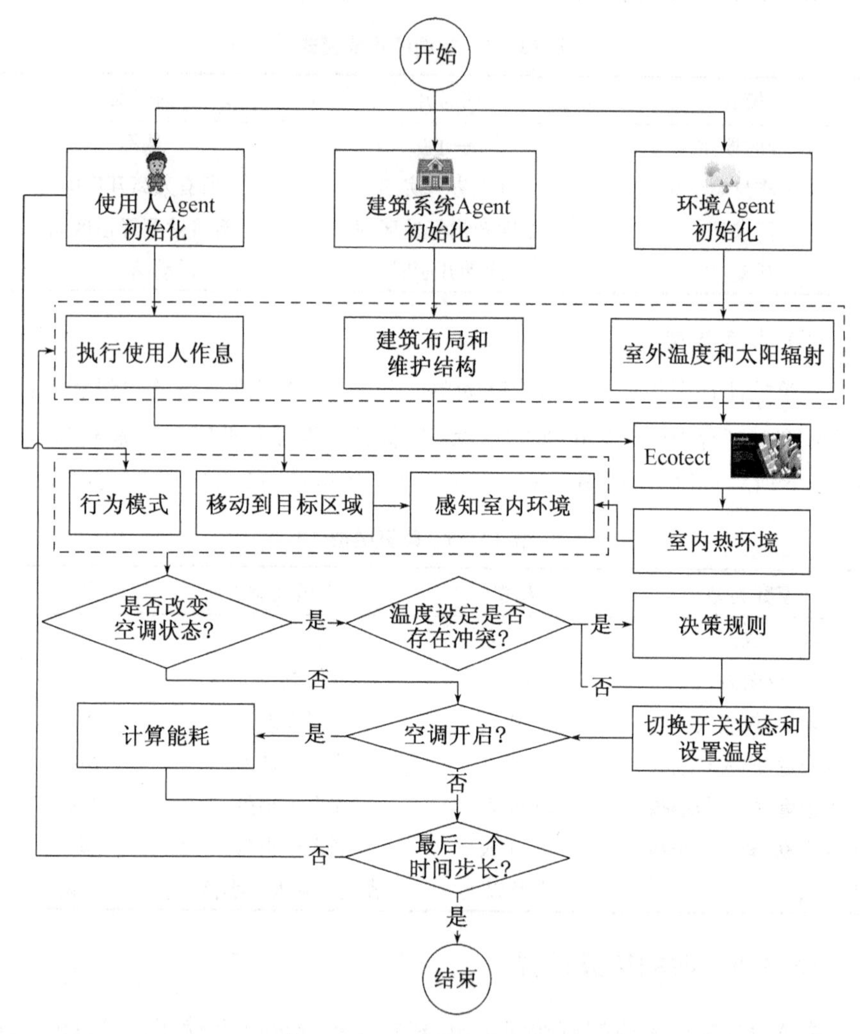

图 13-2　MAS 模型运行过程

13.3.6　结果分析

本小节设定基准情景来分析 MAS 模拟得到的建筑空调使用能耗结果。在基准情景中,家庭类型为中等家庭-成人与未成年人(M_{AC}),用能模式为需求型,冲突时的决策规则为民主型(Rule Ⅲ)。经模拟,在基准情景下,一个家庭全年的制冷能耗和采暖能耗分别是 731.40 kW·h 和 478.72 kW·h，结果与统计报告中的实际能耗水平(745 kW·h 和 430 kW·h)相符[316]。逐月能耗模拟结果如图 13-3 所示，制冷能耗发生在六月、七月和八月，在八月达到最大值(328.14 kW·h)。采暖能耗在一月最大(213.48 kW·h)，其次是二月(186.97 kW·h)和十二月(186.79 kW·h)。

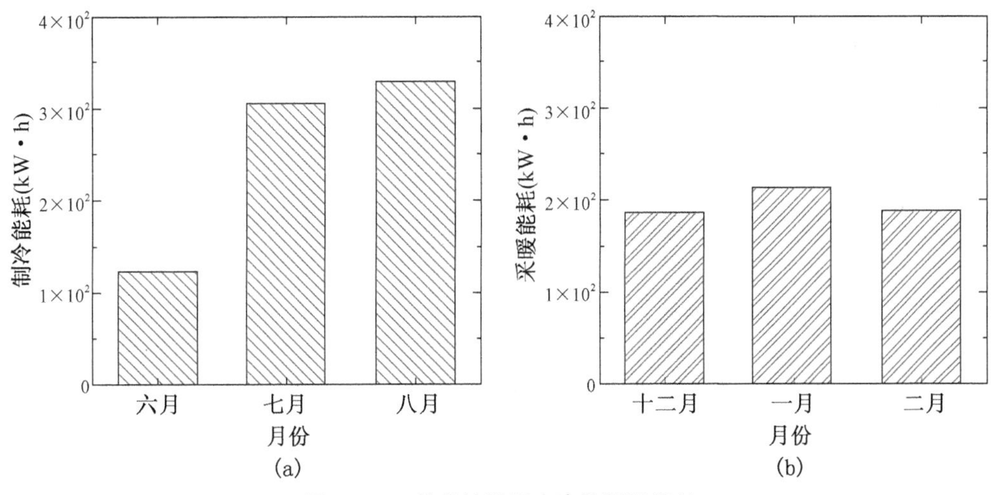

图 13-3　基准情景下家庭的逐月能耗

13.4　各类因素的影响分析

13.4.1　环境相关因素影响分析

本节从两个方面探讨外界环境对空调使用能耗的影响，气温和气候区。从时间维度来看，受温室效应影响，全球气温呈现出上升的趋势，本章将探究其对能耗的具体影响。从空间维度来看，中国地域广阔，分布着不同的气候区，讨论不同气候区建筑能耗的差异。

(1) 气温

室外温度的变化会影响室内热环境，进而影响居住者的用能行为和家庭能耗。选定基础情景，模拟室外温度变化±1 ℃时的能耗水平，结果如图 13-4 所示。室外温度和制冷能耗朝着同一方向变化，室外温度升高 1 ℃时，家庭制冷能耗增加 4.22%；温度下降 1 ℃时，家庭制冷能量减少 5.88%。室外温度与采暖能耗的变化方向则相反，温度升高和降低 1 ℃时，采暖能耗分别变化－2.99％和 3.48％。相比而言，温度变化对制冷能耗的影响幅度比采暖能耗更大。

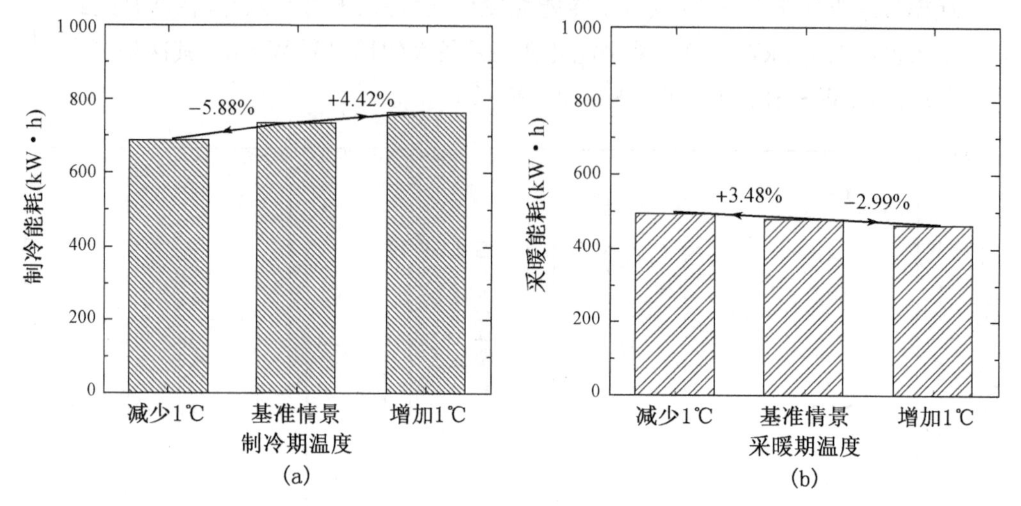

图 13－4　不同温度下的受评建筑年能耗对比

(2) 气候区

中国地域广阔，横跨五大气候区（严寒区、寒冷区、夏热冬冷区、夏热冬暖区、温和区）。不同气候区建筑能源需求差异较大，本章选取哈尔滨、北京、南京、广州、昆明作为五个气候区的代表城市，探讨气候区对建筑能耗的影响。由于北方地区在冬天统一采用集中供暖模式，本小节的分析仅关注制冷能耗。

不同气候区的夏季制冷情况和能耗如表 13－6 和图 13－5 所示。一般来说，低纬度城市的日均能耗更高，制冷期更长，总能耗更大。广州的日平均能耗值较低最高，为 9.47 kW·h，总能耗也最大，为 1 315.67 kW·h；相比而言，哈尔滨的日平均能耗值较低（3.45 kW·h），总能耗也很低（106.82 kW·h）。

表 13－6　不同气候区的家庭制冷情况

气候区域	代表城市	制冷期	天数
严寒地区	哈尔滨	7 月 15 日～8 月 15 日	31
寒冷地区	北京	6 月 30 日～8 月 31 日	62
夏热冬冷地区	南京	6 月 15 日～8 月 31 日	78
温和地区	昆明	无制冷需求	0
夏热冬暖地区	广州	5 月 15 日～9 月 30 日	139

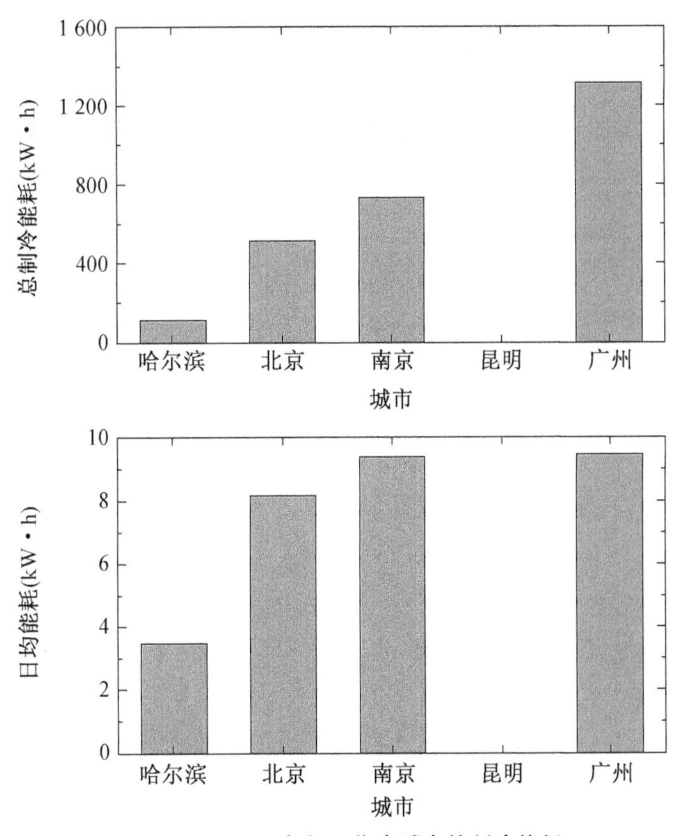

图 13-5　不同气候区代表城市的制冷能耗

13.4.2　建筑系统相关因素影响分析

围护结构可以在一定程度上维持室内热环境的相对稳定，给使用人营造相对舒适的环境。本章主要分析外墙传热系数、窗墙比对能耗的影响。

(1) 外墙传热系数

基准情景中，外墙由 230 mm 钢筋混凝土和 2.95 mm 的真空隔热板保温层构成，此时外墙传热系数 U 值为 1.015 W/(m^2·K)。为了分析传热系数对能耗的影响，将传热系数在基准情景的基础上变化±18%，分别为 1.2 W/(m^2·K)和 0.83 W/(m^2·K)。

不同保温层厚度的空调能耗变化如图 13-6 所示，随着外墙传热系数减小，制冷能耗和采暖能耗均呈现下降的趋势。当建筑采用传热系数较低的外墙，其保温性能较好，相应的室内热环境受到室外气候的影响较小，因此制冷和采暖的需求减少。当传热系数降低 18%时,制冷能耗降低 4.96%,采暖能耗下降 15.16%;当传热系数从 1.015 W/(m² · K)增加到 1.2 W/(m² · K)时,制冷能耗增加 3.00%,采暖能耗增加 9.35%。总体来说,传热系数的变化对采暖能耗的影响大于对制冷能耗的影响。

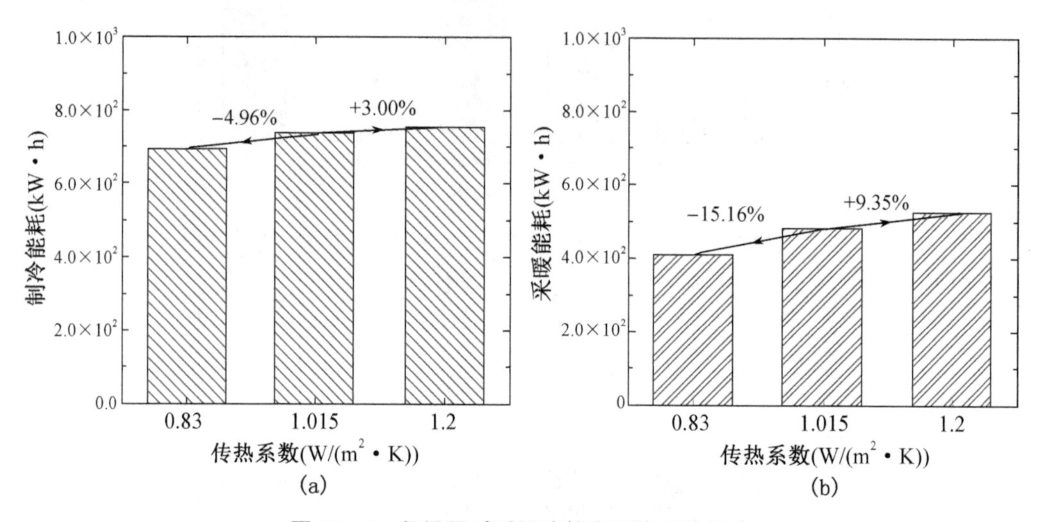

图 13-6 保温层对受评建筑空调能耗的影响

(2) 窗墙比

为了量化窗墙比对建筑能耗的影响,设置三个窗墙比情景:0.211、0.246 和 0.281,相应的制冷能耗和采暖能耗变化如图 13-7 所示。随着窗墙比的

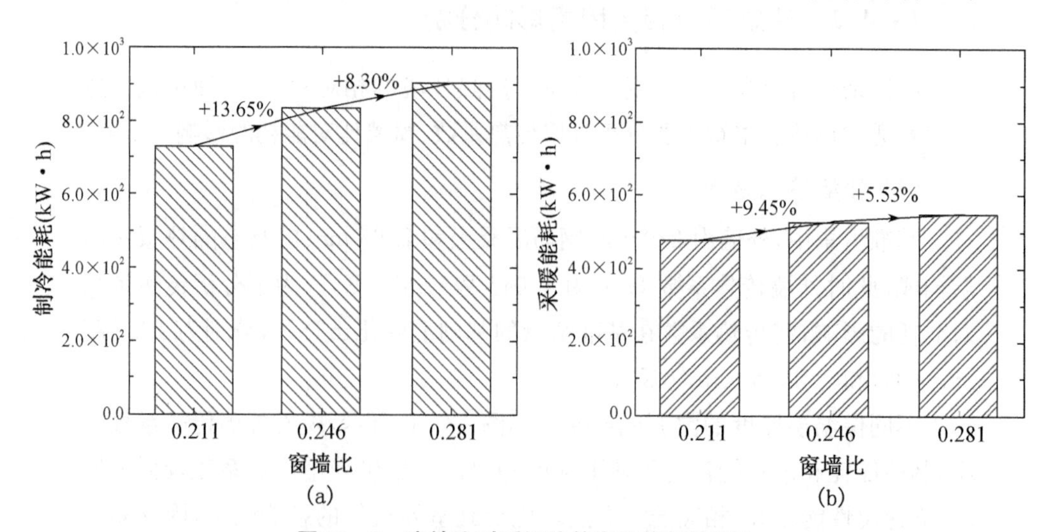

图 13-7 窗墙比对受评建筑空调能耗的影响

增加，建筑围护结构的保温性能下降，为保持舒适的室内环境需要更多的能耗，制冷能耗分别增加 13.65%和 8.30%，采暖能耗分别增加 9.45%和 5.53%。另一方面，更大的窗墙比带来更多的太阳辐射热量，这对制冷能耗是负面影响，而对于采暖能耗是积极影响。综合上述两个方面的影响，采暖能耗的增加幅度小于制冷能耗的增加幅度。

13.4.3　使用人相关因素影响分析

使用人对能耗有着重要影响。本章分析使用人家庭类型、用能模式和冲突决策规则对能耗的影响。

(1) 家庭类型

结合中国实际情况，根据家庭中使用人的数量和年龄构成，本章设置了七种家庭类型(如表 13 - 4 所示)。七类家庭全年的制冷能耗和采暖能耗对比如图 13 - 8 所示。(1) 一般来说，人数多的家庭耗能大，L_{AEC} 制冷能耗为 830.53 kW・h，比 4 类中等户型的平均值(722.58 kW・h)高 14.94%，比 2 类小户型家庭的平均值(492.64 kW・h)高 68.59%。在供暖方面，L_{AEC} 的能耗比 4 类中型户的平均值(473.51 kW・h)高 15.92%，比 2 类小型户的平均值(306.82 kW・h)高 78.89%。(2) 有老人和孩子的家庭往往消耗更少的制冷能耗和更多的采暖能耗。以中型家庭为例，M_{AE} 和 M_{AC} 的冷却能耗分别比 M_A 型低 10.35%和 7.79%，而制热能耗分别比 M_A 型高 4.26%和 6.62%，这

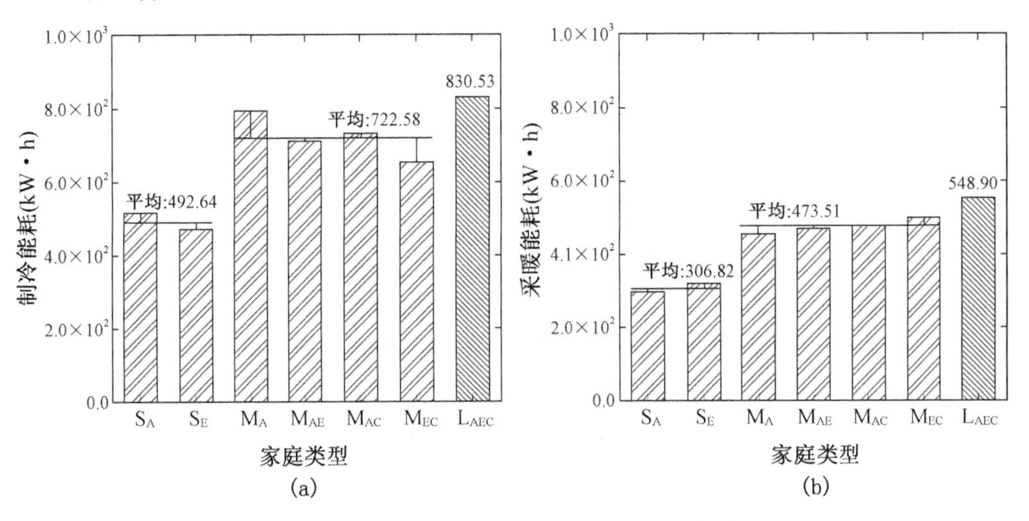

图 13 - 8　家庭类型对受评建筑空调能耗的影响

是因为老年人和儿童更喜欢温暖的室内环境。(3) 不同家庭类型的制冷和采暖能耗最大差异分别达到 315.61 kW·h和 353.32 kW·h,因此在建筑能耗模拟中引入使用人信息可以提升模拟精度。

(2) 用能模式

本章设置了四种空调使用模式(如表 13-4 所示),不同模式的空调能耗结果如图 13-9 所示。全时段型制冷能耗为 1 402.97 kW·h,采暖能耗为 964.07 kW·h,是四种模式中能耗最大的,几乎是其他模式的 2～3 倍,是相对浪费的用能模式,应该尽量避免。作息型排在第二位。需求型和活动型相对节能,它们的制冷能耗分别是作息型的 88.19%和 84.07%,采暖能耗分别是作息型的 81.92%和 77.33%。这两种行为模式相对节能,应该被提倡。

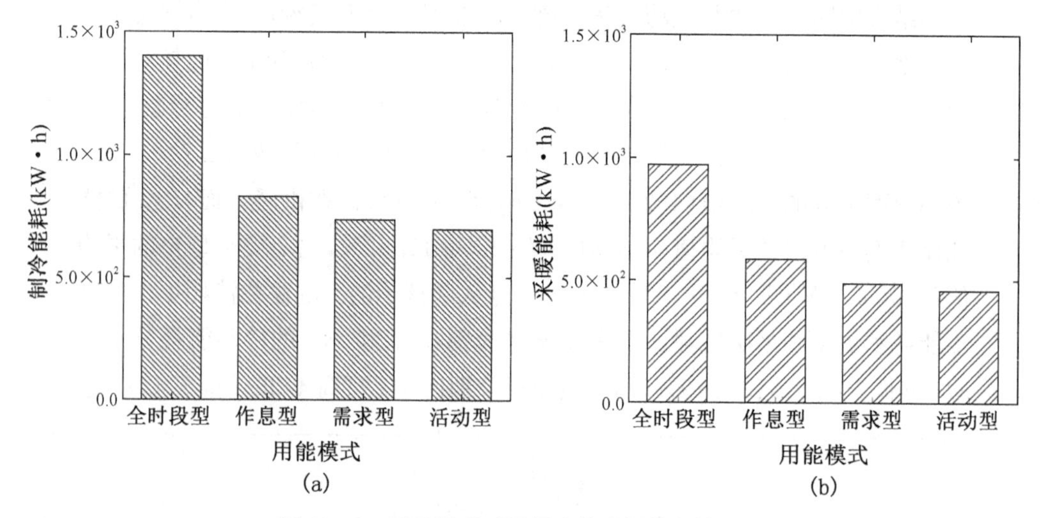

图 13-9　用能模式对受评建筑空调能耗的影响

(3) 冲突决策规则

为解决空调温度设置可能出现的冲突,设置了三种决策规则,采用不同规则的家庭能耗如图 13-10 所示。当采用 Rule Ⅰ时,制冷能耗为 769.20 kW·h,比采用 Rule Ⅱ的能耗高 7.57%,比采用 Rule Ⅲ的能耗高 5.17%。而对于采暖能耗,采用 Rule Ⅱ的能耗最大(501.34 kW·h),采用 Rule Ⅰ的能耗最小(449.52 kW·h)。总的来说,不同交互规则对能耗的影响并不显著。

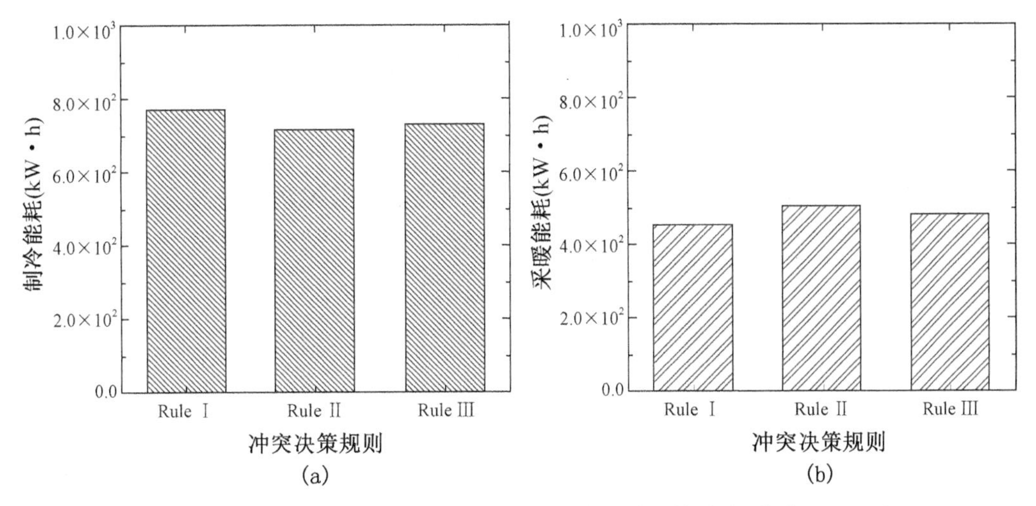

图13-10　用户冲突决策规则对受评建筑空调能耗的影响(单位,kW·h)

13.5　基于MAS的能耗动态仿真

建筑运营过程中的能源消耗是受到气候、建筑系统和使用人等多方面因素的综合影响,而这些因素在建筑运营的长周期过程中会随时间发生变化。本小节基于13.3中构建的建筑运营能耗多主体模拟仿真模型,分析相关参数的时间动态性,开展建筑能耗动态仿真评价研究。

13.5.1　动态自动仿真程序

13.4节的结果验证了气候、建筑系统和居住者对住宅建筑能耗有重要影响。在现有的研究中,这些因素及其相互作用被视作为静态变量,与实际情况可能并不相符。本节分析上述参数未来30年(2020～2050年)的时间动态变化,使用ABM模型进行能耗的动态预测。

动态预测程序设计如图13-11所示。四个动态因素(温度、建筑围护结构传热系数、家庭类型和用能模式)在预测期内的动态变化,以时间函数(详见第13.5.2节)的形式嵌入到MAS模型中,从而实现这些因素的动态输入。模型运行时,三类Agent采用相应年份的动态值,交互进行能源模拟,输出对应的能耗(详细信息见图13-2)。程序将不断重复上述模拟计算过程,直到全评价周期内的程序运行完毕。

基于动态预测程序,可以实现建筑长周期能耗的自动化模拟,极大地节约了评估的时间和人力。ABM 模型通过描述微观尺度下因素的动态变化,捕捉宏观尺度上涌现出来的能耗变化规律。该动态模拟不仅考虑了气候、建筑系统和居住者的时间动态性,还考虑了它们之间的动态相互作用。

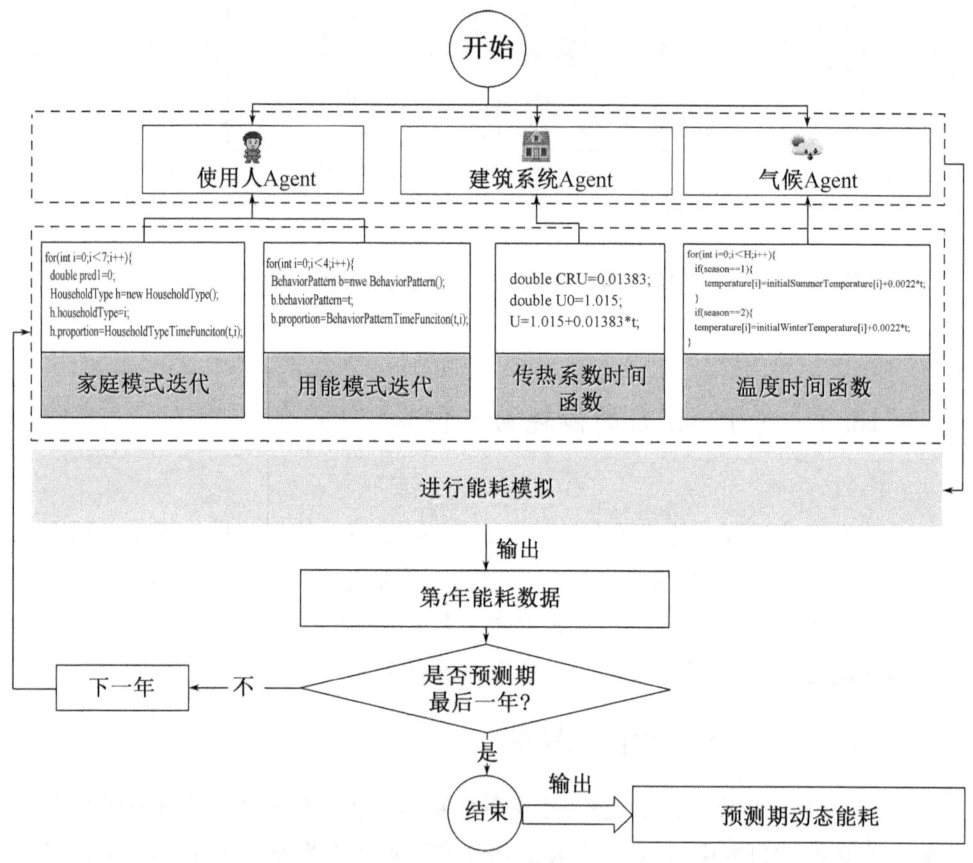

图 13-11　基于 MAS 的建筑运营能耗动态模拟程序

13.5.2　动态参数的时间函数构建

(1) 外界温度

温室效应导致全球气温持续升高,梁玉莲[317]结合中国的气候政策、温室效应和当地海陆气体交换过程,预测了中国未来可能的三种气候变暖路径,采用其中 RCP 4.5 情景的温度变化数据,并假设每年发生匀速变化。则温度时间函数如式(13－9)和式(13－10)表示，其中夏季温度的变化率($R_{TC,s}$)取值为 2.20×10^{-2}℃/a，冬季温度的变化率($T_{CR,w}$)取值为 2.43×10^{-2}℃/a。

$$T_s(t)=T_s(t_0)+R_{TC,s}(t-t_0) \tag{13-9}$$

$$T_w(t)=T_w(t_0)+R_{TC,w}(t-t_0) \tag{13-10}$$

$T_s(t)$和 $T_w(t)$分别是第 t 年的夏季温度和冬季温度，单位是℃；$R_{TC,s}$和 $R_{TC,w}$分别是夏季温度和冬季温度的变化率；t 是预测年份，t_0 是起始年份。

(2) 建筑围护结构老化

建筑外墙等围护结构长期在阳光、风、雨雪等外力侵蚀作用下会发生老化，导致保温隔热性能下降，此时将室内热环境维持在舒适区间需要消耗更多的能源。将外墙传热系数作为一个动态参数，老化的时间函数如式(13－11)所示。根据江苏省建筑标准，外墙传热系数的初始值设置为 1.015 W/(m²·K)。传热系数的年变化率(*CRU*,R_{CU})参考文献[48]，取值为 1.383×10^{-2} W/(m²·K·a)。

$$K(t)=K(t_0)+R_{CU}(t-t_0) \tag{13-11}$$

其中，$K(t)$是外墙第 t 年传热系数，单位是 W/(m²·K)，R_{CU}是外墙传热系数的变化率，单位是 W/(m²·K·a)。

(3) 家庭类型变化

随着经济的快速发展和全球化的冲击，中国传统的大家庭文化正在减弱，家庭结构发生了巨大变化。傅崇辉等[291]基于家庭转变理论和 Bi-logistic 模型，结合平均家庭规模、家庭结构数据、生活能源消费的时间序列数据、人口普查数据等，预测了中国家庭未来一段时间的变化。引用该数据，将家庭类型时间函数设置如式(13－12)所示。

$$P_{HT,i}(t)=P_{HT,i}(t_0)+R_{CP,i}(t-t_0) \tag{13-12}$$

其中，$P_{HT,i}(t)$是家庭类型 i 在第 t 年的比例，$R_{CP,i}$是家庭类型 i 比例的变化率，其取值如表 13－7 所示。

表 13－7　不同家庭结构的 $P_{HT,i}(t_0)$和 $P_{CR,i}$取值[320]

家庭类型	$P_{HT}(t_0)$	R_{CP}
S_A	24.00%	0.175×10^{-3}
S_E	11.83%	1.980×10^{-3}
M_A	11.27%	0.403×10^{-3}

(续表)

家庭类型	$P_{HT}(t_0)$	R_{CP}
M_{AE}	10.19%	1.093×10^{-3}
M_{AC}	24.14%	-1.727×10^{-3}
M_{EC}	8.05%	-1.019×10^{-3}
L_{AFC}	10.51%	-0.904×10^{-3}

(4) 用能模式变化

在碳达峰、碳中和战略目标的指引下,中国正在大力开展节能措施,可以预见未来居民的节能意识将会提高,用能模式将趋于节能。根据 13.4.3 一节对行为模式的影响分析,全时段型能耗最大,作息型次之,需求型和活动型的较为节能。这四种行为模式在 2020 年的初始比例根据 3.4 节的问卷调查结果设定,分别为 3.8%、17.7%、58.5%、20.0%。假设用能模式将发生如下变化:全时段型每年以 3%的速率向作息型转变,作息型以每年 3%的速率按 3∶1 的比例(两种模式的初始比例为 3∶1)转化为需求型和活动型,他们的时间函数分别如式(13-13)至(13-16)所示。

$$P_{\text{full-time}}(t+1)=97\%\times P_{\text{full-time}}(t) \tag{13-13}$$

$$P_{\text{schedule-based}}(t+1)=97\%\times P_{\text{schedule-based}}(t)+3\%\times P_{\text{full-time}}(t) \tag{13-14}$$

$$P_{\text{demand-based}}(t+1)=P_{\text{demand-based}}(t)+75\%\times3\%\times P_{\text{schedule-based}}(t) \tag{13-15}$$

$$P_{\text{activity-based}}(t+1)=P_{\text{activity-based}}(t)+25\%\times3\%\times P_{\text{schedule-based}}(t) \tag{13-16}$$

其中,$P_{\text{full-time}}(t)$是全时段型用能模式在第 t 年的比例,$P_{\text{schedule-based}}(t)$是作息型用能模式在第 t 年的比例,$P_{\text{demand-based}}(t)$是需求型用能模式在第 t 年的比例,$P_{\text{activity-based}}(t)$是作息型用能模式在第 t 年的比例。

13.5.3 动静态能耗结果对比

将 13.5.2 节中各参数的时间函数输入到 MAS 模型中,执行 13.5.1 中的程序,可模拟预测一个家庭在 2020～2050 年间的制冷和采暖能耗,结果如图 13-12 所示。动态制冷能耗在前几年出现小幅上升的波动,到 2030 年开始下降,与静态结果的差异逐渐显现,并在 2050 年达到最大值(−16.98 kW·h)。

动态采暖能耗自 2020 年持续增加，于 2040 年达到最大值（532.13 kW·h），之后略有下降，与整个时段的静态结果存在显著差异。从 31 年累计的能耗值来看，动态制冷能耗比静态低 0.69%，动态采暖能耗比静态高 7.53%。动态和静态结果的明显差异说明了动态模拟的意义和必要性，动态评估为能耗的分析提供了一个发展的长期视角。

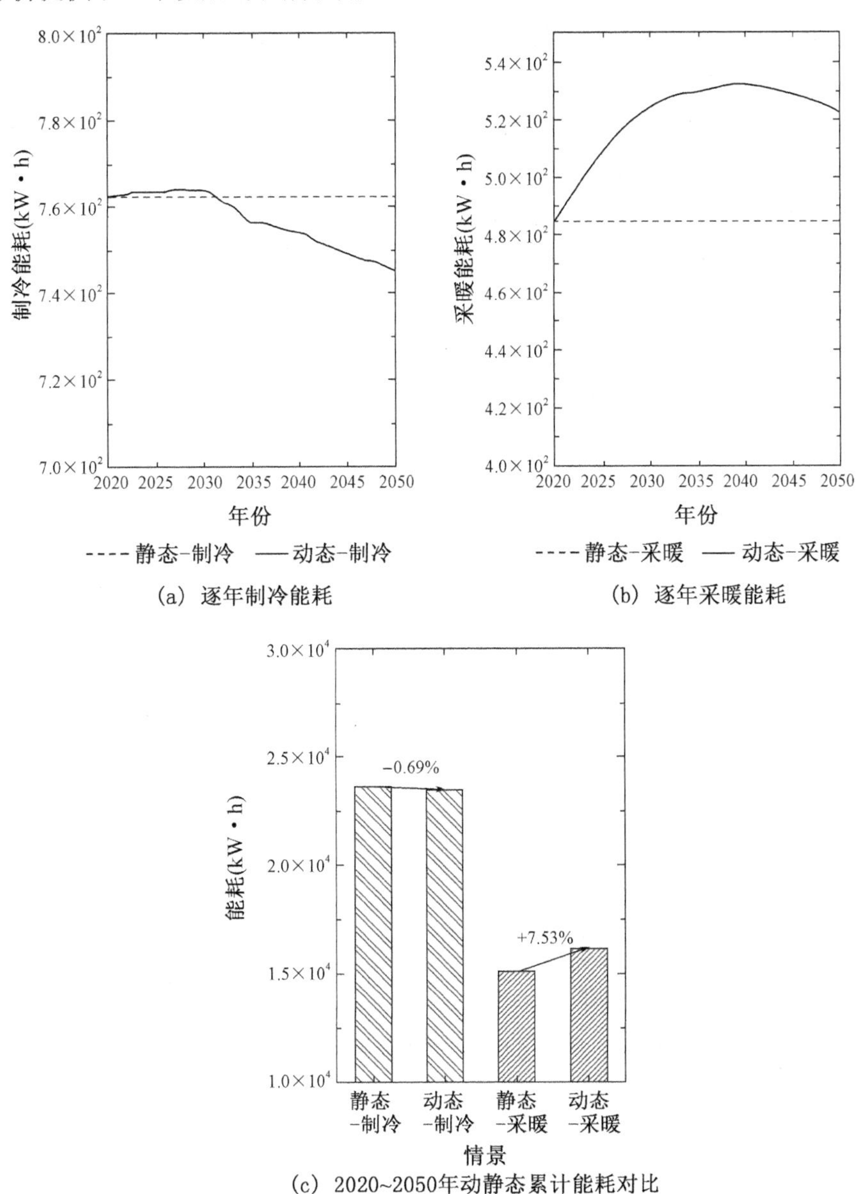

(a) 逐年制冷能耗　(b) 逐年采暖能耗

(c) 2020~2050年动静态累计能耗对比

图 13-12　一个家庭在 2020～2050 年的制冷和采暖能耗

13.5.4 单动态因素分析

在动态能源预测分析中,共考虑了四个动态因素(即外界温度、围护结构传热系数、家庭类型比例和用能模式比例)。本节通过单因素分析法量化各因素对最终能耗结果的影响,分析其贡献。每个动态因素将分别引入能耗预测模拟中,与不考虑任何动态因素的静态结果进行对比,如图 13-13 所示。

动态因素对能耗的影响方向不同。传热系数的动态变化会导致能耗的增加,而家庭类型和用能模式的动态变化会导致能耗的减少。温度的动态变化使制冷能耗增加,采暖能耗减少。

动态因素对能耗的影响力大小存在明显差异。对于制冷能耗,动态因素按照贡献从高到低排序为用能模式、传热系数、温度和家庭类型。用能模式的动态情景与静态情景的年能耗差最大可达到 32.21 kW·h(2050 年)。而对于采暖能耗,传热系数的动态变化起主导作用(动态和静态年能耗差最大可达 105.80 kW·h),然后依次是行为模式、家庭类型和外界温度。

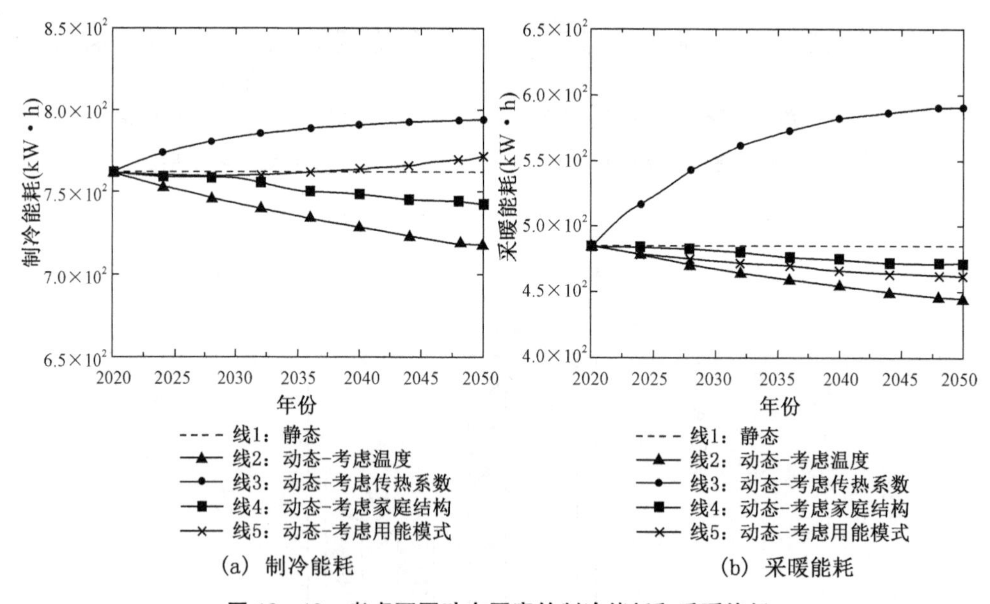

图 13-13 考虑不同动态因素的制冷能耗和采暖能耗

13.6 小结

本章的工作及主要成果总结如下：

(1) 基于使用人、建筑系统和外界环境的交互关系，采用 MAS 方法构建建筑空调制冷和采暖能耗仿真模型，并利用模型探讨了环境、建筑系统和使用人等因素对建筑能耗的影响。

(2) 考虑气候、建筑系统和使用人的在建筑运营过程中的动态变化，构建外界气候变暖、建筑围护结构老化、家庭类型变化和用能模式变化的时间动态函数，基于 MAS 模型建立动态能耗仿真模型，自动开展动态评价。结果显示动态评价结果和静态评价结果有显著差异，其中 31 年累计动态制冷能耗比静态低 0.69%，动态采暖能耗比静态高 7.53%。

(3) 对外界温度、外墙传热系数、家庭类型比例和用能模式比例四个动态因素进行单因素分析，结果显示：不同因素对制冷和采暖能耗的影响方向和影响强度存在显著差异。

第14章　基于BIM的建筑拆除废弃物环境影响智能评价工具

本章针对建筑的拆除阶段，整合BIM、GIS和LCA方法构建废弃物智能估算与环境影响评价模型，开发相应智能化工具，实现建筑废弃物环境影响的快速自动化评价，并开展应用研究检验评价工具的可操作性和适用性，对建筑拆除阶段的环境影响评价形成有效支持。

14.1　建筑废弃物评价研究进展

14.1.1　废弃物LCA评价研究

LCA是废弃物环境影响评价中常用的方法和工具。一些研究偏重于废弃物处置和管理方案的比较，指导方案选择与优化。Kucukvar等[319]分析了回收、填埋和焚烧这三种常见废弃物处置方式的水消耗、能源消耗和碳足迹；Wang等[55]量化了在深圳回收1吨拆除废弃物的环境负荷和经济成本，并与填埋废弃物的环境负荷和经济成本进行比较；Hossain等[320]对比了香港多种废弃物管理方案的环境影响。也有学者以评价单体建筑废弃物的环境影响为主要研究内容，但大部分都属于事后评价范畴，难以支持提前规划和改进。Wang等[55]通过现场调研和访谈对拆除废弃物的碳排放量进行估算，发现回收不同类型废弃物的碳排放水平存在明显差异；Blengini等[321]采用现场实测的方式估算意大利都灵某住宅建筑的废弃物数量，并量化其拆除及回收过程中的环境影响。

需要注意的是大部分材料选型和建筑设计的重要决策是在设计阶段完成[242,322]，在此阶段对废弃物的环境影响开展科学的预评价可为材料选择、废弃物控制策略制定、废弃物处置方案优化等提供一定支持，评价结果将更有价值。但是，当前废弃物环境影响预评价的研究还较少。

14.1.2　废弃物估算研究

建筑废弃物的类型和数量是开展环境影响评价和管理的基础数据信息，当前废弃物估算的常见方法主要有现场实测、废弃物指数法和基于材料流估算，均难以支持在设计阶段估算建筑废弃物量。

① 现场实测。现场实测法是在拆除现场开展调研和测量，获取废弃物的实际数据，是一种准确度相对较高的方法。但是这种方法需要消耗大量的时间和人力，且数据获取必须在建筑拆除活动完成以后进行，无法满足预评价的需求。

② 废弃物指数法。废弃物指数（也被称为废弃物产生指数或废弃物率）量化了单位建筑面积产生的废弃物数量，单位为 m^3/m^2 或 kg/m^2。一些研究机构和学者根据工程实践和统计数据构建了废弃物指数数据库[323-325]，不同功能和结构类型的建筑，其废弃物指数值存在差异。采用废弃物指数可以快速估算某建筑的废弃物量，计算比较简单，但结果的精度有限。废弃物指数法忽略了不同建筑的特点和差异性，只能提供一个近似的估算结果。

③ 基于材料流估算法。根据一段时间内某区域范围内的材料流入量和流出量估算废弃物数量，通常用于量化某一地区的废弃物产生量[326-327]。这种方法难以适用于单体建筑的废弃物估算。

14.1.3　基于 BIM 的废弃物研究

BIM 作为快速发展的信息化工具，能够在设计阶段支持废弃物的评估和管理，一些学者已经开展了探索研究。Ge 等[328]利用 BIM 三维模型构建了废弃物管理系统，用于量化废弃物的回收质量，规划回收活动；Cheng&Ma[56]基于 BIM 开发香港建筑拆除废弃物评估工具，估算废弃物质量、运输卡车需求和废弃物处置费用；Kim 等[329-330]运用 BIM 模型辅助进行韩国六类常见建筑废弃物的估算。

此外，一些学者集成 BIM 与 LCA 发挥增强效应，评价建筑废弃物的环境影响。这些研究很好地证明了 BIM 与 LCA 结合在废弃物评价领域的应用潜力，但是相对全面系统的评价研究还较少。Wang 等[55]基于 BIM 构建了建筑废弃物从产生到最终处置的碳排放计算模型，但是该研究没有考虑其他环境影响类型；Jalaei 等[331]运用 BIM 评估建筑材料转化为废弃物这一过程的环境影响，但是没有涉及建筑废弃物的处置阶段。

建筑废弃物环境影响评价是一项相对复杂的工作，涉及拆除、运输、回收、填埋等特点各异的过程,且各类废弃物的性质和处置方式也存在差异。快速便捷的自动化评价工具是实践需求,也是重要的研究方向。

14.2 拆除废弃物环境影响智能评价系统

以建筑拆除阶段废弃物为研究对象,综合考虑其运输、回收、填埋处置等过程的环境影响,构建建筑拆除废弃物智能估算与环境影响评价系统(building waste estimation and environmental impact evaluation, WEEE)。该系统的框架如图 14-1 所示,共包括五个模块:前 2 个模块分类估算拆除废弃物数量,后 3 个模块评价废弃物产生的环境影响。

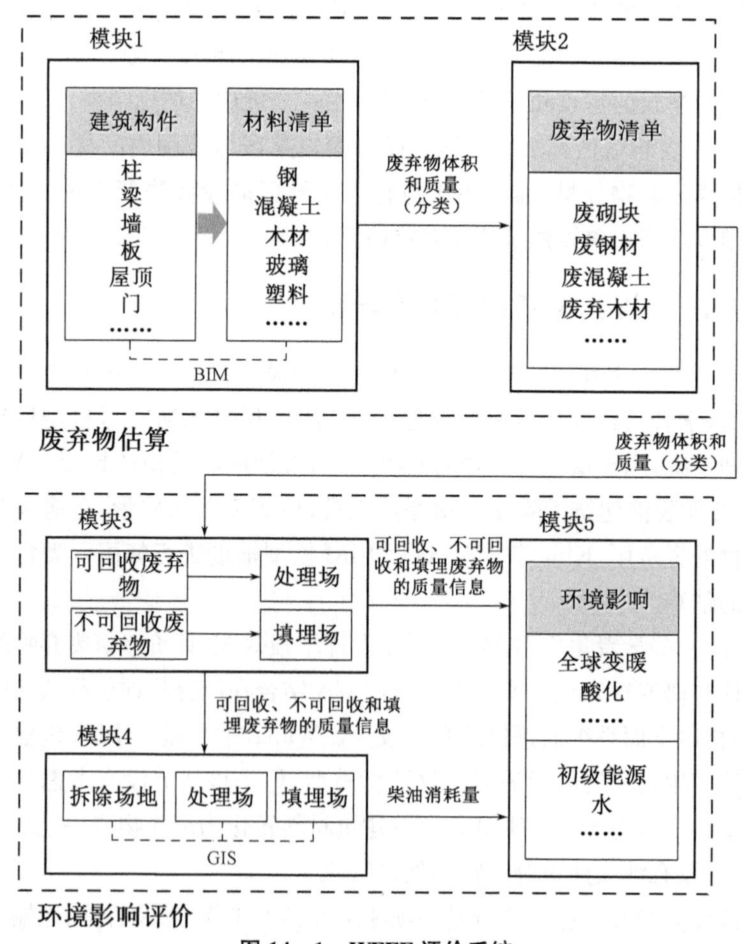

图 14-1 WEEE 评价系统

14.2.1　基本信息收集模块

本模块旨在收集受评建筑的基本信息，包括项目名称、地理位置、建筑功能、结构类型、拆除时间以及拆除废弃物的类型与数量。形成建筑实体的材料和构件信息来自受评建筑的 BIM 模型，从 BIM 模型中导出的 Microsoft Excel 文件快速准确地汇总了构件的材料属性和体积数据，可以有效节约工作量和时间。

14.2.2　废弃物估算模块

建筑的拆除废弃物主要来自形成建筑实体的构件和材料，不考虑构件使用过程中的磨损消耗以及拆除现场新增废弃物，本模块根据上一模块收集到的构件体积信息估算相应废弃物的质量，具体计算如式(14-1)。考虑到拆除活动会使建筑物的结构松散，废弃物的体积往往略大于建筑中原构件的体积，故引入体积膨胀系数[334]计算废弃物体积，如式(14-2)所示。

$$M_{w,i}=V_{m,i}\cdot\rho_{m,i} \tag{14-1}$$

式中，$M_{w,i}$：废弃物类型 i 的质量(t)；

$V_{m,i}$：材料类型 i 的体积(m^3)；

$\rho_{m,i}$：材料类型 i 的密度(t/m^3)，取值见表 14-1。

$$V_{w,i}=V_{m,i}\cdot c_i \tag{14-2}$$

式中，$V_{w,i}$：废弃物类型 i 的体积(m^3)；

c_i：废弃物类型 i 的体积膨胀系数，取值见表 14-2。

表 14-1　常见建筑材料密度取值[333]

材料类型	密度(t/m^3)
混凝土	2.40
普通砖	1.90
大理石	2.80
加气混凝土砌块	0.55
玻璃	2.56
铝合金	2.80
钢筋	7.85
普通板	0.50

表 14-2　常见建筑废弃物体积膨胀系数[332]

废弃物类型	体积膨胀系数
混凝土	1.1
钢筋	1.02
木材	1.05
玻璃	1.05
水泥	1.1
砌块	1.1

14.2.3 废弃物处置模块

根据我国《建筑垃圾处理技术标准》(CJJ 134—2019)[334],建筑废弃物常见处置方式包括填埋和再利用,具体选用的方式与废弃物属性、工程实践惯例、当地经济水平等有关。在 WEEE 评价系统中,主要考虑填埋和回收利用这两种方式。废弃物填埋需要占用一定的土地,伴随着污染物的产生,且部分污染物具有长期的生态破坏性。废弃物回收处理则不会占用土地,产生的新材料可以投入其他建造活动,在一定降低了建筑材料的生产需求,是一种兼具经济、环境和社会效益的废弃物处理方式[335,336]。

WEEE 评价系统依据废弃物的可回收性质,将所有废弃物分为可回收废弃物和不可回收废弃物两类。可回收废弃物主要包括废砌块、废混凝土、废瓦片、废金属、废玻璃等。其回收质量依据回收率进行测算,其余残渣予以填埋,计算如式(14-3)至(14-5)所示。不可回收废弃物与可回收废弃物残渣填埋计算,如式(14-6)所示。

$$M_{\mathrm{w}}=M_{\mathrm{rw}}+M_{\mathrm{uw}} \tag{14-3}$$

$$M_{\mathrm{Rrw},i}=M_{\mathrm{rw},i}\times r_i \tag{14-4}$$

$$M_{\mathrm{RRrw},i}=M_{\mathrm{rw},i}-M_{\mathrm{Rrw},i} \tag{14-5}$$

$$M_{\mathrm{Lw}}=\sum^{i}M_{\mathrm{RRrw},i}+\sum^{i}M_{\mathrm{uw},i} \tag{14-6}$$

式中,M_{w}:拆除废弃物总质量,单位:t;

M_{rw}:可回收废弃物质量,单位:t;

M_{uw}:不可回收废弃物质量,单位:t;

$M_{\mathrm{Rrw},i}$:可回收废弃物类型 i 的回收质量,单位:t;

r_i:废弃物类型 i 的回收率,取值详见表 14-3;

$M_{\mathrm{RRrw},i}$:可回收废弃物类型 i 在回收后的剩余残渣,单位:t;

M_{Lw}:需填埋处理的废弃物质量,单位:t;

$M_{\mathrm{uw},i}$:不可回收废弃物类型 i 的质量,单位:t。

表 14－3　我国常见建筑废弃物回收率水平[128]

废弃物类型	回收率
废砌块	55%
废混凝土	55%
废瓦	55%
废金属	75%
废玻璃	70%

14.2.4　废弃物运输模块

根据拆除废弃物属性及处置方案，本模块设计相应的运输方案。如图 14－2 所示，可回收废弃物首先被运送到回收处理厂，剩余残渣再运到填埋场，而不可回收的废弃物则直接运送至填埋场。废弃物运输过程中所需的卡车数量是根据拆除废弃物的质量/体积以及单辆卡车的载重量/容量估算，计算详见公式(14－7)至(14－9)。

利用 GIS 地图确定拆除场地、废弃物处理厂和填埋场的位置，并规划设计合适的运输路线，测算运输距离。根据各路段所需卡车数量以及相应路段的运输距离可以计算运载卡车和空载卡车的运输总距离，如式(14－10)所示。最终，将运输总距离与卡车的柴油消耗强度相乘，即可估算出运输活动中需要消耗的柴油总量，如公式(14－11)。

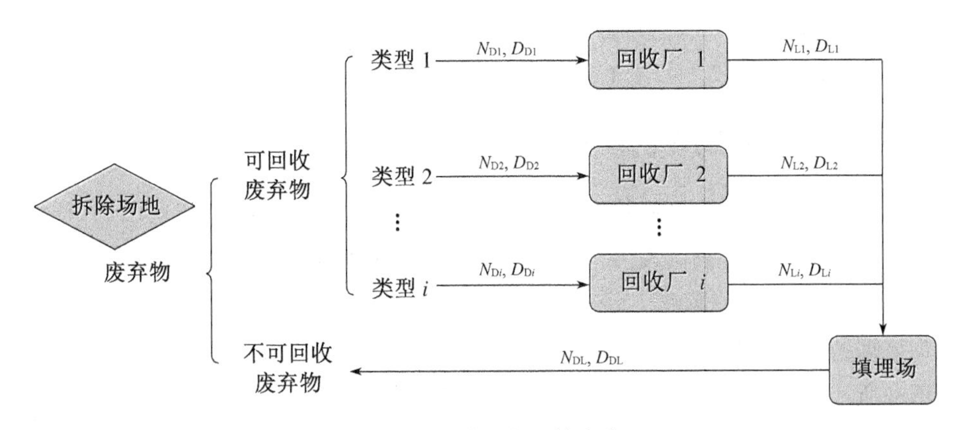

图 14－2　废弃物运输方案

$$N_{Di}=\max\left\{\left\lceil\frac{M_{rw,i}}{m}\right\rceil,\left\lceil\frac{V_{rw,i}}{v}\right\rceil\right\} \tag{14-7}$$

$$N_{Li}=\max\left\{\left\lceil\frac{M_{RRrw,i}}{m}\right\rceil,\left\lceil\frac{V_{RRrw,i}}{v}\right\rceil\right\} \tag{14-8}$$

$$N_{DL}=\max\left\{\left\lceil\frac{M_{uw}}{m}\right\rceil,\left\lceil\frac{V_{uw}}{v}\right\rceil\right\} \tag{14-9}$$

式中,N_{Di}:从拆除现场到废弃物处理厂 i 所需的卡车数量;

N_{Li}:从废弃物处理厂 i 至填埋场的所需卡车数量;

N_{DL}:从拆除现场到填埋场所需的卡车数量;

m:卡车的核准载重量,单位:t;

v:卡车的容量,单位:m^3。

$$D_l = D_e = \sum^{i} N_{Di} \times D_{Di} + \sum^{i} N_{Li} \times D_{Li} + N_{DL} \cdot D_{DL} \tag{14-10}$$

D_l:运载卡车行驶的运输距离,单位:km;

D_e:空载卡车行驶的运输距离,单位:km;

D_{Di}:拆除现场至废弃物处理厂 i 的距离,单位:km;

D_{Li}:废弃物处理厂 i 至填埋场的距离,单位:km;

D_{DL}:拆除现场到填埋场的距离,单位:km。

$$Q_{diesel}=(D_e+D_l)\times q_{diesel} \tag{14-11}$$

Q_{diesel}:运输过程中柴油总消耗量,单位:kg;

q_{diesel}:卡车行驶 1 公里的柴油消耗量,单位:kg/km。

14.2.5 影响评价模块

本模块评价拆除废弃物对环境的总影响 I,包括四个部分,如式(14-12)所示。运输相关影响 I_t 是卡车消耗柴油带来的影响,其中柴油消耗量数值来自模块 4;填埋相关影响 I_l 评价废弃物填埋活动所带来的环境负荷,其中废弃物填埋的质量数据来自模块 3;回收活动相关影响 I_r 评估了回收过程及工序活动所产生的环境负荷,其中各类可回收废弃物的信息来自模块 3;回收活动所节约的影响 I_s 是考虑到回收产生的新建筑材料可以继续投入使用,进而规避了相应材料的生产环节及环境负荷,其中各类废弃物的回收质量信息来自模块 3。

$$I=I_t+I_l+I_r-I_s \tag{14-12}$$

I:建筑拆除废弃物的总环境影响值;

I_t:建筑拆除废弃物运输过程的环境影响值;

I_l:建筑拆除废弃物填埋过程的环境影响值;

I_r:建筑拆除废弃物回收过程的环境影响值;

I_s:建筑拆除废弃物回收所节约的环境影响值。

汇总模块 3 和模块 4 中的废弃物和能源质量信息,采用清单数据库将上述数据转化为投入产出清单。此步骤中主要使用 CLCD 数据库中单位能源生产、单位废弃物填埋活动、单位废弃物回收活动以及单位建筑材料的生产活动的基础清单数据。特征化因子沿用 BEPAS 模型中的数值,详见表 14-4;权重因子基于货币化法构建,详见表 14-5。

表 14-4　特征化步骤中各影响类型的当量污染物与当量因子取值

影响类型	污染物(kg)	当量污染物(kg)	当量因子(kg/kg)
气候变暖	CO_2	CO_2	1
	CH_4	CO_2	25
	N_2O	CO_2	298
酸化	SO_2	SO_2	1
	NO_2	SO_2	0.7
	NH_3	SO_2	1.88
	NO_x	SO_2	0.7
	HCl	SO_2	0.88
富营养化	NO_3^-	NO_3^-	1
	TP	NO_3^-	32
	NH_3-N	NO_3^-	4.01
	NO_x	NO_3^-	1.35
	COD	NO_3^-	0.23
大气悬浮物	烟尘	空气悬浮颗粒	1
	粉尘	空气悬浮颗粒	1

表 14-5 各影响类型的特征化因子[337-339]

影响类型	权重因子	单位
生态破坏类		
气候变暖	3×10^{-2}	USD/kg CO_2 eq.
酸化	8.32×10^{-2}	USD/kg SO_2 eq.
富营养化	0.250	USD/kg NO_3^- eq.
大气悬浮物	4.02×10^{-2}	USD/kg
资源耗竭类		
水资源	0.213	USD/m^3
初级能源	1.20×10^{3}	USD/kg SCE eq.
铁矿资源	2.44×10^{-3}	USD/kg
铝土矿资源	2.87×10^{-3}	USD/kg
锰矿资源	2.87×10^{-4}	USD/kg

注：SCE 为标准煤当量；USD 为美元。

14.3 拆除废弃物环境影响智能评价工具

14.3.1 功能框架

基于前文所搭建的 WEEE 评价系统，在 Microsoft Visual Studio 中使用 C# 编程语言开发评价工具，实现自动评价与估算。WEEE 工具的功能框架包括采集层、数据层、平台层和应用层，如图 14-3 所示。采集层从 BIM 模型、文献调研、实地调查、GIS 等多种来源采集信息和数据，并存储于数据层中。数据层存储的数据包括输入数据和输出数据，来自建筑、废弃物处置、废弃物运输、影响评价等多个数据库，具体的数据类型和数据流向将在 14.3.2 节中进行分析。所有数据在平台层进行处理，平台层包括 14.2 节中的 5 个模块。应用层分析应用评价的结果，提出改进措施和优化建议，为决策和管理提供支持。

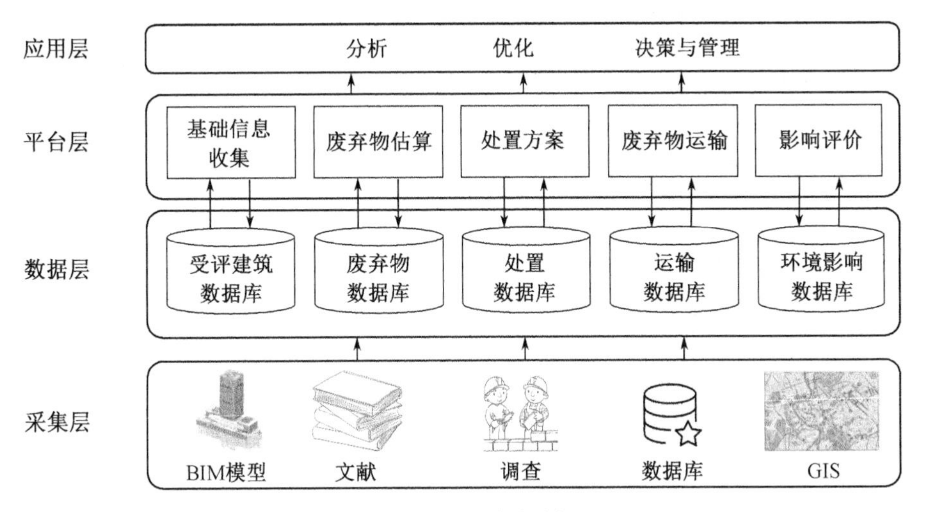

图 14－3　工具的功能框架

14.3.2　数据分析

WEEE 工具中涉及的数据类型以及数据在五个模块之间的流动情况如图 14－4 所示。根据特点可以将数据分为三种类型：A 类数据是由用户输入的数据，如受评建筑的基本情况、建筑构件材料信息、废弃物处理厂及填埋场的位置等；B 类数据内嵌于 WEEE 评价工具中，是预定义的默认值，用户不可更改。建筑材料的密度、废弃物体积膨胀系数、清单数据库、特征化因子以及权重因子都属于这类数据；C 类数据是用户可以选择性进行修改的数据，已经在 WEEE 工具中设置了参考值，用户可以根据实际情况进行调整。废弃物回收率、运输卡车的载重量、运输卡车的柴油消耗强度等属于 C 类数据。

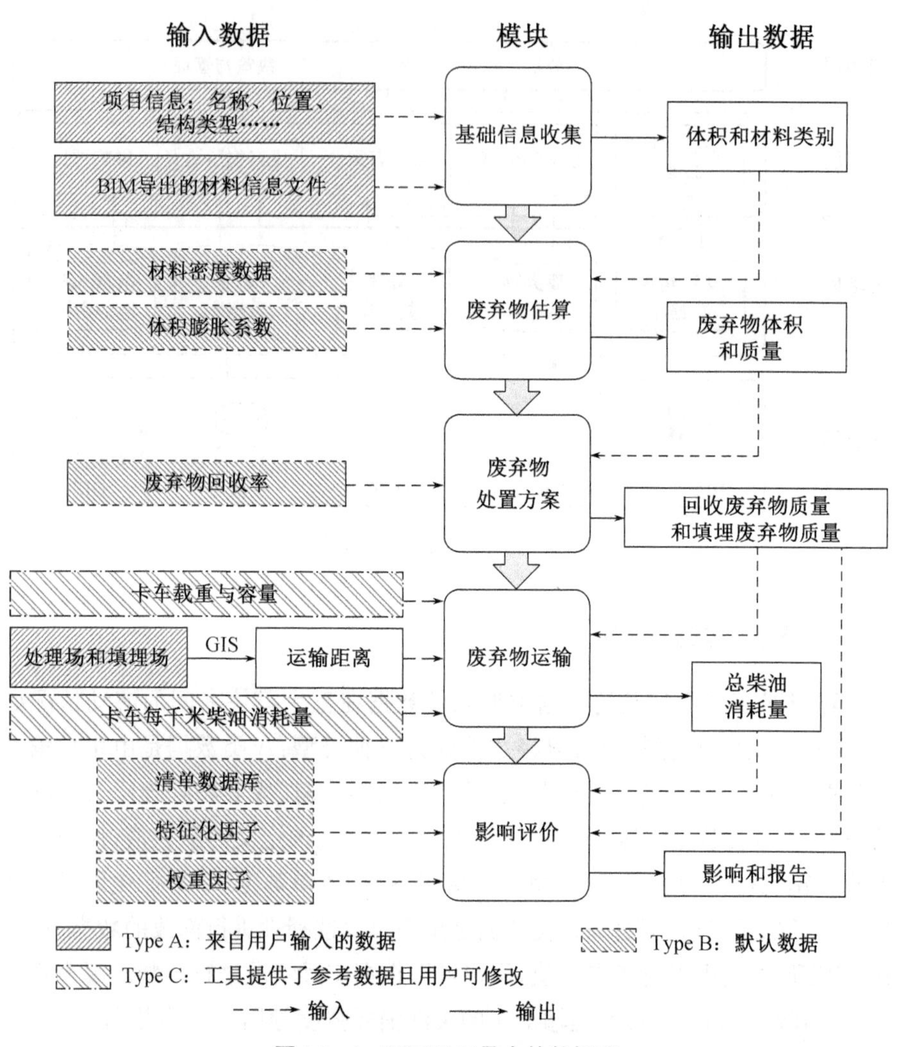

图 14－4　WEEE 工具中的数据流

14.3.3　界面介绍

本小节介绍用户的工具界面图,演示工具功能及使用。工具的主菜单栏包含新建、打开、保存和帮助四个功能按钮。“新建”按钮用于建立一个新的受评项目;“打开”按钮允许用户加载一个已经评价的项目信息;“保存”按钮可以保存工具中的修改;“帮助”按钮提供使用说明文档来指导用户操作。WEEE 工具共包括 6 个界面(如图 14－5 至 14－10 所示):其中前 5 个界面对应 14.2 节中的 5 个功能模块,最后一个界面用于呈现多方案的评价结果,方便进行比较。

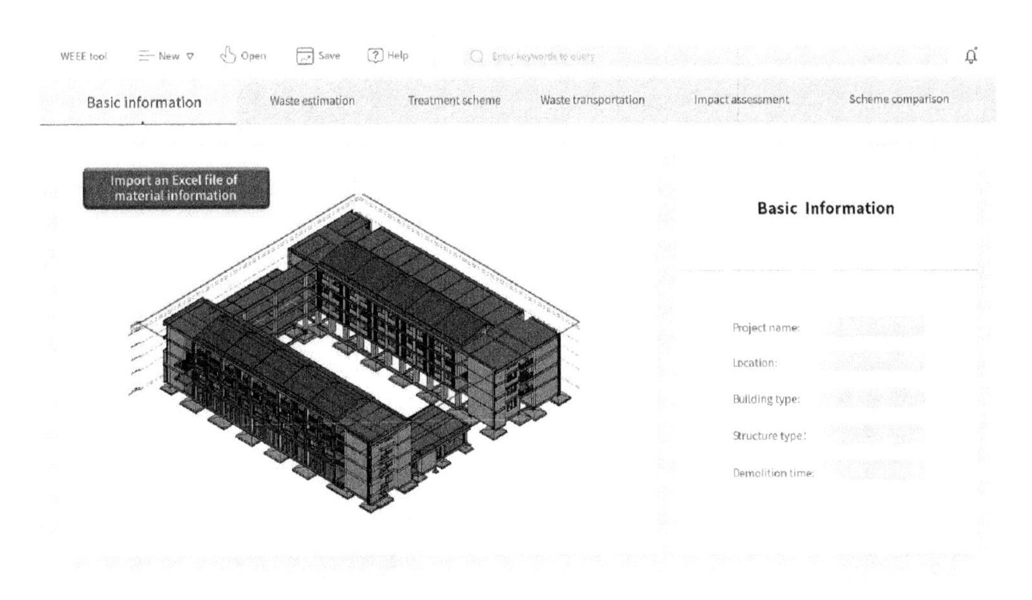

图 14－5　基本信息采集界面

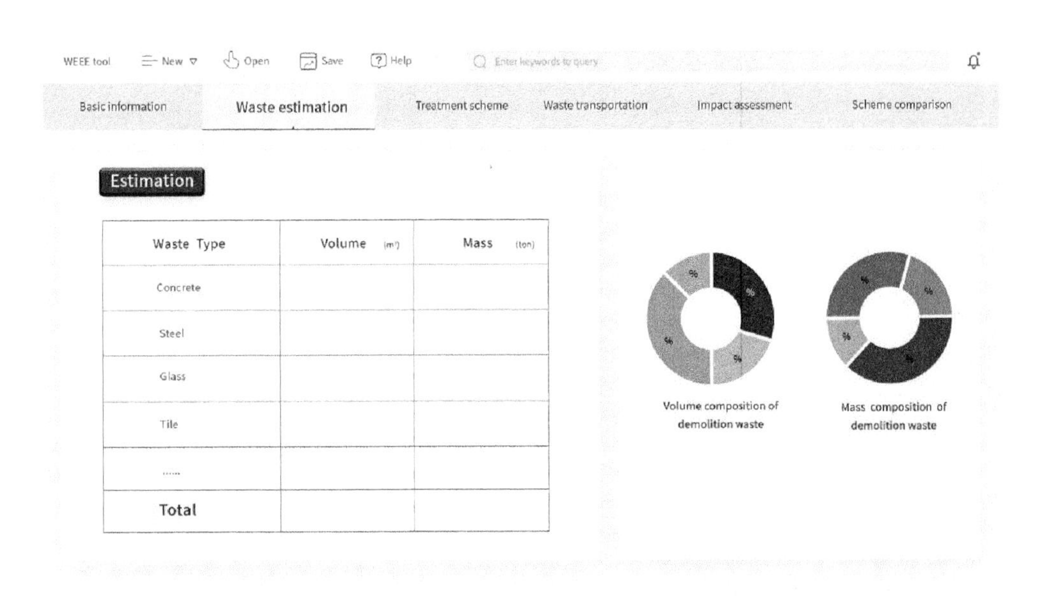

图 14－6　废弃物估算界面

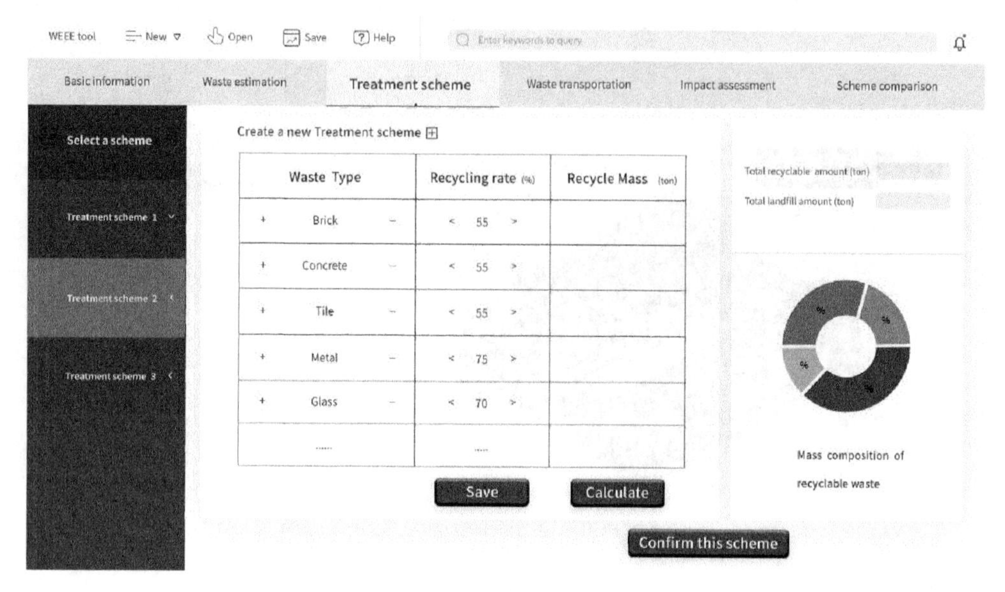

图 14-7　废弃物处置方案界面

图 14-8　废弃物运输方案界面

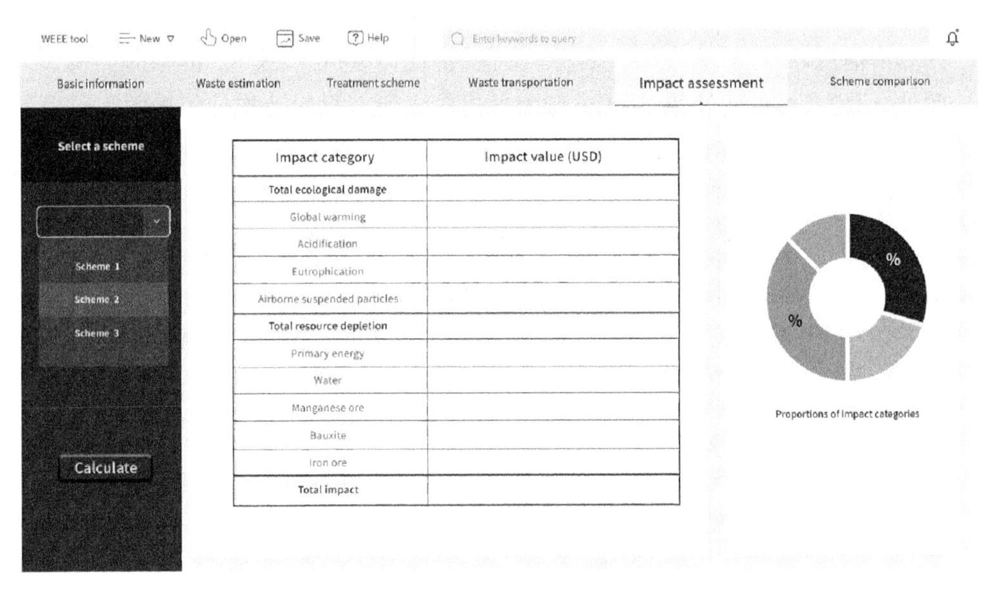

图 14－9　废弃物影响评价界面

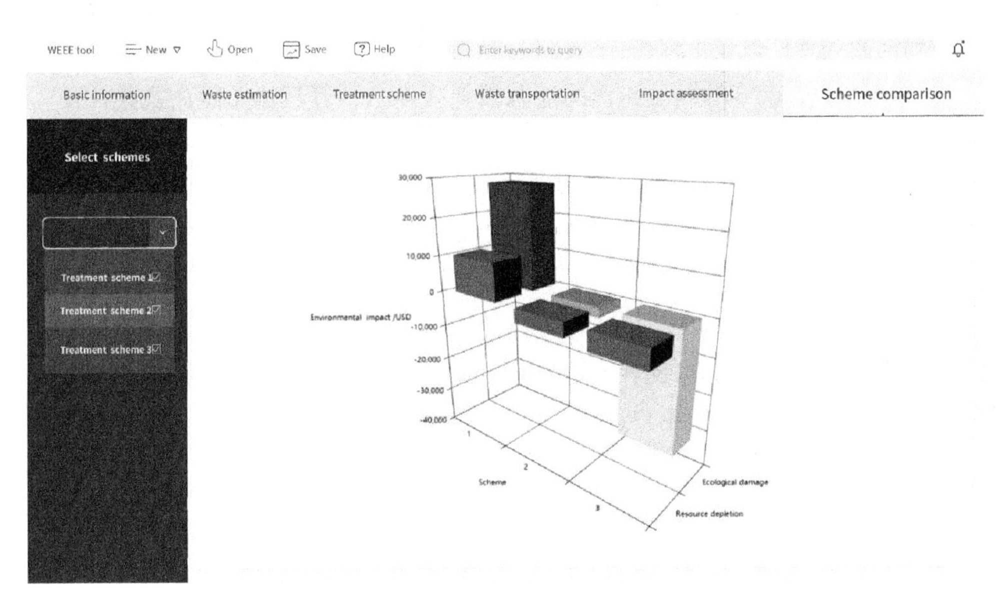

图 14－10　多方案结果比较界面

(1) 基本信息界面。这是 WEEE 工具的第一个界面,用于收集受评建筑的基本信息,用户需输入项目名称、位置、建筑类型、结构类型、拆除时间等。此外,用户从受评建筑的 BIM 模型中导出包含所有材料及构件信息的 Excel 文件,然后通过点击“导入材料信息”按钮将该文件导入到工具中。

(2) 废弃物估算界面。评价工具内置建筑材料的密度和体积膨胀系数数据,用于估算受评建筑拆除后所产生的各类废弃物体积及质量,并将数值呈现于界面左侧的表格中,右侧的饼图展示各类废弃物的占比情况。

(3) 废弃物处置方案界面。点击“新建处置方案”按钮开始设计方案,不可回收废弃物的回收率设置为 0,依据当地废弃物回收技术和工程实践设定可回收废弃物的回收率,然后点击“计算”按钮即可估算出受评建筑废弃物的可回收总质量和需要填埋处理的总质量,并以饼图形式呈现在界面右侧。最后,用户点击“确认此方案”按钮,保存该方案。用户最多可以设置 5 个处置方案,所有方案将汇总于界面左侧。

(4) 废弃物运输模块。首先从界面左侧的下拉菜单中选择一个废弃物处置方案,开始设计相应的废弃物运输方案。使用工具内置的在线地图定位废弃物回收处理厂以及填埋场,工具将自动设计运输路线。基于运输卡车的信息(载重量、容量、单位行驶距离的能源消耗强度),估算运输总距离及柴油消耗量。

(5) 影响评价界面。首先选择要评价的废弃物处置及运输方案,点击“计算”按钮即可将环境影响评价结果以数值的形式呈现在左侧的表格中,并以比例形式呈现在右侧饼图中。

(6) 方案比较模块。如果用户在使用该工具时,为受评建筑设计了多个废弃物处置及运输方案,此界面会呈现多方案的评价结果(包括生态破坏值和资源耗竭值),用于辅助用户进行比较和决策。

14.4 工具应用

14.4.1 案例建筑基本信息

选取中国江苏省淮安市金湖县一所中学建筑作为实例。该建筑是学校教学和实验场所,为框架结构,共 4 层,有 41 间教室,总建筑面积约 7 500 m^2,可以容纳约 1 450 名学生。

该建筑的 BIM 模型使用 Revit 建立，如图 14－11 所示，模型的细节级别(Level of Detail，LOD)为 300。该建筑拆除后，废弃混凝土、粉煤灰砖块和玻璃被运到 A 处理厂进行回收处理，废弃的混凝土砌块和瓦片运往 B 处理厂，废钢筋和铝运往 C 处理厂。三家处理厂和填埋场的位置以及运输路线和距离如图 14－12 所示，用户提供的参数值汇总在表 14－6 中，其余参数采用工具内置值。

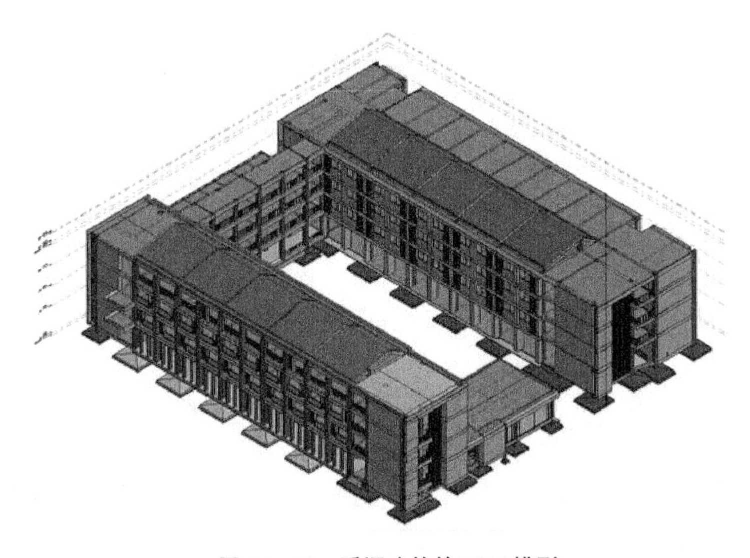

图 14－11　受评建筑的 BIM 模型

表 14－6　相关参数取值

参数	取值
卡车载重	50 t
卡车容量	48 m^3
卡车的柴油消耗强度	0.31 kg/km
A 回收处理厂位置	118.977 882°E，33.473 823°N
B 回收处理厂位置	118.870 867°E，33.014 758°N
C 回收处理厂位置	119.000 928°E，33.000 659°N
填埋场位置	118.932 004°E，33.000 785°N

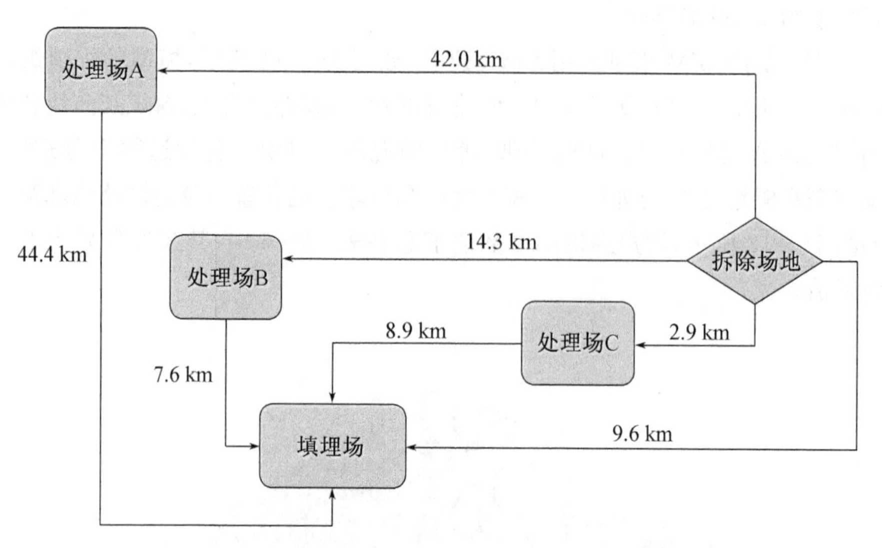

图 14-12　受评案例拆除废弃物的运输方案

14.4.2　评价结果分析

表 14-7 汇总了案例建筑拆除废弃物环境影响的评价结果，生态破坏总影响值为－2 550 USD，资源耗竭总影响值为－3 720 USD。评价结果均为负数，说明拆除废弃物处置过程中的环境效益大于带来的损害，这是因为回收废弃物的环境效益(I_s)较为显著，远大于运输过程(I_t)、填埋过程(I_l)和回收活动(I_r)所造成的环境负荷之和。

从各类环境影响占比可以看出，水资源耗竭类所占比例最大，超过 50%，其次是全球变暖影响(32.50%)和初级能源消耗(6.43%)。其余生态破坏类别所占比例较小，约为 2.7%；其他资源耗竭类别所占比例非常小，尚不足 0.5%，几乎可以忽略。可见，建筑废弃物回收处理有助于节约大量水资源，避免了一定量碳排放。

表 14-7　案例废弃物环境影响评价结果

影响类别	环境影响值(美元)	占比
生态破坏		
全球变暖	－2 040	32.50%
酸化	－177	2.82%

（续表）

影响类别	环境影响值(美元)	占比
富营养化	−166	2.65%
空气悬浮物	−169	2.69%
资源耗竭		
初级能源	−404	6.43%
水资源	−3 300	52.52%
锰矿资源	−1.49	0.02%
铝土矿资源	−23.0	0.37%
铁矿资源	−0.249	0.00%
总值	−6 280	100%

14.4.3　回收率的多情景分析

废弃物的回收率水平是影响废弃物环境影响结果的重要因素，本节对废弃物回收率开展情景分析，共设置 5 个情景，相关信息如表 14 - 8 所示。情景 Z 和情景 F 为极端场景，回收率分别为 0 和 100%；情景 B 是基准情景，废弃物的回收率水平依据我国当前的技术实际确定，数据来源于文献调研；情景 L 和情景 H 分别为低回收率情景和高回收率情景，前者的回收率取值仅为情景 B 的一半，后者的回收率水平依据当前发达国家的废弃物回收情况确定。

表 14 - 8　五种废弃物回收率情景

情景名称	情景描述	废弃物回收率	废弃物处置方案
零回收情景（情景 Z）	这是一种极端的情况，所有废弃物均填埋，可能在一些环境意识不强的落后地区适用	0	所有的废弃物都被填埋
低回收情景（情景 L）	这是一种低回收水平的情景，废弃物的回收率为基准情景的一半	表 14 - 9	可回收的废弃物在处理厂进行回收，回收活动产生的残渣和不可回收废弃物均被填埋。
基准情景（情景 B）	废弃物回收率采用当前水平，是一个较为现实的方案	表 14 - 3	
高回收情景（情景 H）	这是一个具有潜力的最佳方案。回收技术发展迅速，废弃物能够得到高水平的回收利用	表 14 - 10	

（续表）

情景名称	情景描述	废弃物回收率	废弃物处置方案
完全回收情景（情景 F）	这是一种理想的情况，所有废弃物均回收，当下不可能发生	100%	

表 14－9　低回收情景的废弃物回收率

废弃物类型	回收率
废砌块	27.5%
废混凝土	27.5%
废瓦	27.5%
废金属	37.5%
废玻璃	35%

表 14－10　高回收情景的废弃物回收率[340]

废弃物类型	回收率
废砌块	85%
废混凝土	90%
废瓦	85%
废金属	95%
废玻璃	95%

分别评价案例建筑废弃物在五个情景下的环境影响水平，最终评价结果如图 14－13 所示，可分析得到如下结论：

情景 Z 的生态破坏影响和资源耗竭影响均为正值，情景 B、情景 H 和情景 F 的影响均为负值。从情景 Z 到情景 F，随着废弃物回收利用水平的提高，环境影响的评价结果逐渐由正值变为负值，表明环境效益逐渐增大并抵消环境损害。

在情景 Z 中，所有的废弃物均进行填埋处理，该情景下产生的环境污染和破坏最大。而情景 L 的生态破坏和资源损耗值分别为 28 200 美元和－1 640 美元，比情景 Z 的结果（58 800 美元和 446 美元）分别低 52%和 467%。这说明，即便采用较低回收率水平，也能在一定程度上减轻建筑废弃物所带来的环境损害。如果采用当前技术已经可以达到的回收率水平（即情景 B），生态破坏和资源损耗值分别为－2 550 美元和－3 720 美元，环境效益大于环境损害。由此可见，与填埋相比，回收利用是一种更好的废弃物处理方式，在制定废弃物处理方案时应该予以重点考虑。

情景 H 的回收率是根据当前一些发达国家的回收水平设定，是我国未来可能达到的情景。情景 H 的生态破坏影响和资源损耗值分别为－32 700 美元和－5 020 美元，与情景 B 的评价结果相比分别降低了 1 182%和 35%。我国拥有全世界最大的建筑市场，每年产生的建筑废弃物总量巨大，改进废弃物回收技术、提升回收率水平对于环境保护具有重要意义。

情景 F 是所有废弃物能够完全回收的理想情景，生态破坏影响和资源损耗评价结果分别为－41 600 美元和－5 390 美元，与当前的基准情景 B 相比，分别降低了 1 531%和 45%。方案 F 的评价结果是仅仅通过提高回收利用水平这一措施可能达到的环境效益上限。如果期望废弃物处置能有更好的环境表现，需同时采取其他改进措施，如使用绿色建材、优化废弃物运输路线、使用节能卡车等等。

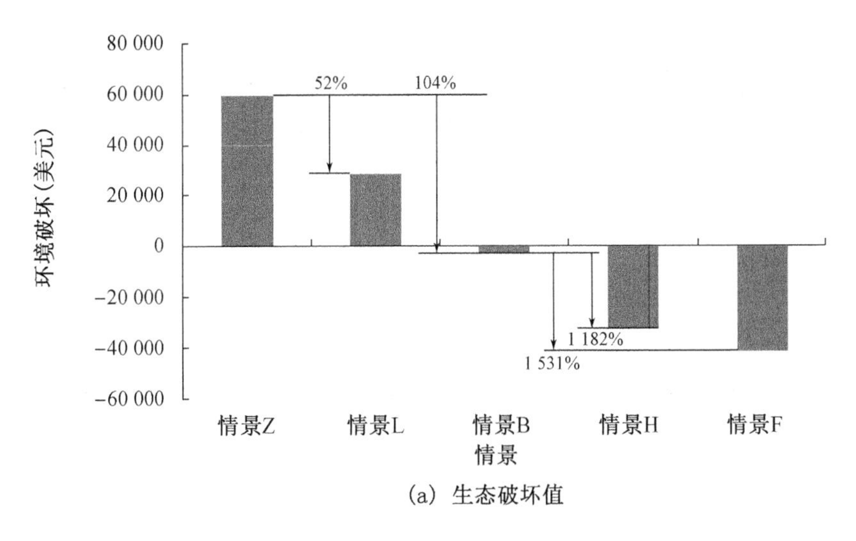

(a) 生态破坏值

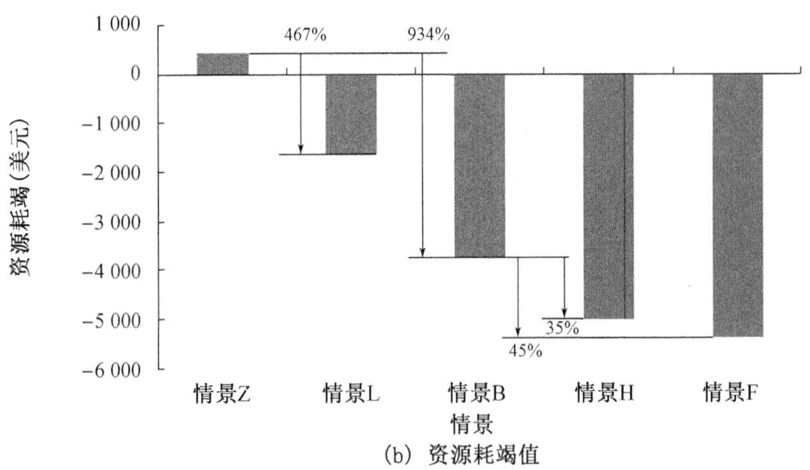

(b) 资源耗竭值

图 14－13　五种情景下案例建筑废弃物的生态破坏值和资源耗竭值

14.5 小结

(1) 总结当前建筑废弃物评价的研究进展,整合 BIM、GIS 和 LCA 方法构建废弃物智能估算与环境影响评价系统(WEEE),包括 5 个模块:基本信息收集、废弃物估算、废弃物处置、废弃物运输和环境影响评价。

(2) 基于 WEEE 评价系统,使用 C# 编程语言开发评价工具,实现自动评价与估算,分析了工具的功能框架和数据类型,并介绍各个界面。

(3) 使用 WEEE 工具对案例建筑的拆除废弃物环境影响进行快速评价,验证评价工具的可操作性和适用性。评价结果显示:考虑废弃物回收时,评价结果为负值,环境效益大于环境损害;废弃物的处置过程对水资源消耗和全球变暖这两类环境类型的影响最大;回收率的不同取值会显著影响废弃物的环境表现。

本章内容已发表成论文,读者可详见文献[462]。

第 15 章　BIM-DLCA 评价应用实例

本书的第 11 章构建了建筑环境影响智能化动态评价模型，12～14 章针对运营阶段和拆除阶段的动态消耗量和排放物展开模拟与评估研究，本章在前述章节的基础上，选取典型的建筑案例开展应用研究，演示智能动态评价的基本流程，并检验评价模型的可操作性。

15.1　案例基本情况

受评建筑为一幢高层住宅楼，总建筑面积约 16 650 平方米，位于中国江苏省淮安市。该建筑共 27 层，每层可居住 4 户家庭，假设评价时间范围内，楼内住户无空置状态。使用 Autodesk Revit 构建该建筑的 BIM 模型，模型的细节级别(LOD)为 300，对应于案例建筑的详细设计阶段。图 15－1(a)和(b)分别为受评建筑的三维示意图和平面图。

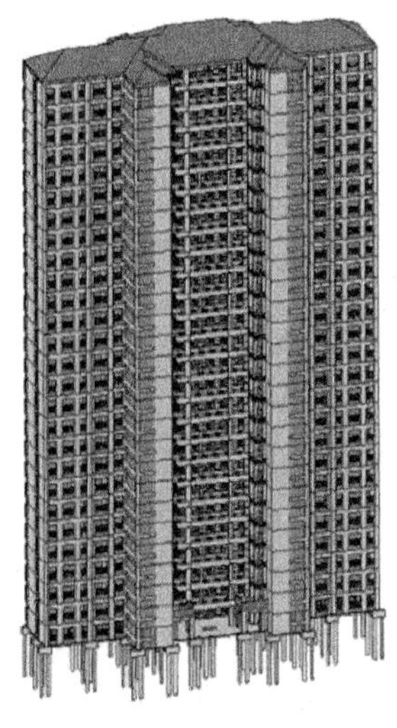

(a) 三维示意图

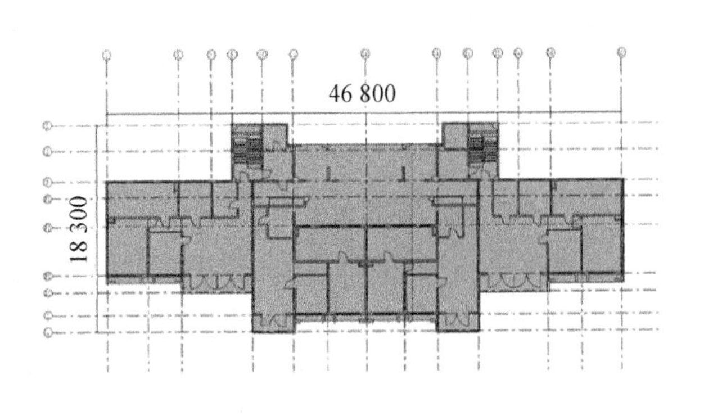

(b) 平面图

图 15－1　案例建筑的 BIM 模型的三维示意图和平面图

评价的时间范围跨越该建筑的全生命周期,其中项目施工时间为2013年10月至2014年底,使用年限为50年(自2015年1月至2064年12月底),建筑的拆除时间为2065年1月。评价以每月作为时间步长,动态消耗量数据的获取以月为单位。案例评价中的功能单位选定为整个受评建筑。

15.2 评价过程

(1) 使用前物化消耗量收集

BIM模型中包含丰富的语义信息和空间几何信息,从受评建筑的BIM模型中可以直接导出基本数据,包括材料构件的类型、数量、施工时间以及设计使用寿命,举例如表15-1所示。基于上述信息,使用广联达清单算量软件中江苏省工程定额对该建筑在施工阶段的材料、水和能源消耗量进行评估。

表15-1 从BIM中导出的构件数据(部分)

类别	材料名称	材料体积(m^3)	WBS	使用寿命(年)
柱:200 mm×550 mm	现浇混凝土	0.305	201	/
基础墙:200 mm	预制混凝土	0.522	201	/
梁:200 mm×450 mm	现浇混凝土	0.489	201	/
楼梯:LT1	预制混凝土	0.740	203	/
平开窗:2 350 mm×1 700 mm	玻璃	0.024	401	30
平开窗:2 350 mm×1 700 mm	塑料	0.056	401	30
单扇木门:800 mm×2 000 mm	木料	0.053	401	30

(2) 动态运营消耗量收集

在本书第11章的智能化动态评价模型中共介绍了三种运营能耗动态模拟方法,本案例中选择第三种,将GBS能耗模拟软件的输入参数表征为动态变量,逐月模拟运营能耗水平。共考虑四类输入参数的时间动态性:室外温度、每户居住人数、制冷温度设定和采暖温度设定,其他参数则使用GBS默认设置。四类动态参数的数据来源介绍如下,取值情况汇总如于表15-2。

① GBS软件可根据所选择的受评建筑地理位置,选择就近的气象站存储

的最新天气数据。第三次国家气候变化评估报告预测了中国至 2100 年的三种温度变化路径情景[340]，选取其中具有代表性的“浓度路径 4.5”来描述未来温度变化情况。

② 文献[211]根据我国人口普查报告并参考人口生育政策及相关调查，综合考虑年龄、性别、婚姻状况、家庭文化等多因素的影响，预测了我国平均家庭人口数量的变化情况，本案例中采用相关数据。

③ 用户居住过程中的制冷温度设定和采暖温度设定等行为将分成三类（浪费型、适中型和节约型）考虑，相关的温度设定值来自文献[342]。浪费型住户对高温和寒冷的耐受程度均较低，夏天的制冷空调温度设置偏低，冬天的采暖设备温度设置偏高，消耗的能源较多。具有节能意识的住户在夏季的耐受温度和设定温度较高，而在冬季的耐受温度和设定温度会较低。适中型住户则的温度设定则居于前两类住户之间。随着国家环境保护政策的加强和个人节能意识的提高，越来越多的家庭将会采用更节能的生活方式，浪费型住户的占比逐渐下降，适中型和节约型住户的占比将升高。

表 15－2　能耗模拟中的动态参数及取值

动态参数	数据来源	假设
室外温度	报告[340]中“浓度途径 4.5”情景	随时间的变化是线性的
每户居住人数	文献[211]的中等死亡率情景	随时间的变化是线性的
制冷温度设定	文献[341]： 浪费型：耐受温度为 27 ℃，设定温度为 24 ℃； 适中型：耐受温度为 28 ℃，设定温度为 26 ℃； 节约型：耐受温度为 30 ℃，设定温度为 28 ℃；	在初始年： 浪费型家庭占 70%，适中型家庭占比 20%，节约型家庭占比 10% 后续年份变化： 浪费型家庭占比每年下降 0.8%，适中型和节约型家庭的占比每年上升 0.4%。
采暖温度设定	文献[341]： 浪费型：耐受温度为 18 ℃，设定温度为 22 ℃； 适中型：耐受温度为 18 ℃，设定温度为 20°； 节约型：耐受温度为 16 ℃，设定温度为 18 ℃；	

(3) 再现物化消耗量收集

在此评价案例在使用中仅考虑屋顶和门窗的维护更新。屋顶设计使用使用寿命为 25 年,拟于 2041 年 1 月进行更新;门窗的设计使用寿命为 30 年,拟于 2046 年 1 月进行更新。使用广联达清单算量软件中江苏省工程定额对该建筑在施工阶段的材料、水和能源消耗量进行评估。

在拆除阶段,废弃物主要处理方式主要为填埋和回收,相关环境影响水平采用 14 章构建的 WEEE 工具进行评估,对废砌块、废混凝土、废瓦片、废金属、废玻璃进行回收。考虑到受评建筑的废弃物回收发生在 2065 年,回收技术水平将有所提升,相关数据选自 Wu 等研究中的乐观情景[339],具体取值情况如表 15-3 所示。

表 15-3 考虑技术进步的建筑废弃物回收率设定

废弃物类型	未来回收率[339]
混凝土	90%
砌块	85%
金属	90%
玻璃	95%

(4) 动态清单分析

汇总受评建筑全生命周期内以月为时间步长的动态消耗量后,采用 CLCD 数据库开展清单分析[342],在分析中考虑能源结构潜在的动态优化,相关数据来源于本书第 5 章。案例建筑部分月份的资源投入和环境排放清单数据汇总如表 15-4 所示。

(5) 动态影响评价

评价中环境影响按照生态破坏和资源消耗进行分类,包括 4 种生态破坏子类(气候变暖、酸化、富营养化和大气悬浮物)和 5 种资源耗竭子类(化石能源、水资源、锰矿资源、铝土矿资源和铁矿资源)。特征化因子仍沿用静态评价数据,来源于 BEPAS 模型。标准化系数以及动态权重因子来自本书第 6 章,量化 2013 年至 2025 年环境影响时采用 2020 年权重因子 $f_w(2020)$,量化 2026 年至 2035 年环境影响时采用 2030 年权重因子值 $f_w(2030)$,量化 2036 年和 2065 年环境影响时采用 2050 年权重因子值 $f_w(2050)$。表 15-5 列出案例建筑部分月份的环境影响值。

表 15-4 案例建筑部分月份的资源投入和环境排放清单(部分)

		2014 年 1 月	2025 年 1 月	2035 年 1 月	2041 年 1 月	2055 年 1 月	2065 年 1 月
资源投入	化石能源(kgce)	5.66×10^3	3.12×10^3	2.96×10^3	2.69×10^4	2.41×10^3	-1.81×10^4
	水资源(m^3)	992	2.16×10^3	2.18×10^3	1.92×10^3	2.20×10^3	-1.55×10^3
	锰矿(kg)	0.289	1.36×10^{-2}	1.38×10^{-2}	6.03	1.55×10^{-2}	−0.295
	铝土矿(kg)	6.04	4.38	4.39	0.284	4.42	−23.6
	铁矿(kg)	1.41×10^3	3.15	3.07	799	2.86	-4.25×10^3
环境排放	颗粒物(kg)	235	4.78	4.52	113	355	−728
	苯(kg)	1.91×10^{-2}	6.52×10^{-3}	6.44×10^{-3}	2.03	6.34×10^{-3}	0.128
	CO_2(kg)	1.17×10^5	5.32×10^3	5.04×10^3	1.15×10^5	4 080	-8.15×10^4
	CO(kg)	173	0.951	0.905	258	0.747	2 860
	CH_4(kg)	292	20.0	19.8	3.52	19.5	−782
	SO_2(kg)	75.7	20.8	19.8	240	16.6	−796
	COD(kg)	48.0	4.22	4.19	164	4.15	−182
	NH_3(kg)	2.83	5.41×10^{-2}	5.27×10^{-2}	126	4.88×10^{-2}	−90.7
	N_2O(kg)	1.57	1.70×10^{-2}	1.70×10^{-2}	128	1.73×10^{-2}	−4.14
	NO_2(kg)	188	0.187	0.181	290	0.168	−554

表 15-5 案例建筑部分月份的环境影响值

影响子类		2014 年 1 月	2025 年 1 月	2035 年 1 月	2041 年 1 月	2055 年 1 月	2065 年 1 月
生态破坏类	气候变暖	0.51	0.02	0.03	3.58	0.05	−3.68
	酸化	0.11	0.03	0.03	1.52	0.04	−2.37
	富营养化	0.37	0.00	0.00	2.90	0.00	−2.78
	大气悬浮物	0.33	0.01	0.01	0.63	0.01	−1.58
	总值	1.33	0.06	0.07	8.64	0.10	−10.41
资源耗竭类	化石能源	8.49	3.83	4.10	127.21	4.15	−51.13
	水资源	2.05	5.20	5.66	15.50	4.84	−3.89
	锰矿资源	0.29	0.01	0.01	7.64	0.01	−0.20
	铝土矿资源	1.07	0.79	0.43	0.27	0.25	−1.38
	铁矿资源	18.20	0.04	0.02	6.71	0.01	−16.95
	总值	30.10	9.87	10.22	157.33	9.26	−73.55

15.3 评价结果分析及解释

15.3.1 逐月评价结果

案例建筑全生命周期内逐月的生态破坏影响值和资源耗竭影响值如图15-2所示。前15个月的环境影响值相对较大且无明显规律，因为现场施工安装活动急速消耗了大量的建筑材料和能源。在建筑的使用阶段，环境影响值保持相对稳定，2041年1月和2046年1月至3月出现的环境影响波峰主要来自构件更换活动。图15-3呈现了建筑运营过程中逐月的环境影响值，总体而言，生态破坏影响逐年缓慢增加，而资源耗竭影响逐年下降。具体到一年内，夏季制冷和冬季取暖需求较大，故环境影响值偏大。

在建筑全生命周期中，生态破坏影响的最大值为8.64标准当量(2041年1月)，最小值为－10.41标准当量(2065年1月)。资源耗竭影响的最大值为464.57标准当量(2013年10月至12月)，最小值为－73.55标准当量(2065年1月)。

15.3.2 各阶段评价结果

案例建筑在全生命周期各阶段的环境影响累积值如图15-4所示，建筑全周期生态破坏影响总值为90.22标准当量，资源耗竭影响总值为8 110.41标准当量。累积的环境影响随时间推移而逐渐增加，环境影响值在施工和维护更新阶段急剧升高，在拆除阶段有所回落。

图15-5比较了使用前物化、运营、维护更新、拆除四个生命周期阶段的环境影响占比情况。运营阶段的影响约占总值的50%～70%，是占比最大的阶段，推广节能设备和倡导节水节电行为是实现建筑可持续发展的有效措施。物化阶段的环境影响排名第二，占比为20%～30%，推广绿色建材和大力发展清洁施工技术具有显著环境效益。对于生态破坏和资源耗竭这两类影响而言，运营阶段的生态破坏影响比例较小，而其他阶段的生态破坏影响比例较大。

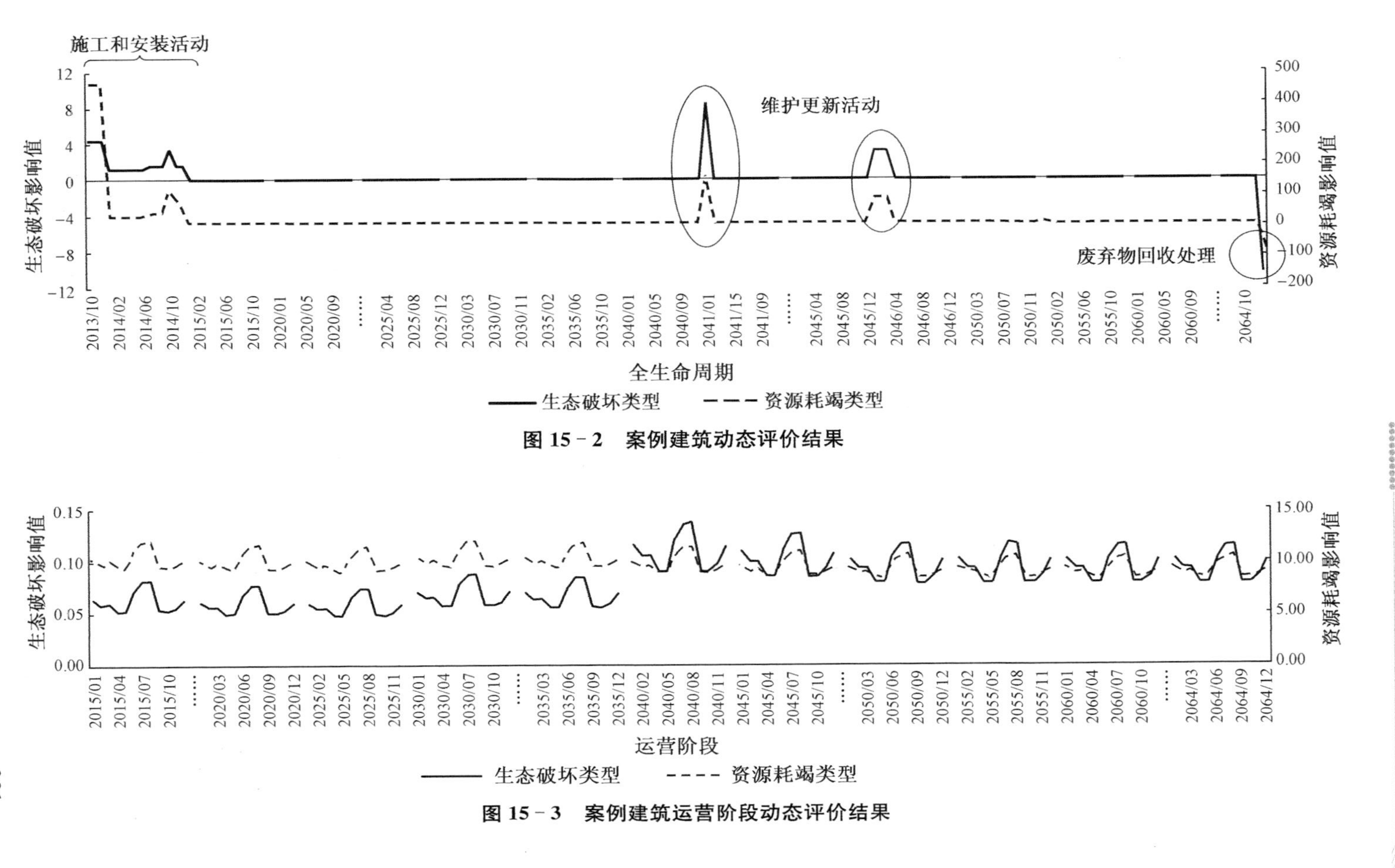

图 15-2 案例建筑动态评价结果

图 15-3 案例建筑运营阶段动态评价结果

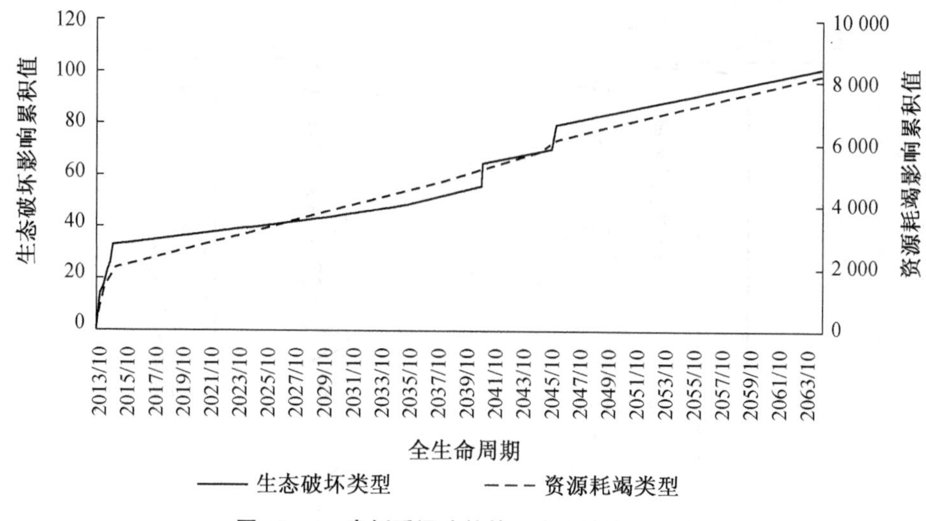

图 15-4 案例受评建筑的月度累计动态影响

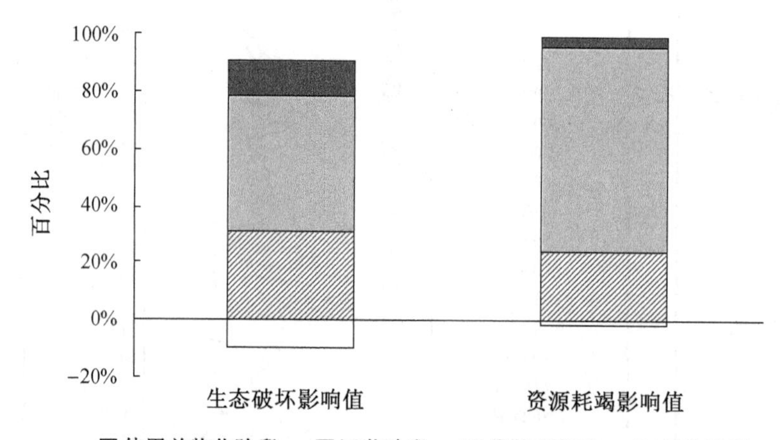

图 15-5 案例建筑各生命周期阶段的环境影响占比

15.3.3 各影响类型评价结果

将两种环境影响类型的子类按比例绘制在图 15-6 中进行对比。

对于生态破坏子类,按照影响大小排序依次是:气候变暖(41.15%)、酸化(32.51%)、大气悬浮物(17.00%)和富营养化(9.35%)。气候变暖这一影响子类所占比例最高,约占生态破坏总量的 40%,说明建筑物排放的温室气体相当可观,带来的全球变暖影响不容忽视;酸化这一影响子类的影响值占比也很大，需要控制酸性气体（主要是 SO_2 和 NO_2）的排放；富营养化和大气悬浮物的影响只占整个生态破坏总量中的较小部分。

对于资源耗竭子类，化石能源和水资源消耗是主要影响，两者合计值约占总影响的 85%。矿产资源的消耗相对较小，从最高到最低依次为锰矿（7.97%）、铝土矿（3.28%）和铁矿（2.54%）。

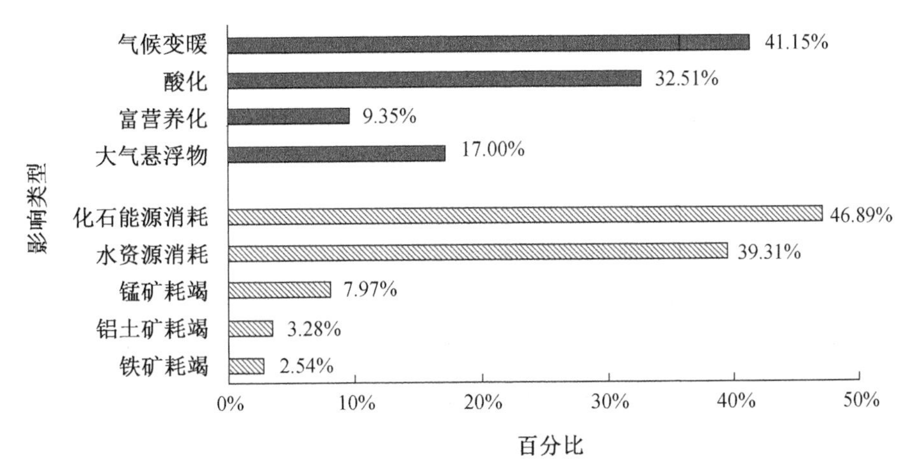

图 15-6　案例受评建筑的不同影响类别比例分布

15.4　小结

本章的工作及主要成果总结如下：

（1）选取某住宅建筑作为案例开展评价，综合运用 BIM、GIS、WEEE 等工具分阶段评估建筑全周期的动态消耗量，并基于 11 章构建的智能化动态评估框架流程开展评价。

（2）对评价结果进行分析，结果显示：受评建筑的生态破坏和资源耗竭最大值分别发生在维护更新阶段和施工阶段，最小值为负数，均发生在拆除回收阶段。在各阶段中，运营阶段产生的环境影响最多，其次是物化阶段。生态破坏子类影响最大的是气候变暖，其次是酸化效应；资源耗竭子类影响较大的是化石能源耗竭和水资源耗竭。

第 16 章　智能化评价研究总结与发展展望

16.1　主要工作总结

智能化评价篇章主要开展了以下三个部分的工作：

（1）构建 BIM-DLCA 建筑全生命周期智能动态评价模型。

遵循 DLCA 评价的基本流程和框架，结合 BIM 快速准确提取受评建筑的基本信息和特征数据，集成模拟仿真软件、机器学习算法等进行数据处理，融合动态基础清单数据、动态权重等动态评价要素，建立建筑全周期环境影响的动态智能评价模型。模型共包括五个模块：目标和范围定义、4D BIM 模型构建、动态数据库、动态评估和解释。

（2）开展分阶段动态消耗量智能评估模型与方法研究，为动态评价提供基础数据支持。

结合建筑各阶段特点，采用数字化模型及多种智能方法对动态消耗量开展智能评估研究：综合运用问卷调研、DeST 能耗仿真、深度学习算法等构建使用人特征、行为模式与住宅建筑运营能耗之间的关系模型，实现对建筑使用期内的能源消耗水平动态评估；使用多主体建模方法探究人-建筑系统-环境之间的交互耦合关系，并量化相应的能耗水平，通过对使用人智能体、建筑系统智能体、外界环境智能体的长周期动态变化预测实现对建筑空调设备能源消耗动态模拟；整合 BIM、GIS 和 LCA 评价范式构建拆除阶段废弃物的智能估算模型，评价废弃物运输、回收、填埋等过程环境影响，使用 C＃ 编程语言开发工具实现快速自动化评价。

（3）通过案例应用验证动态智能评价模型的可操作性。

将 BIM-DLCA 评价模型应用到工程实践案例，以某工程项目的 4D BIM 模型为主要输入，对其全生命周期内的生态破坏和资源耗竭环境影响进行动态智能评价，并对其逐月结果、分阶段影响值、分类型影响值进行分析。案例应用验证了所构建的动态智能评价模型在工程实践中的可操作性，体现出数据收集便捷、评价结果准确度高、时间分辨率提升等优点。

16.2　未来研究展望

当前，BIM与LCA方法体系的集成研究已经取得了阶段性的研究进展，但是仍然存在互操作性问题和浅层次集成的不足。随着云计算、大数据等多种智能化技术的迅速发展，绿色建筑智能评价的研究与实践必将要求运用多种智能手段以进一步优化。本小节重点展望三个研究方向：互操作性优化、深度集成和多智能技术融合。

（1）互操作性优化

BIM模型可以便捷快速提供完整的建筑项目信息，但是BIM导出的数据格式难以直接应用于建筑评价分析工具[343-344]。评估者往往需要对导出数据进行二次处理和手动调整，需要消耗额外的时间和精力，削弱了BIM-LCA集成的便捷性优势。此外，一些重复性的人工操作可能会导致数据的丢失和误用[345]，给评价结果的准确性带来风险。互操作性问题是一个重大的技术兼容性挑战，也阻碍了BIM-LCA集成研究在行业实践中的推广应用[346]。

学者们尝试通过开发新算法[347]、设计自动转换接口[248]、建立BIM族库[348]等方法以期能够解决BIM与其他软件之间的互操作性问题。业内广泛使用的两个开放BIM标准：IFC格式和绿色建筑可扩展标记语言（gbXML），可为BIM与LCA的互操作提供了一个共同基础，一定程度上减轻互操作性问题，但仍然不能确保数据交换过程中的零问题。IFC格式在数据交换期间无法自动调用全部应包含的信息，如何应用该数据格式创建和共享信息仍不明确[349]。gbXML格式难以读取复杂的几何图形，通常只能用于简单的设计。如何进一步优化不同模型工具之间的互操作性仍旧是研究挑战，也是未来一段时期的重要研究方向。

（2）深度集成

本书采用的BIM与LCA评价方法的融合还处于浅层集成的阶段。建筑的BIM模型主要用于提取建筑的几何和材料信息，以供后续LCA评价使用，

BIM 与 LCA 在不同领域各自发挥作用,并未实现深度联动和自动一站式评价。当前大部分 BIM 与 LCA 的集成研究都停留在这个层面。

未来的研究可以进一步促进两者之间的深度集成,例如建立完整的 BIM 信息数据库和 LCA 评价数据库,以参数形式在建筑的 BIM 模型中添加材料和构件的环境表现属性信息,实现快速调用与评价分析。未来,环境影响值将如同长度、体积等属性,作为 BIM 模型中建筑构件的一个基本信息。此外,也可以在 BIM 环境中开发和使用绿色建筑评价插件,通过集成软件实现自动化评价,环境影响的评价结果可以可视化实时展示,为管理和优化决策提供良好的支持。

(3) 多智能技术融合

将 BIM 集成到绿色建筑的 LCA 评价已经取得了阶段性研究进展,智能传感监控、深度学习算法、射频识别检测(radio frequency identification devices,RFID)、云计算等多种智能技术将在未来发挥更重要的作用,集成到评价中是未来重要的发展趋势。

当前已有一些学者尝试将不同的智能技术融入建筑评价管理中,虽然尚未与 LCA 评价体系实现融合集成,但是呈现出较大潜力,值得进一步研究。在评价数据的采集过程中,智能传感器可以监测和记录建筑物内实时的环境状况和污染物浓度,有效支持室内环境质量评价。深度学习算法和技术已经被用于预测建筑能耗水平[350-352]。RFID 系统可与 BIM 结合实现共享和交换分布式数据[353-354],未来可将材料的环境属性信息存储在 RFID 标签中,再保存并显示在 BIM 模型中[355-356]。云计算技术可将配置的计算资源放在共享云端中,简化建筑生命周期内的计算与综合管理[355]。将这些智能技术融合到建筑 LCA 评价与管理中将是未来一个重要的研究发展方向。

附录 A　DLCA 文献梳理

表 A-1　DLCA 研究论文汇总表

文献	受评对象	评价区域	受评时段	动态评价要素类型			动态参数
				$D_I(t)$	$F_C(t)$	$F_W(t)$	
Albers et al., 2019[357]	运输活动	法国	1819～2119	√	√	×	碳流量、温室气体辐射强迫
Almeida et al., 2015[88]	能源作物	马里	500 年	√	√	×	温室气体排放及辐射强迫
Aracil et al., 2017[358]	生物燃料生产	欧洲	100 年	√	×	×	温室气体排放
Arbault et al., 2014[68]	生态系统服务	/	2000～2100	×	√	√	温室气体辐射强迫、折现率
Azarijafari et al., 2019[89]	路面	加拿大	50 年	√	√	×	产品需求、燃料流、温室气体辐射强迫、燃料效率提升等
Bakas et al., 2015[111]	重金属排放	欧洲	100000 年	√	×	√	排放量、折现率
Beloin-Saint-Pierre et al., 2014[359]	电力生产	/	全周期	√	×	×	基本流、产品流
Beloin-Saint-Pierre et al., 2017[360]	生活热水生产	法国	80 年	√	√	×	温室气体排放及辐射强迫
Bixler et al., 2019[361]	基础设施	美国	30 年	√	×	×	污染物数量
Brattebø et al., 2009[362]	建筑与桥梁	挪威	1960～2050	√	×	×	能耗、能源结构
Breton et al., 2018[363]	建筑中的生物碳	/	75 年	√	√	×	碳排放、时间范围

(续表)

文献	受评对象	评价区域	受评时段	动态评价要素类型			动态参数
				$D_I(t)$	$F_C(t)$	$F_W(t)$	
Bright et al., 2012[364]	生物能	挪威	100年	√	√	×	温室气体流及辐射强迫
Caldas et al., 2019[365]	生物混凝土	巴西	150年	√	√	×	温室气体排放及辐射强迫
Cardellini et al., 2018[366]	木料胶合板	欧洲	500年	√	×	×	消耗量、排放量
Chao et al., 2013[367]	气候政策	中国	2005～2020	√	×	×	能源结构、资源效率、排放强度
Chen and Wang, 2018[368]	沥青路面	美国	40年	√	×	×	CO_2延迟函数
Chen and Yu, 2001[369]	工业生产过程	/	全周期	√	×	×	材料回收利用
Cherubini et al., 2011[370]	生物能	/	180年	√	×	×	森林生长率
Chettouh et al., 2013[371]	火灾	阿尔及利亚	60分钟	√	×	×	污染物停留时间、浓度
Chettouh et al., 2014[372]	火灾	/	20分钟	√	×	×	污染物浓度
Chung and Tu, 2015[373]	发电厂、光伏组件厂	美国、亚洲	2013	√	×	×	碳排放量
Collet et al., 2011[374]	菜籽油生产	欧洲	/	√	×	×	排放量
Collet et al., 2014[221]	Ecoinvent单元过程的两个案例	/	全周期	√	√	×	排放量、资源消耗、特征化因子
Collinge et al., 2011[375]	建筑	美国	15个月	√	×	×	能源、水消耗量、污染物排放
Collinge et al., 2013a[105]	建筑	美国	75年	√	√	×	资源消耗、燃料组合、电网效率、温室气体辐射强迫、光化学归宿因子等

（续表）

文献	受评对象	评价区域	受评时段	动态评价要素类型			动态参数
				$D_I(t)$	$F_C(t)$	$F_W(t)$	
Collinge et al., 2013b[76]	绿色建筑	美国	2 个月	√	×	×	污染物及运营数据
Collinge et al., 2014[376]	建筑	美国	2012	√	√	×	资源消耗、燃料组合、电网效率、温室气体辐射强迫、光化学归宿因子等
Collinge et al., 2018[219]	传统的绿色建筑、零能耗建筑	美国	2012～2015	√	√	×	资源消耗、燃料组合、电网效率、温室气体辐射强迫、光化学归宿因子等
Dandres et al., 2012[377]	生物能政策	欧洲	2005～2025	√	×	×	能源结构、能耗
Daystar et al., 2017[378]	生物燃料	美国	500 年	√	√	√	温室气体排放及辐射强迫、折现率
de Jong et al., 2019[378]	生物能源生产	美国	200 年	√	√	×	CO_2 排放
De Rosa et al., 2017[380]	森林	瑞典	70 年	√	×	×	碳流量
De Rosa et al., 2018[381]	结构木材	瑞典	100 年	√	√	×	基本流、特征化因子
Demertzi et al., 2018[215]	软木	葡萄牙	500 年	√	√	×	温室气体的排放及辐射强迫
Dyckhoff and Kasah, 2014[382]	木椅处置	/	500 年	√	√	×	温室气体排放、时间范围
Ericsson et al., 2013[91]	电力生产	瑞典	100 年	√	√	×	温室气体排放、地表温度
Ericsson et al., 2014[93]	电力生产	瑞典	100 年	√	√	×	能源消耗、温室气体排放、地表温度改变

（续表）

文献	受评对象	评价区域	受评时段	动态评价要素类型			动态参数
				$D_I(t)$	$F_C(t)$	$F_W(t)$	
Ericsson et al., 2017[92]	电力生产	瑞典	500 年	√	√	×	温室气体排放、地表温度改变
Faraca et al., 2019[383]	废木材再利用	丹麦	2015～2115	√	√	×	温室气体排放及辐射强迫
Fearnside et al., 2000[384]	土地使用与林业	/	100 年	×	√	√	时间范围、折现率
Field et al., 2000[385]	车辆	美国	200 个月	√	×	×	CO_2 排放
Fouquet et al., 2015[87]	住宅	法国	150 年	√	√	×	温室气体辐射强迫、能源结构
Frijia et al., 2012[386]	住宅	美国	2002～2051	√	×	×	能耗
Garcia et al., 2015[387]	电动汽车	葡萄牙	1995～2030	√	×	×	生产材料构成、单位能耗及温室气体排放量
Gaudreault and Miner, 2015[388]	林产品制造残留	美国	100 年	√	√	×	温室气体排放及辐射强迫
Gimeno-Frontera et al., 2018[220]	零售店	西班牙	50 年	√	×	×	制冷剂泄漏、电力结构、制冷剂选择
Giuntoli et al., 2016[389]	残渣发电	欧洲	2016～2100	√	√	×	排放量、气候反应
Gómez Vilchez and Jochem, 2020[390]	汽车市场	六个国家	2000～2030	√	×	×	电力的碳排放强度
Guest et al., 2020[391]	路面	加拿大	40 年	√	×	×	气候、路面老化、交通状况等
Guo and Murphy, 2012[392]	生物聚合物泡沫材料	英国	无限时间	×	√	×	时间范围、臭氧消耗潜力、毒性
Hammar et al., 2015[393]	电力生产	瑞典	50 年	√	√	×	温室气体排放、地表温度改变

（续表）

文献	受评对象	评价区域	受评时段	动态评价要素类型			动态参数
				$D_I(t)$	$F_C(t)$	$F_W(t)$	
Hammar et al.，2017[394]	电力生产	瑞典	100 年	×	√	×	温室气体排放、地表温度改变
Haus et al.，2014[395]	生物质系统	瑞典	240 年	√	×	×	CO_2 排放
Hellweg et al.，2005[396]	炉渣掩埋地	瑞士	20000 年	√	√	√	基本流、背景浓度
Henryson et al.，2018[397]	农作物栽培	瑞典	60 年	√	×	×	温室气体排放
Herrchen，1998[398]	长寿命产品	/	/	√	√	×	温室气体辐射强迫、标准化因子
Hondo et al.，2006[399]	住宅	日本	20 年	√	×	×	CO_2 排放
Horup et al.，2019[400]	屋顶天窗	丹麦	2018～2058	√	×	×	能源结构
Hu，2018[401]	小学	美国	1968～2043	√	×	√	运营能耗、单位能耗排放、用户价值选择
Ikaga et al.，2002[84]	建筑	日本	1970～2050	√	×	×	能耗、二氧化碳排放、电力强度
Kang et al.，2019[402]	公寓	韩国	50 年	√	×	×	性能劣化、干预率等
Karl et al.，2019[403]	建筑	丹麦	1 年	√	×	×	能耗、能源结构
Karlsson et al.，2017[404]	生物柴油生产	瑞典	100 年	√	√	×	温室气体排放、地表温度改变
Kendall and Price，2012[405]	车辆法规	美国	100 年	√	×	×	温室气体排放
Kim et al.，2013[406]	车辆替换	美国	1985～2020	√	×	×	铝、钢生产的材料消耗及污染物排放、能源强度
Kumar et al.，2019[112]	天然气	新西兰	2018～2040	√	×	√	消耗量、折现率

(续表)

文献	受评对象	评价区域	受评时段	动态评价要素类型			动态参数
				$D_I(t)$	$F_C(t)$	$F_W(t)$	
Laratte et al., 2014[407]	小麦生产的肥料	法国	1910～2010	√	√	×	温室气体的排放及辐射强迫
Lausselet et al., 2020[408]	居民区	挪威	2018～2078	√	×	×	单位电量的 CO_2 排放、机动车类型等
Lebailly et al., 2014[94]	锌施肥	美国	1000 年	√	√	×	排放量、归宿因子
Lee et al., 2020[78]	玉米生产	美国	2000～2008	√	×	×	消耗量、排放量
Levasseur et al., 2010[51]	再生能源	美国	100 年	√	√	√	温室气体的排放及辐射强迫、折现率
Levasseur et al., 2012[67]	造林项目	加拿大	500 年	√	√	×	温室气体排放及辐射强迫、碳存储
Levasseur et al., 2013[116]	木椅	/	500 年	√	√	×	温室气体的排放及辐射强迫
Li et al., 2018[74]	污水处理厂	中国	36 个月	√	×	×	能源消耗、废水排放、气体排放
Liu et al., 2018[409]	土地使用	美国	2000～2500	√	×	×	碳存储
Maier et al., 2017[73]	小麦生产	英国	100 年	√	×	×	污染物排放
Maurice et al., 2014[410]	电力	加拿大	2012	√	×	×	电力结构
Mendoza Beltran et al., 2020[411]	机动车	欧洲	2012～2050	√	×	×	电力生产
Messagie et al., 2014[70]	发电	比利时	2011	√	×	×	电力生产、电力结构
Milovanoff et al., 2018[412]	电力使用	法国	2012～2014	√	×	×	电力消耗

（续表）

文献	受评对象	评价区域	受评时段	动态评价要素类型			动态参数
				$D_I(t)$	$F_C(t)$	$F_W(t)$	
Mo et al., 2016[79]	供水系统	美国	2010～2080	√	×	×	物化能耗、碳排放
Negishi et al., 2018[96]	建筑	法国	全周期	√	√	×	居住者行为、家用设备、能源结构、碳吸收及排放等
Negishi et al., 2019[83]	建筑	法国	2015～2065	√	√	×	电力结构,家庭规模,能源系统老化、温室气体辐射强迫等
O'Hare et al., 2009[109]	生物燃料	/	2010～2100	√	√	√	排放量、温室气体辐射强迫、折现率
Onat et al., 2016[413]	机动车	美国	1980～2050	√	×	×	CO_2 排放
Ortiz et al., 2016[414]	电力生产	瑞典	120 年	√	√	×	温室气体排放、地表温度改变
Österbring et al., 2019[415]	房屋存量	瑞典	2015～2050	√	×	×	能耗、温室气体排放
Pehnt, 2006[121]	可再生能源技术	德国	2010～2030	√	×	×	电力结构、铝铁生产中的废弃物、材料回收率
Peñaloza et al., 2016[217]	建筑	瑞典	300 年	√	√	×	温室气体排放及辐射强迫
Peñaloza et al., 2018[416]	公路桥	瑞典	300 年	√	√	×	温室气体排放及辐射强迫
Peng et al., 2019[104]	离心式压缩机	中国	22 年	√	√	×	能源结构、温室气体的辐射强迫
Perez-Garcia et al., 2005[417]	碳库	太平洋西北地区	2000～2160	√	×	×	碳排放

(续表)

文献	受评对象	评价区域	受评时段	动态评价要素类型			动态参数
				$D_I(t)$	$F_C(t)$	$F_W(t)$	
Pinsonnault et al., 2014[222]	Ecoinvent数据库中的产品系统	/	100年	√	√	×	排放量
Pittau et al., 2018[418]	建筑外墙	瑞士	200年	√	√	×	温室气体排放及辐射强迫
Pittau et al., 2019[69]	房屋存量	欧洲	2018～2218	√	√	×	温室气体排放及辐射强迫
Porsö and Hansson, 2014[419]	电力生产	瑞典	100年	√	√	×	温室气体排放及辐射强迫
Porsö et al., 2016[420]	电力生产	莫桑比克	50年	√	√	×	温室气体排放及辐射强迫
Porsö et al., 2018[421]	木屑颗粒	瑞典	50年	√	×	×	温室气体排放
Pourhashem et al., 2016[422]	生物燃料	美国	140年	√	√	×	温室气体排放及辐射强迫
Raghu et al., 2020[423]	生物量供应链	芬兰	1年	√	×	×	能源需求
Röck et al., 2020[424]	建筑	全球	50年	√	×	×	电力排放强度
Rossi et al., 2015[214]	包装材料处置	欧洲	100年	√	√	×	温室气体的排放及辐射强迫、碳储存
Roux et al., 2016a[425]	独栋建筑	法国	2015～2065	√	×	×	气候改变、能源结构
Roux et al., 2016b[426]	建筑	法国	2013	√	×	×	能源生产、电力结构
Røyne et al., 2016[427]	燃料、建筑	/	全周期	√	×	×	温室气体排放

（续表）

文献	受评对象	评价区域	受评时段	动态评价要素类型			动态参数
				$D_I(t)$	$F_C(t)$	$F_W(t)$	
Russell-Smith and Lepech，2011[428]	桥梁修复	美国	100 年	√	×	×	能耗
Sevenster，2014[429]	填埋排放	/	100 年	√	√	×	温室气体排放、特征化因子
Shah and Ries，2009[101]	/	美国	12 月	×	√	×	归宿因子、生态系统暴露因子、效应因子
Shimako et al.，2016[430]	生物柴油系统、沼气系统	法国	100 年	√	×	×	消耗量、排放量
Shimako et al.，2017[95]	葡萄生产	法国	500 年	√	√	×	消耗量、排放量、毒性归宿因子
Shimako et al.，2018[75]	污水处理厂	法国	100 年	√	√	×	消耗量、排放量、温室气体辐射强迫、毒性归宿因子
Sohn et al.，2017a[431]	建筑保温材料	丹麦	2015～2060	√	×	×	能源结构
Sohn et al.，2017b[432]	建筑	丹麦	2014～2064	√	×	×	能源结构
Soo et al.，2015[433]	汽车	美国	1980～2010	√	×	×	生产材料构成、铝回收率
Stasinopouloset al.，2012[434]	汽车车身	澳大利亚	100 年	√	×	×	基本流、铝回收率
Su et al.，2017[435]	建筑	中国	全周期	√	√	√	技术进步、居住者行为等
Su et al.，2019a[86]	建筑	中国	2015～2066	×	×	√	污染物排放指标、资源使用规划
Su et al.，2019b[81]	建筑	中国	2015～2050	√	√	√	构件的使用寿命、废物的回收率、能源结构等

（续表）

文献	受评对象	评价区域	受评时段	动态评价要素类型			动态参数
				$D_I(t)$	$F_C(t)$	$F_W(t)$	
Tiruta-Barna et al., 2016[212]	/	/	全周期	√	×	×	消耗量、排放量
Tu et al., 2017[436]	太阳能光伏系统	中国	12 个月	√	×	×	温室气体排放
Van Zelm et al., 2007[101]	/	欧洲	500 年	×	√	×	归宿因子
Venkatesh et al., 2014[437]	城市供水服务	挪威	2013～2040	√	×	×	能耗、温室气体排放
Verhoef et al., 2003[438]	无铅焊料	欧洲	40 年	√	×	×	金属回收
Viebahn et al., 2011[439]	太阳能	非洲、欧洲	2006～2050	√	×	×	电力结构、铝二次使用、温室气体排放
Villanueva-Rey et al., 2015[440]	土地转化	西班牙	1990～2009	√	×	×	温室气体排放
Vuarnoz and Jusselme, 2018[441]	建筑	瑞士	1 年	√	×	×	碳转化系数与电力消耗
Walker et al., 2015[442]	燃料电池车	加拿大	2013～2014	√	×	×	能源碳排强度
Wiprächtiger et al., 2020[443]	隔热材料	瑞士	2015～2055	√	×	×	材料流、回收率、可再生材料等
Wu et al., 2017[444]	绿色建筑	美国	20 年	√	×	×	排放量
Yan, 2018[445]	森林生物质能	/	100 年	√	√	×	碳存储、时间范围
Yang and Chen, 2014[446]	农作物残渣气化	中国	100 年	√	√	×	电力结构、钢铁制造、温室气体辐射强迫

（续表）

文献	受评对象	评价区域	受评时段	动态评价要素类型			动态参数
				$D_I(t)$	$F_C(t)$	$F_W(t)$	
Yang and Suh，2015[447]	酒精	美国	100 年	√	√	×	碳排放、温室气体辐射强迫
Yokota et al.，2003[448]	空调使用	日本	1990～2010	√	×	×	能耗
Yu and Lu，2014[449]	路面反射效应	美国	40 年	√	×	×	CO_2 排放
Yuan et al.，2009[450]	车辆	美国	11 年	√	×	√	碳排放、折现率
Yuan et al.，2015[49]	/	/	/	√	×	√	排放量、折现率
Zhai and Williams，2010[451]	多晶硅光伏系统	美国	2001～2011	√	×	×	物化能
Zhang and Chen，2016[452]	沼气项目	中国	10 年	√	×	×	水泥、化肥生产的 CO_2 排放强度
Zhang and Wang，2017[218]	住宅建筑	中国	52 年	√	×	√	电力生产、排放量
Zhang et al.，2010[453]	路面覆盖系统	美国	40 年	√	×	×	维修的材料消耗
Zhang et al.，2020[454]	住宅建筑	中国	2005～2030	√	×	×	电力排放强度、制冷剂释放等
Zhang，2017[106]	住宅建筑	中国	52 年	×	×	√	单位污染损害成本、折现率
Zimmermann et al.，2015[455]	电动车	德国	2020～2031	√	×	×	能源结构

附录 B　城市居民家庭生活用能行为调研问卷

Part 1:家庭基本信息

1. 您家庭所在的城市是(　　)

A. 南京　　B. 无锡　　C. 徐州　　D. 常州　　E. 苏州
F. 南通　　G. 连云港　　H. 淮安　　I. 盐城　　J. 扬州
K. 镇江　　L. 泰州　　M. 宿迁

2. 您家常住人口(指每年有超过半年在家中居住的人员)数量为(　　)人,其中年龄低于15岁的孩子有(　　)人,赋闲在家的老人数量为(　　)人。

A. 0　　B. 1　　C. 2　　D. 3　　E. 4　　F. 5　　G. 6及以上

3. 您的家庭成员年收入总和是__________万元

4、您认为您家的收入在全省内处于(　　)水平

A. 高　　B. 中高　　C. 中　　D. 中低　　E. 低

5. 您家房子的建筑面积是________平方米,包括(　　)室(　　)厅。

A. 1　　B. 2　　C. 3　　D. 4　　E. 5及以上

6. 您家房子的建成年代是(　　)

A. 1985年以前
B. 1985年～1995年
C. 1996年～2005年
D. 2005年以后

Part 2:起居作息情况

7. 根据您家在工作日各房间内有人的时间段及人数填写下表(填写最集中的三个时段)

	时段 1	人数	时段 2	人数	时段 3	人数
例	(9)时至(11)时	(2)人	(14)时至(16)时	(3)人	(24)时至(7)时	(1)人
客厅	( )时至( )时	( )人	( )时至( )时	( )人	( )时至( )时	( )人
卧室	( )时至( )时	( )人	( )时至( )时	( )人	( )时至( )时	( )人

8. 根据您家在周末各房间内有人的时间段及人数填写下表(填写最集中的三个时段)

	时段 1	人数	时段 2	人数	时段 3	人数
例	(9)时至(11)时	(2)人	(14)时至(16)时	(3)人	(24)时至(7)时	(1)人
客厅	( )时至( )时	( )人	( )时至( )时	( )人	( )时至( )时	( )人
卧室	( )时至( )时	( )人	( )时至( )时	( )人	( )时至( )时	( )人

9. 每年因为出差或旅游等,家中无人居住的时间有多少天?

春季(3~5 月):________天

夏季(6~8 月):________天

秋季(9~11 月):________天

冬季(12~2 月):________天

Part 3:设备使用方式

请根据过去一年里,您家中各项设备使用的平均情况完成此部分问卷,选择题请选择最符合的一个选项,填空题请尽量填写准确的数字。

Part 3-1:夏季制冷

10. 客厅内是否有空调(　　)

A. 有　　　B. 没有[选择此选项,则跳过问卷的 11~16 题]

11. 客厅内空调的功率为(　　)

A. 1 匹　　B. 1.5 匹　　C. 2 匹　　D. 2.5 匹　　E. 3 匹

F. 5 匹　　G. 5 匹以上

12. 客厅制冷空调的开启方式为(　　)

A. 从不开　　B. 夏天一直开

C. 一进客厅就开　　D. 觉得热的时候开

E. 固定时间开启[选此选项需回答第 13 题,否则跳过]

13. 客厅制冷空调固定开启的时间为(　　)

14. 客厅制冷空调的关闭方式为(　　)

A. 从不关,直至夏天结束　　B. 人离开客厅时关

C. 人离开家时关　　D. 晚上睡觉前关

E. 觉得冷时关

F. 固定时间关闭[选此选项需回答第 15 题,否则跳过]

15. 客厅制冷空调固定关闭的时间为(　　)

16. 客厅制冷空调的温度设定方式为(　　)

A. 固定设定值,一直是________℃

B. 开机时设定为最低值,觉得冷时调到________℃

C. 开机时设定为________℃,晚上睡觉前调高

17. 卧室内是否有空调(　　)

A. 有　　B. 没有[选择此选项,则跳过问卷的 18～23 题]

18. 卧室内空调的功率为(　　)

A. 1 匹　　B. 1.5 匹　　C. 2 匹　　D. 2.5 匹　　E. 3 匹

F. 5 匹　　G. 5 匹以上

19. 卧室制冷空调的开启方式为(　　)

A. 从不开　　B. 夏天一直开

C. 一进卧室就开　　D. 觉得热的时候开

E. 晚上睡觉时开

F. 固定时间开启[选此选项则回答第 20 题,否则跳过]

20. 卧室制冷空调固定开启的时间为(　　)

21. 卧室制冷空调的关闭方式为(　　)

A. 从不关,直至夏天结束　　B. 人离开卧室时就关

C. 晚上睡觉前关　　D. 早上起床后关

E. 觉得冷时关

F. 固定时间关闭[选此选项需回答第 22 题,否则跳过]

22. 卧室制冷空调固定关闭的时间为(　　)

23. 卧室制冷空调的温度设定方式为(　　)

A. 固定设定值,一直是________℃

B. 开机时设定为最低值,觉得冷时调到________℃

C. 开机时设定为________℃,晚上睡觉前调高

Part 3－2:冬季采暖

24. 冬季采暖常用的系统或者设备是(　　)[此题目为多选,如选项中含有CD,则回答25～34题]

A. 小区或市政集中供暖

B. 燃气壁挂炉

C. 户式中央空调

D. 壁挂式或柜式分体空调

E. 其他(电地板采暖、暖风机、小太阳、油灯、电暖气、电热水袋、电热暖脚器、电热毯等等)

F. 无采暖设备

25. 客厅采暖空调的开启方式为(　　)

A. 从不开

B. 冬天一直开

C. 一进客厅就开

D. 觉得冷的时候开

E. 固定时间开启[选此选项需回答第26题,否则跳过]

26. 客厅采暖空调固定开启的时间为(　　)

27. 客厅采暖空调的关闭方式为(　　)

A. 从不关,直至冬天结束

B. 人离开客厅时就关

C. 人离开家时关

D. 晚上睡觉前关

E. 觉得热时关

F. 固定时间关闭[选此选项需回答第28题,否则跳过]

28. 客厅采暖空调固定关闭的时间为(　　)

29. 客厅采暖空调的温度设定方式为(　　)

A. 固定设定值,一直是________℃

B. 开机时设定为最高值,觉得热时调到________℃

C. 开机时设定为________℃,晚上睡觉前调低

30. 卧室采暖空调的开启方式为(　　)

A. 从不开

B. 冬天一直开

C. 一进卧室就开

D. 觉得冷的时候开

E. 晚上睡觉时开

F. 固定时间开启[选此选项需回答第31题,否则跳过]

31. 卧室采暖空调固定开启的时间为(　　)

32. 卧室采暖空调的关闭方式为(　　)

A. 从不关,直至冬天结束

B. 人离开卧室时就关

C. 晚上睡觉前关

D. 早上起床后关

E. 觉得热时关

34. 卧室采暖空调的温度设定方式为(　　)

A. 固定设定值,一直是________℃

B. 开机时设定为最高值,觉得热时调到________℃

C. 开机时设定为________℃,晚上睡觉前调低

Part 3-3:炊事情况

35. 您家平均每周在家做饭的次数为________次

36. 请根据您家每次做饭的平均情况,填写下表:

炊事设备	每次做饭使用时长[从选项中选择]
电磁炉	(　　)
电烤箱	(　　)
微波炉	(　　)
燃气灶	(　　)
电饭煲	(　　)
抽油烟机	(　　)
电热水壶	(　　)

每次做饭使用时长的选项:

A. 不使用此设备　　B. 1～4分钟　　C. 5～9分钟

D. 10～14分钟　　E. 15～19分钟　　F. 20～24分钟

G. 25～29 分钟　　H. 30～34 分钟　　I. 35～39 分钟
J. 40～44 分钟　　K. 45～49 分钟　　L. 50～59 分钟
M. 60～69 分钟　　N. 70～79 分钟　　O. 80～89 分钟
P. 90 分钟及以上

Part 3-4:洗浴情况

37. 您的家庭成员平均每人在春季(3～5 月)的淋浴次数为(　　)次/周,在夏季(6～8 月)的淋浴次数为(　　)次/周,在秋季(9～11 月)的淋浴次数为(　　)次/周,在冬季(12～2 月)的淋浴次数为(　　)次/周。
A. 0　B. 1　C. 2　D. 3　E. 4　F. 5　G. 6　H. 7
I. 10　J. 12　K. 14 及以上
38. 每次淋浴的平均时间约为(　　)分钟。
A. 3　B. 5　C. 8　D. 10　E. 12　F. 15　G. 18
H. 20　I. 25　J. 30　K. 35　L. 40 及以上
39. 您的家庭成员中,平均每周有(　　)人次盆浴。
A. 0　B. 1　C. 2　D. 3　E. 4　F. 5　G. 6
H. 7 及以上

Part 3-5:其他设备使用情况

40. 根据您家设备使用情况填写下表:

设备	数量 [从选项中选择]	平均每个每天使用时间 [从选项中选择]
照明灯具	(　　)	(　　)
冰箱	(　　)	(　　)
电脑	(　　)	(　　)
电视机	(　　)	(　　)
音响功放	(　　)	(　　)
电饮水机	(　　)	(　　)
设备	数量 [从选项中选择]	平均每个每周使用时间 [从选项中选择]
洗衣机	(　　)	(　　)

数量的选项如下：

A. 0个　B. 1个　C. 2个　D. 3个　E. 4个　F. 5个

G. 6个　H. 7个　I. 8个　J. 9个　K. 10个及以上

使用时长的选项如下：

A. 0小时　B. 0.5小时　C. 1小时　D. 1.5小时

E. 2小时　F. 3小时　G. 4小时　H. 5小时

I. 6小时　J. 8小时　K. 10小时　L. 12小时

M. 18小时　N. 24小时

附录 C　城市居民家庭生活用能行为问卷调研结果分析

针对位于冬冷夏热地区的江苏省，采用随机抽样的方式开展问卷调研，经过回收后反复审核，共得到有效问卷 2 328 份。问卷覆盖了江苏省的 13 个城市，其中南京和苏州的样本量较多，大约为 20%；其次是无锡，大约为 10%；样本量最少的三个城市依次是淮安、连云港和宿迁。样本量的分布和江苏省各个城市的城镇人口数量基本相符合（苏州市和南京市的城镇人口较多；镇江市、连云港市、宿迁市、扬州市、淮安市和泰州市人口较少）[137]。被调研样本的城市分布状况如表 C－1 所示。

表 C－1　被调研家庭的城市分布状况

城市	南京	无锡	徐州	常州	苏州	南通	连云港	淮安	盐城	扬州	镇江	泰州	宿迁
数量（份）	509	222	186	153	467	143	73	53	138	103	112	95	74
百分比（%）	21.9	9.5	8.0	6.6	20.1	6.1	3.1	2.3	5.9	4.4	4.8	4.1	3.2

1. 家庭基本信息

家庭规模的调研结果如图 C－1 所示。被调研家庭以两人至五人的家庭居多，问卷比例近 90%，数量最多的家庭规模为三人家庭（38.0%），其次为四人家庭和两人家庭，比例均接近 20%。家庭规模分布与江苏省实际情况接近[137]。

家庭收入状况如图 C－2 所示，受调研家庭的收入水平大部分位于中档（约 39%），其次是中低档（22.9%）和中高档（20.3%），位于低档和高档的家庭较少。

被调研家庭的住房面积绘制如图 C－3 所示，90%的住宅面积小于 200 平方米，40%的住宅面积小于 100 平方米，平均面积为 130 平方米。

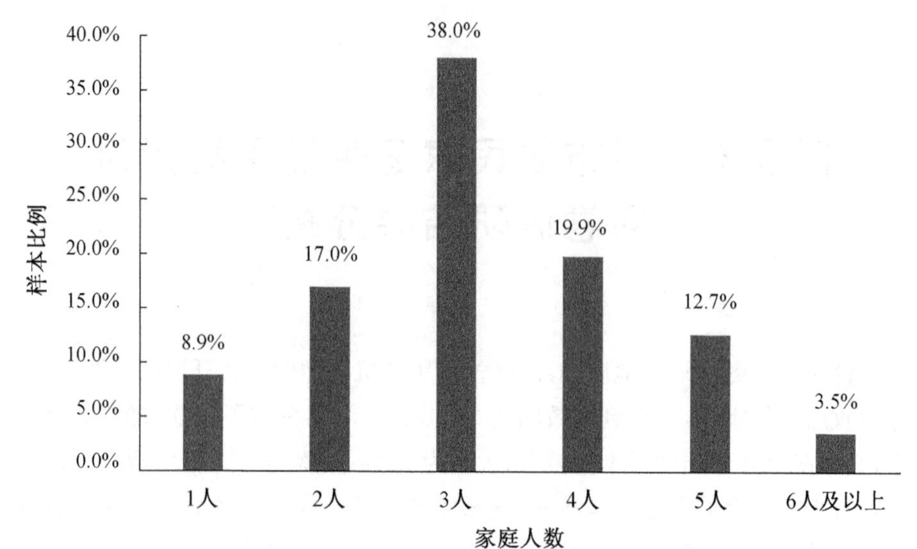

图 C-1　家庭规模分布

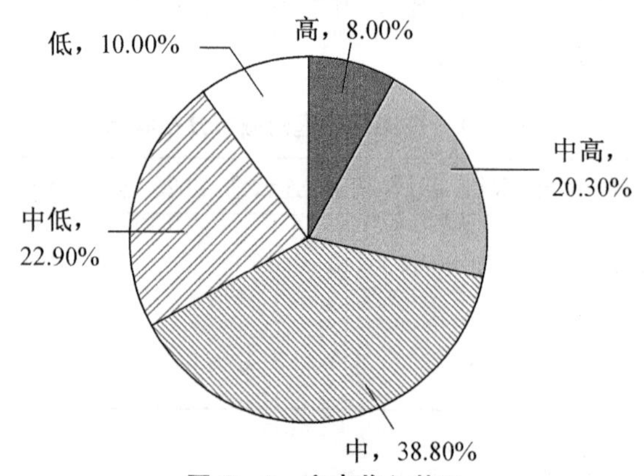

图 C-2　家庭收入状况

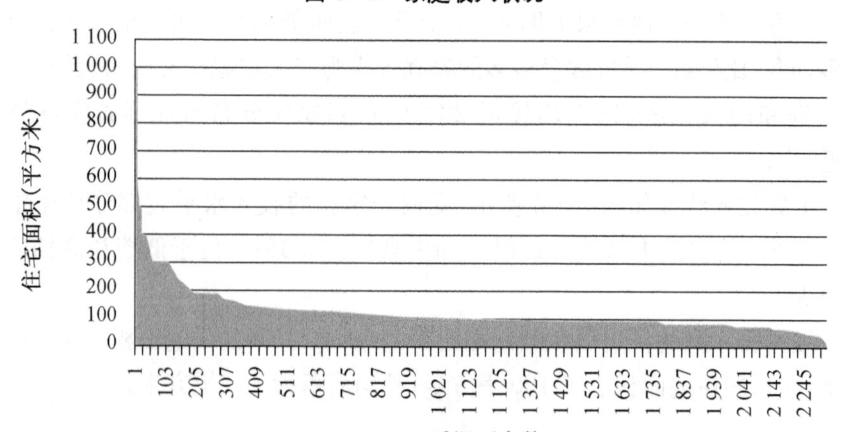

图 C-3　住房面积分布

被调研家庭的住房建成年代如图C－4所示，近60%住房是2005年以后建成的，约30%的住房是1996年～2005年间建成的。

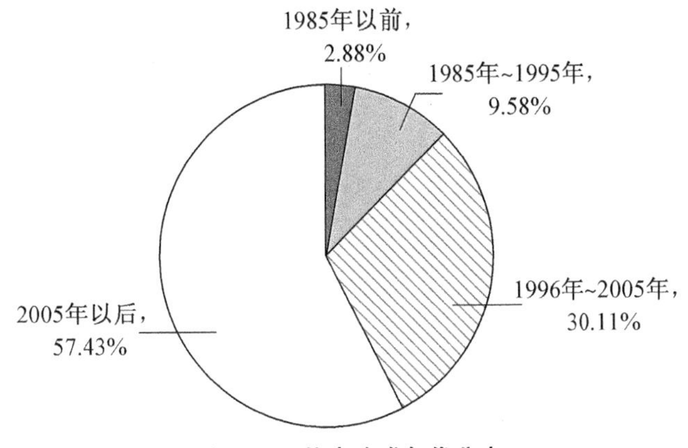

图C－4　住房建成年代分布

2. 作息情况

问卷中针对住户在工作日和周末分别在客厅和卧室的起居时间进行调研，住户作息情况如图C－5所示，结果表明：在客厅内，住户在工作日逗留的时间更长，使用的高峰时段是18～20时，其次是8～12时，而周末使用的高峰时期是9～12时；住户在周末使用客厅的概率在晚饭前高于工作日的使用概率，晚饭后时段的使用概率则低于工作日。卧室使用的高峰时段为22时至次日6时；相比周末而言，工作日休息更早。

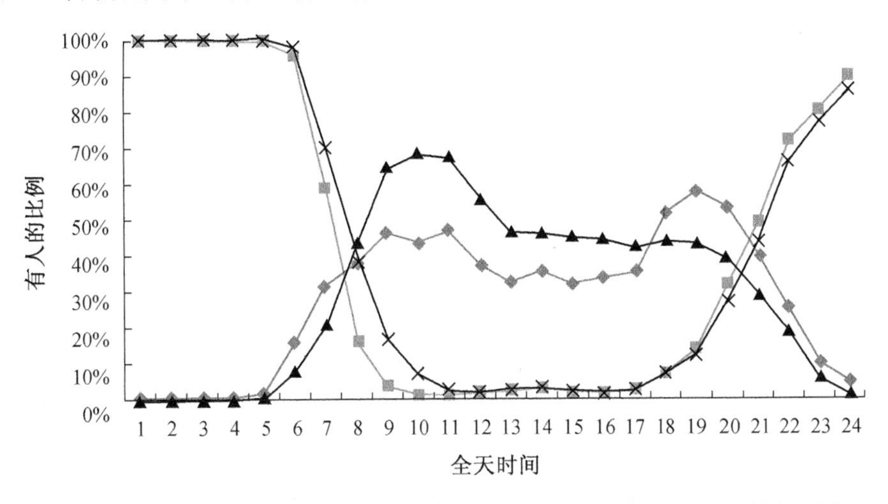

图C－5　住户作息情况

调研各家庭全年的在宅率,四季无人天数的平均值和最大值汇总如表C-2所示。各个季节家中无人的天数较为平均,约为4~5天;相比而言,夏季无人的天数偏多,大约是5.6天;春季无人的天数最少,为4天。在受调研的样本中,一个季度内不在家的最长时间为35天,已经超过了整个季度的三分之一。

表C-2 四季无人天数

	春季	夏季	秋季	冬季
平均值	4.0	5.6	4.3	4.9
最大值	20	30	21	35

3. *夏季制冷设备使用情况*

问卷调研了客厅和卧室的空调拥有率及功率分布的情况,调研结果汇总如表C-3所示:客厅的空调拥有率为82.4%,卧室的空调有用率更高,为94.8%;客厅内空调的功率种类较多,主要是3匹(29.3%)、2匹(28.9%)、1.5匹(18.6%)和2.5匹(16.4%);卧室内空调的功率相比偏低,主要是1.5匹(69.4%)、2匹(12.3%)和1匹(12.0%),使用大功率空调的家庭很少。

表C-3 客厅及卧室空调拥有率及功率分布

	客厅	卧室
空调拥有率	82.4%	94.8%
1匹	1.9%	12.0%
1.5匹	18.6%	69.4%
2匹	28.9%	12.3%
2.5匹	16.4%	3.6%
3匹	29.3%	2.0%b
5匹	2.8%	0.3%
5匹以上	2.0%	0.5%

图C-6和图C-7分别汇总了卧室的空调在夏季制冷时的开启方式和关闭方式,调研结果显示:大部分的开启方式为“觉得热的时候开”,占比为69.92%,其次是“晚上睡觉是开”(12.80%)和“一进卧室就开”(9.68%)。而在关闭方式上则相对较为多样,“觉得冷时关”占比35.14%,“早上起床后关”

占比23.20%,“人离开卧室就关”占比22.12%,“晚上睡觉前关”占比10.04%,“固定时间关闭”占比8.77%。

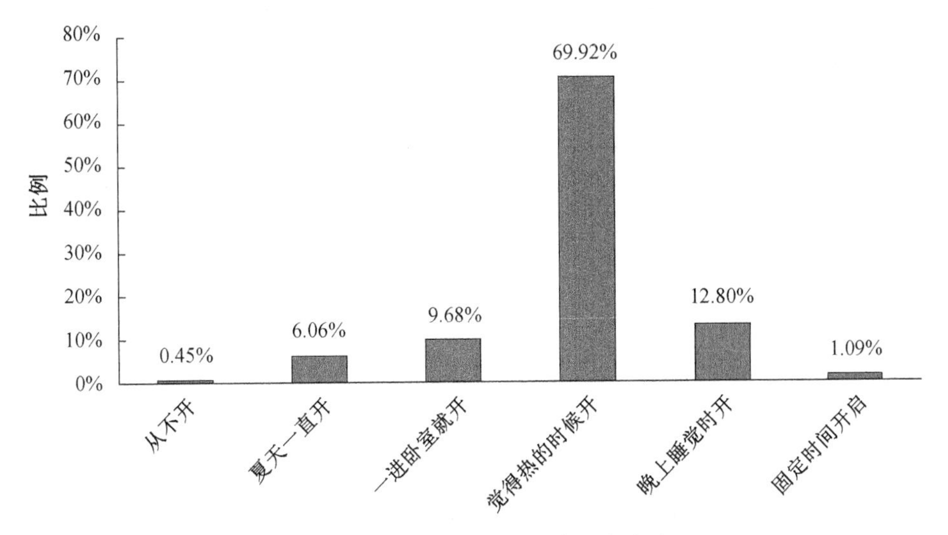

图C-6　卧室空调夏季制冷开启方式

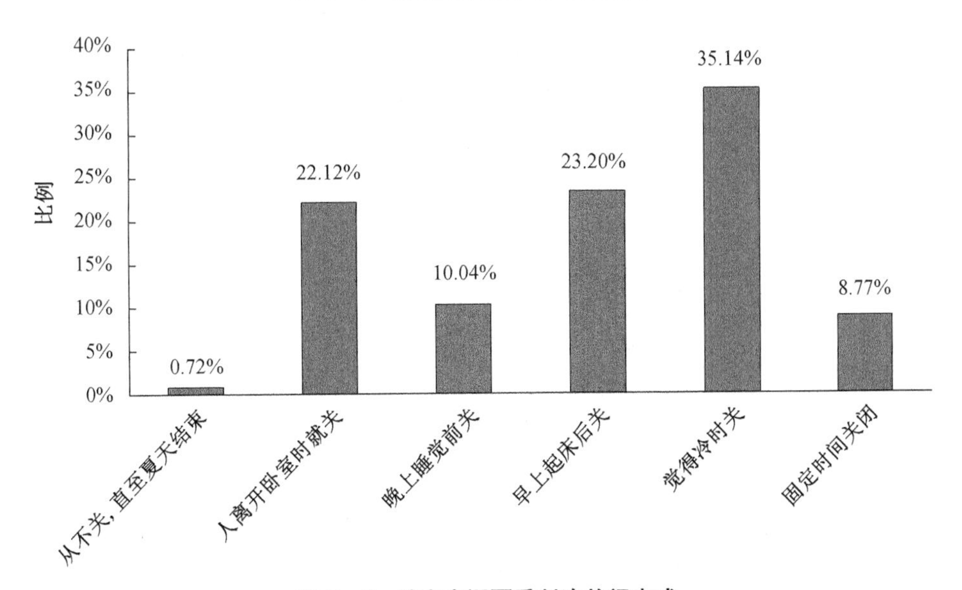

图C-7　卧室空调夏季制冷关闭方式

表C-4汇总了卧室空调在夏季制冷时候的温度设定情况,结果显示:卧室空调制冷的温度设定较倾向于“固定设定值”,占比为62.82%,设定范围从15 ℃到31 ℃变化,平均值为25.9 ℃,最常见的设定值为26 ℃;其次是“开机时设定为一个温度值,晚上睡觉前调高"这一模式,占比 21.57%,设定的范围从 16 ℃到 30 ℃,平均值为 25.7 ℃,最常见的设定值仍旧是 26 ℃;再次是"开机时设定为最低值,觉得冷时调到另一温度值"这一模式,占比 15.6%,设定的范围从 16 ℃到 29 ℃,平均值为 25.1 ℃,最常见的设定值仍旧是 26 ℃。

表 C-4　卧室空调夏季制冷的温度设定值

	固定设定值	开机时设定为最低值,觉得冷时调到另一温度值	开机时设定为一个温度值,晚上睡觉前调高
所占比例	62.82%	15.6%	21.57%
最低值(℃)	15	16	16
最高值(℃)	31	29	30
平均值(℃)	25.9	25.1	25.7
最多值(℃)	26	26	26

4. 冬季采暖设备使用情况

各个家庭冬季采暖常用设备统计如表 C-5 所示,使用壁挂式或柜式分体空调的比例最高,为 69.03%;另外有 24.57% 的家庭使用电地板采暖、暖风机、小太阳、油灯、电暖气、电热水袋、电热暖脚器、电热毯等采暖设备;也有 15.68%的家庭是小区或市政集中供暖;仍有 8.12%的家庭没有使用采暖设备。

表 C-5　冬季采暖常用设备

采暖常用设备	问卷数量	比例
小区或市政集中供暖	365	15.68%
燃气壁挂炉	92	3.95%
户式中央空调	307	13.19%
壁挂式或柜式分体空调	1604	69.03%
其他(电地板采暖、暖风机、小太阳、油灯、电暖气、电热水袋、电热暖脚器、电热毯等等)	572	24.57%
无采暖设备	189	8.12%

图 C-8 和图 C-9 分别汇总了卧室的空调在冬季采暖时的开启方式和关闭方式,调研结果显示:大部分的开启方式为"觉得冷的时候开",占比为 73.17%,其他的开启方式较为平均。关闭方式仍旧较为多样,"觉得热时关"

占比35.45%,“人离开卧室时就关”占比22.08%,“晚上睡觉前关”占比17.54%,“早上起床后关”占比15.79%。

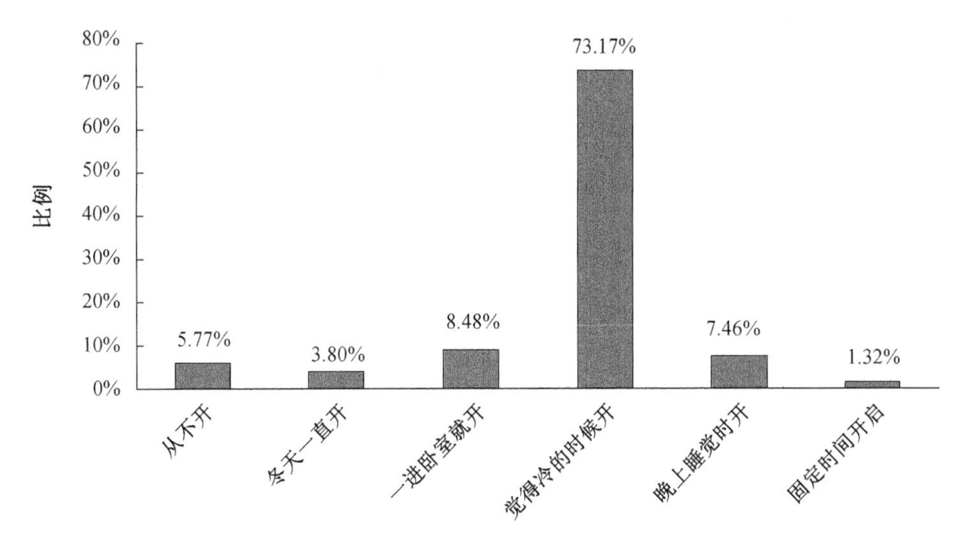

图C-8　卧室空调冬季采暖开启方式

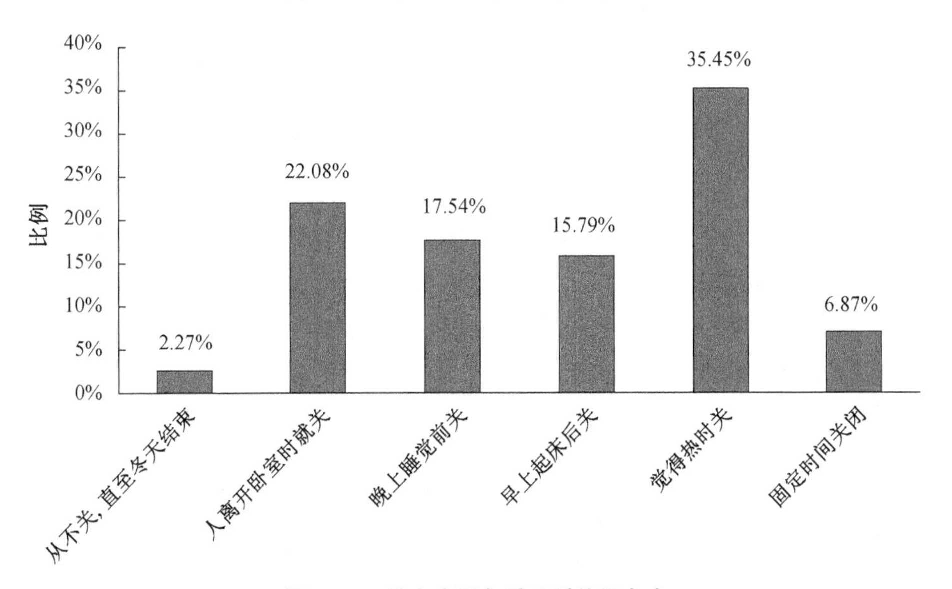

图C-9　卧室空调冬季采暖关闭方式

表C-6汇总了卧室空调在冬季采暖的温度设定情况,结果显示:卧室空调采暖的温度设定较倾向于“固定设定值”,占比约为70%,设定范围从10℃到35℃变化,平均值为25.1℃,最常见的设定值为26℃;其次是“开机时设定为一个温度值,晚上睡觉前调低”这一模式,占比 15.86%,设定的范围从 18 ℃ 到 32 ℃,平均值为 25.5 ℃,最常见的设定值是 28 ℃;再次是“开机时设定为最高值,觉得热时调到另一温度值”这一模式,占比 14.33%,设定的范围从 15 ℃到 30 ℃,平均值为 25.9 ℃,最常见的设定值是 26 ℃。

表 C-6 卧室空调冬季采暖的温度设定值

	固定设定值	开机时设定为最高值,觉得热时调到另一温度值	开机时设定为一个温度值,晚上睡觉前调低
所占比例	69.81%	14.33%	15.86%
最低值(℃)	10	15	15
最高值(℃)	35	30	32
平均值(℃)	25.1	25.9	25.5
最多值(℃)	26	26	28

5. 其他设备使用情况

对炊事设备使用情况的调研结果显示:一个家庭平均每周的做饭次数 12.1 次,每天做饭次数不足两次;其中还有 3.82%的家庭不在家内做饭,每周做饭的次数为 0。在做饭的家庭中统计各炊事设备的使用频率,发现使用最多的炊事设备为电饭煲,几乎所有的家庭都使用;其次是抽油烟机(98.2%)、燃气灶(97.3%)、电热水壶(87.0%)、微波炉(74.6%);使用最少的设备是电烤箱,使用率不足三分之一。统计每次做饭时炊事设备的使用时间,汇总如表 C-7 所示。需要说明的是,在计算平均值时,选择选项的中间值进行计算,例如选择“5～9 分钟”这一选项,记做 7 分钟;如果选择“10～14 分钟”这一选项,记做 12 分钟;以此类推;需要特别说明的是,选项“90 分钟及以上”记做 90 分钟进行计算。

表中的结果显示,做饭时燃气灶和抽油烟机的使用时间经常在 90 分钟以上,电饭煲常用的时间为 30 分钟左右,其他的炊事设备使用时间都比较短,大部分家庭使用时间为 10 多分钟。在炊事设备的平均使用时间方面,使用时间长的设备是燃气灶、电饭煲和抽油烟机,最短的是微波炉,平均使用时间只有 14 分钟。

表 C-7 炊事设备的使用频率及使用时间

炊事设备	使用频率	每次做饭使用时间	
		选项最多值	选项平均值
电磁炉	38.0%	10～14 分钟	27.4 分钟
电烤箱	28.0%	10～14 分钟	22.7 分钟
微波炉	74.6%	1～4 分钟	13.9 分钟
燃气灶	97.3%	90 分钟及以上	44 分钟
电饭煲	99.1%	30～34 分钟	41.4 分钟
抽油烟机	98.2%	90 分钟及以上	44.8 分钟
电热水壶	87.0%	10～14 分钟	31.3 分钟

对洗浴情况的调研结果显示，一个家庭中平均每周有 0.7 人次盆浴。淋浴的结果汇总如表 C-8 所示，家庭成员每周的洗浴次数随着季节变化呈现一定的差异：夏季的洗浴次数最多，平均每天洗澡一次；冬季的洗浴次数最少，平均两天洗澡一次；春季和秋季介于之间。

表 C-8 家庭成员平均每人每周洗浴次数

季节	春季	夏季	秋季	冬季
洗浴次数	4.5	7.5	4.9	3.5

其他家用设备的数量及使用时间统计如表 C-9 所示。大部分家庭的家用设备情况如下：照明灯具 10 个以上，每天使用时间多为 4 小时；冰箱有 1 个，且为 24 小时运转；电脑和电视机 1 个，每天使用时间大多为 2 小时；大部分家庭没有音响功效，有此设备的家庭使用时间也较短，仅为半小时；洗衣机 1 个，每周使用时间 1 小时；大部分家庭没有电饮水机，有此设备的使用时间最多为全天 24 小时。

对调研结果进行平均值计算，在计算中将“10 个及以上”的选项记做“10 个”进行处理。计算的平均值显示，每个家庭拥有 8 个灯具，约 1 个冰箱、洗衣机和音响功效，近 2 个电脑和电视机；每个灯具的每天平均使用时间为 4.4 小时，冰箱为 23 小时/天，电脑为 4.1 小时/天，电视机为 3.5 小时/天，音响功效为 2 小时/天等等。

表 C－9　家用设备数量及使用时间

设备	数量(个)		每个每天使用时间(小时)	
	最多值	平均值	最多值	平均值
照明灯具	10 及以上	8	4	4.4
冰箱	1	1.2	24	23
电脑	1	1.8	2	4.1
电视机	1	1.9	2	3.5
音响功放	0	0.8	0.5	2
洗衣机	1	1.1	1(每周使用时间)	1.3(每周使用时间)
电饮水机	0	0.6	24	11

参考文献

[1] Li X, Su S, Shi J, et al. An Environmental Impact Assessment Framework and Index System for the Pre-use Phase of Buildings Based on Distance-to-target Approach [J]. Building and Environment, 2015, 85: 173 - 181.

[2] 清华大学建筑节能研究中心. 中国建筑节能年度发展报告 2020[M]. 北京:中国建筑工业出版社,2020.

[3] 中国建筑节能协会. 中国建筑能耗研究报告 2020[R]:建筑节能(中英文),2020.

[4] 中华人民共和国国家统计局. 中国统计年鉴(1999～2016 年)[M]. 北京:中国统计出版社,2017.

[5] Leadship-in-Energy-and-Environmental-Design(LEED). Green building rating system[Z],2017.

[6] BRE. The Building Research Establishment Environmental Assessment Method (BREEAM)[EB/OL], 2022. http://www.breeam.org

[7] Consortium Japan-Sustainable-Building. Comprehensive Assessment System for Building Environmental Efficiency[EB/OL], 2022. http://www.ibec.or.jp/CASBEE/english/.

[8] 中华人民共和国国家质量监督检验检疫总局,中国国家标准化管理委员会. 环境管理生命周期评价原则与框架:GB/T 24040—2008[S]. 北京:中国标准出版社,2008.

[9] 王飞儿,陈英旭. 生命周期评价研究进展[J]. 环境污染与防治,2001,23(5):249 - 252.

[10] 邓南圣,王小兵. 生命周期评价[M]. 北京:化学工业出版社,2003.

[11] 孔祥勤. 建筑工程生命周期健康损害评价体系研究[D]. 北京:清华大学,2010.

[12] Steen B. A Systematic Approach to Environmental Priority Strategies

in Product Development: Version 2000-Models and Data of the Default Method[M]. Centre for Environmental Assessment of Products and Material Systems, 1999.

[13] Wenzel H, Hauschild M Z, Alting L. Environmental Assessment of Products: Volume 1: Methodology, Tools and Case Studies in Product Development[M]. Chapman & Hall, 1997.

[14] Goedkoop M, Spriensma R. The Eco-Indicator 99, a Damage Oriented Method for Life Cycle Impact Assessment; Methodology Report, Amersfoort, PRÉ Consultants[C]. VROM Zoetermeer, Nr. 1999/36A/B. 2000.

[15] 中华人民共和国国家质量监督检验疫总局,中国国家标准化管理委员会. 环境管理　生命周期评价　原则与框架:GB/T 24040—2008[S]. 北京:中国标准出版社,2008.

[16] 中华人民共和国国家质量监督检验检疫总局,中国国家标准化管理委员会. 环境管理　生命周期评价　要求与指南:GB/T 24044—2008[S]. 北京:中国标准出版社,2008.

[17] 刘含笑,吴黎明,林青阳,等. 碳足迹评估技术及其在重点工业行业的应用[J]. 化工进展,2023,42(05):2201-2218.

[18] Campos C, Laso J, Aldaco R. Towads More Sustainable Tourism under a Carbon Footprint Approach: the Camino Lebaniego Case Study [J]. Journal of Cleaner Production, 2022, 369: 133-146.

[19] 谷立静,林波荣,顾道金,等. 中国建筑生命周期环境影响评价的终点破坏模型[J]. 科学通报,2008,15(15):1858-1863.

[20] Finnveden G. A Critical Review of Operational Valuation/Weighting Methods for Life Cycle Assessment[J], 1999, (253).

[21] 吴星. 建筑工程环境影响评价体系和应用研究[D]. 北京:清华大学,2005.

[22] 曹新颖. 产业化住宅与传统住宅建设环境影响评价及比较研究[D]. 北京:清华大学,2012.

[23] 杨建新,王如松,刘晶茹. 中国产品生命周期影响评价方法研究[J]. 环境科学学报,2001,(2):234-237.

[24] 于利伟. 基于目标距离原理的产品生命周期影响评价方法研究[D]. 济

南:山东大学,2009.
[25] Weiss M, Patel M, Heilmeier H, et al. Applying Distance-to-target Weighing Methodology to Evaluate the Environmental Performance of Bio-based Energy, Fuels, and Materials[J]. Resources Conservation & Recycling, 2007, 50(3): 260 - 281.
[26] 韩宪兵,刘江龙,丁培道,等. LCA 软件的研究现状及其国内发展方向分析[C]. 2002 年材料科学与工程新进展(上)——2002 年中国材料研讨会论文集. 北京:冶金工业出版社,2002:938 - 941.
[27] Blengini G A, Carlo T D. The Changing Role of Life Cycle Phases, Subsystems and Materials in the LCA of Low Energy Buildings[J]. Energy & Buildings, 2010, 42(6): 869 - 880.
[28] Blengini G A, Carlo T D. Energy-saving Policies and Low-energy Residential Buildings: an LCA Case Study to Support Decision Makers in Piedmont (Italy)[J]. International Journal of Life Cycle Assessment, 2010, 15(7): 652 - 665.
[29] Passer A, Cresnik G, Schulter D, et al. Life Cycle Assessment of Buildings Comparing Structural Steelwork with Other Construction Techniques[C]. International Conference on Life Cycle Management. 2007, 3.
[30] 亿科环境科技. CLCD-中国生命周期核心数据库[EB/OL]. [2017 - 03 - 04]. http://www. ike-global. com/products-2/clcd-intro.
[31] Lippiatt B C. Building for Environmental and Economic Sustainability Technical Manual and User Guide[M]. NIST Interagency/Internal Report (NISTIR)- 7423, 2009.
[32] 崔鹏,李德智,昂双龙,等. 住宅建筑全寿命周期生态效率度量方法研究[J]. 建筑经济,2013,373(11):96 - 99.
[33] 陈江红,苏振民,李德智. 住宅建筑全生命周期环境影响的定量评价[C]//第十一届中国管理科学学术年会论文集,2009:76 - 82.
[34] 李德智,李启明,杜辉. 房地产开发生态足迹模型构建及实证分析[J]. 东南大学学报(自然科学版),2008,38(4):732 - 735.
[35] 欧晓星,李启明,李德智. 基于 BIM 的建筑物碳排放度量平台构建与应用[J]. 建筑经济,2016,37(4):100 - 104.

[36] 顾道金. 建筑环境负荷的生命周期评价[D]. 北京：清华大学，2006.

[37] Gu L, Lin B, Gu D, et al. An Endpoint Damage Oriented Model for Life Cycle Environmental Impact Assessment of Buildings in China[J]. Chinese Science Bulletin, 2008, 53(23): 3762 - 3769.

[38] 阴壮琴，尚春静，李小冬，等. 建筑工程生命周期生态足迹研究——以海南省某绿色建筑为例[J]. 建筑科学，2014，30(4)：10 - 14.

[39] 陈雨欣，陈建国，王雪青，等. 建筑业碳排放预测与减排策略研究[J]. 建筑经济，2016，37(10)：14 - 18.

[40] Zhang Z, Wu X, Yang X, et al. BEPAS-A Life Cycle Building Environmental Performance Assessment Model [J]. Building & Environment, 2006, 41(5): 669 - 675.

[41] Li X, Zhu Y, Zhang Z. An LCA-based Environmental Impact Assessment Model for Construction Processes [J]. Building & Environment, 2010, 45(3): 766 - 775.

[42] Li X, Su S, Zhang Z, et al. An Integrated Environmental and Health Performance Quantification Model for Pre-occupancy Phase of Buildings in China [J]. Environmental Impact Assessment Review, 2017, 63: 1 - 11.

[43] 中华人民共和国住房和城乡建设部. 建筑工程可持续性评价标准：JGJ/T 222—2011[S]. 北京：中国建筑工业出版社，2012.

[44] Filleti R A, Silva D A, Silva E J, et al. Dynamic System for Life Cycle Inventory and Impact Assessment of Manufacturing Processes [J]. Procedia Cirp, 2014, 15: 531 - 536.

[45] Bisinella F A, Spérandio M, Ahmadi A, et al. Evaluation of New Alternatives in Wastewater Treatment Plants Based on Dynamic Modelling and Life Cycle Assessment (DM-LCA) [J]. Water Research, 2015, 84: 99 - 111.

[46] ISO 14042. Environmental Management: Life Cycle Assessment: Life Cycle Impact Assessment. Switzerland: International Standard Organization. [S], 1999.

[47] PAS 2050. Specification for the Assessment of the Life Cycle Greenhouse Gas Emissions of Goods and Services. Publicly Available Specif. [S],

2011: 978, 1-45.

[48] Heinrich A B. International Reference Life Cycle Data System Handbook[J]. The International Journal of Life Cycle Assessment, 2010, 15(5): 524-525.

[49] Yuan C, Wang E, Zhai Q, et al. Temporal Discounting in Life Cycle Assessment: a Critical Review and Theoretical Framework [J]. Environmental Impact Assessment Review, 2015, 51: 23-31.

[50] Chau C, Leung T, Ng W. A Review on Life Cycle Assessment, Life Cycle Energy Assessment and Life Cycle Carbon Emissions Assessment on Buildings[J]. Applied Energy, 2015, 143: 395-413.

[51] Levasseur A, Lesage P, Margni M, et al. Considering Time in LCA: Dynamic LCA and Its Application to Global Warming Impact Assessments[J]. Environmental Science & Technology, 2010, 44: 3169-74.

[52] Santos R, Costa A A, Silvestre J D, et al. Integration of LCA and LCC Analysis Within a Bim-based Environment[J]. Automation in Construction, 2019, 103: 127-149.

[53] Ajayi S, Oyedele L, Ceranic B, et al. Life Cycle Environmental Performance of Material Specification: a BIM-enhanced Comparative Assessment[J]. International Journal of Sustainable Building Technology and Urban Development, 2015, 6: 14-24.

[54] Tzivanidis C, Antonopoulos K. A, Gioti F. Numerical Simulation of Cooling Energy Consumption in Connection with Thermostat Operation Mode and Comfort Requirements for the Athens Buildings[J]. Applied Energy, 2011, 88: 2871-2884.

[55] Wang J Y, Wu H Y, Duan H B et al. Combining Life Cycle Assessment and Building Information Modelling to Account for Carbon Emission of Building Demolition Waste: A Case Study[J]: Journal of Cleaner Production, 2018, 172: 3154-3166.

[56] Cheng J C, Ma L Y. A BIM-based System for Demolition and Renovation Waste Estimation and Planning[J]. Waste Management, 2013, 33(6): 1539-1551.

[57] Simapro. Ecoinvent Life Cycle Inventory Database[DS].

[58] Environment Integrated-Knowledge-for-our. CLCD Database (Version 0.8)[DS], [2020-10-19].

[59] Thinkstep. GaBi Databases[DS].

[60] Laboratory National-Renewable-Energy. Life Cycle Inventory Database [DS], [2020-10-19].

[61] 谷立静.基于生命周期评价的中国建筑行业环境影响研究[D].北京:清华大学,2009.

[62] Sonnemann G, Vigon B, Rack M, et al. Global Guidance Principles for Life Cycle Assessment Databases: Development of Training Material and Other Implementation Activities on the Publication[J]. The International Journal of Life Cycle Assessment, 2013, 18(5).

[63] Reap J, Roman F, Duncan S, et al. A Survey of Unresolved Problems in Life Cycle Assessment[J]. The International Journal of Life Cycle Assessment, 2008, 13(5):374.

[64] Lueddeckens S, Saling P, Guenther E. Temporal Issues in Life Cycle Assessment-a Systematic Review[J]. The International Journal of Life Cycle Assessment, 2020, 25(8): 1385-1401.

[65] 李盛德.关于变权综合评判的探讨[J].大连海洋大学学报,1993,(4):89-94.

[66] Peñaloza D, Erlandsson M, Pousette A. Climate Impacts From Road Bridges: Effects of Introducing Concrete Carbonation and Biogenic Carbon Storage in Wood[J]. Structure and Infrastructure Engineering, 2018, 14(1): 56-67.

[67] Levasseur A, Lesage P, Margni M, et al. Assessing Temporary Carbon Sequestration and Storage Projects Through Land Use, Land-use Change and Forestry: Comparison of Dynamic Life Cycle Assessment with Ton-year Approaches[J]. Climatic Change, 2012, 115(3).

[68] Arbault D, Rivière M, Rugani B, et al. Integrated Earth System Dynamic Modeling for Life Cycle Impact Assessment of Ecosystem Services[J]. Science of the Total Environment, 2014, 472.

[69] Pittau F, Lumia G, Heeren N, et al. Retrofit as a Carbon Sink: the Carbon Storage Potentials of the Eu Housing Stock[J]. Journal of Cleaner Production, 2018.

[70] Messagie M, Mertens J, Oliveira L, et al. The Hourly Life Cycle Carbon Footprint of Electricity Generation in Belgium, Bringing a Temporal Resolution in Life Cycle Assessment[J]. Applied Energy, 2014, 134.

[71] Didier B, Ariane A, Arnaud H, et al. Addressing Temporal Considerations in Life Cycle Assessment[J]. Science of the Total Environment, 2020, 743.

[72] Beloin-Saint-Pierre D, Levasseur A, et al. Implementing a Dynamic Life Cycle Assessment Methodology with a Case Study on Domestic Hot Water Production[J]. Journal of Industrial Ecology, 2017, 21: 1128 - 1138.

[73] Maier M, Mueller M, Yan X. Introducing a Localised Spatio-temporal Lci Method with Wheat Production as Exploratory Case Study[J]. Journal of Cleaner Production, 2017, 140.

[74] Li Y, Hou X, Zhang W L, et al. Integration of Life Cycle Assessment and Statistical Analysis to Understand the Influence of Rainfall on WWTPS with Combined Sewer Systems[J]. Journal of Cleaner Production, 2018, 172.

[75] Shimako A H, Tiruta-barna L, Faria A B, et al. Sensitivity Analysis of Temporal Parameters in a Dynamic LCA Framework[J]. Science of the Total Environment, 2018, 624.

[76] Collinge W, Landis A E, Jones A K, et al. Indoor Environmental Quality in a Dynamic Life Cycle Assessment Framework for Whole Buildings: Focus on Human Health Chemical Impacts[J]. Building and Environment, 2013, 62.

[77] Onat N C, Kucukvar M, Tatari O. Uncertainty-embedded Dynamic Life Cycle Sustainability Assessment Framework: an Ex-ante Perspective on the Impacts of Alternative Vehicle Options[J]. Energy, 2016, 112.

[78] Lee E K, Zhang X, Adler P R, et al. Spatially and Temporally Explicit Life Cycle Global Warming, Eutrophication, and Acidification Impacts From Corn Production in the U. S. Midwest[J]. Journal of Cleaner Production, 2020, 242.

[79] Mo W, Wang H, Jacobs J M. Understanding the Influence of Climate Change on the Embodied Energy of Water Supply[J]. Water Research, 2016, 95.

[80] Williams D, Elghali L, Wheeler R, et al. Climate Change Influence on Building Lifecycle Greenhouse Gas Emissions: Case Study of a UK Mixed-use Development[M], 2012: 112 - 126.

[81] Su S, Li X, Zhu Y. Dynamic Assessment Elements and Their Prospective Solutions in Dynamic Life Cycle Assessment of Buildings [J]. Building and Environment, 2019, 158: 248 - 259.

[82] Yang J, Chen B. Global Warming Impact Assessment of a Crop Residue Gasification Project-a Dynamic LCA Perspective[J]. Applied Energy, 2014, 122.

[83] Negishi K, Lebert A, Almeida D, et al. Evaluating Climate Change Pathways Through a Building's Lifecycle Based on Dynamic Life Cycle Assessment[J]. Building and Environment, 2019, 164: 106377.

[84] Ikaga T, Murakami S, Kato S, et al. Forecast of CO_2 Emissions From Construction and Operation of Buildings in Japan Up to 2050[J]. Journal of Asian Architecture and Building Engineering, 2002, 1(2).

[85] Viebahn P, Lechon Y, Trieb F. The Potential Role of Concentrated Solar Power (CSP) in Africa and Europe-a Dynamic Assessment of Technology Development, Cost Development and Life Cycle Inventories Until 2050[J]. Energy Policy, 2010, 39(8).

[86] Su S, Zhu C, Li X. A Dynamic Weighting System Considering Temporal Variations Using the DTT Approach in LCA of Buildings [J]. Journal of Cleaner Production, 2019, 220.

[87] Fouquet M, Levasseur A, Margni M, et al. Methodological Challenges and Developments in LCA of Low Energy Buildings: Application to Biogenic Carbon and Global Warming Assessment[J].

Building and Environment, 2015, 90: 51 - 59.

[88] Almeida J, Degerickx J, Achten W M, et al. Greenhouse Gas Emission Timing in Life Cycle Assessment and the Global Warming Potential of Perennial Energy Crops[J]. Carbon Management, 2015, 6 (5).

[89] Hessam A, Ammar Y, Ben A. Removing Shadows From Consequential LCA Through a Time-dependent Modeling Approach: Policy-making in the Road Pavement Sector[J]. Environmental Science & Technology, 2019, 53(3).

[90] Ciraig. DynCO2-the Dynamic Carbon Footprinter[Z], 2014.

[91] Ericsson N, Porsö C, Ahlgren S, et al. Time-dependent Climate Impact of a Bioenergy System-methodology Development and Application to Swedish Conditions[J]. GCB Bioenergy, 2013, 5: 580 - 590.

[92] Ericsson N, Sundberg C, Nordberg Å, Ahlgren S, et al. Time-dependent Climate Impact and Energy Efficiency of Combined Heat and Power Production from Short-rotation coppice willow using pyrolysis or direct combustion[J]. GCB Bioenergy, 2017, 9: 876 - 890.

[93] Ericsson N, Nordberg Å, Sundberg C, et al. Climate Impact and Energy Efficiency From Electricity Generation Through Anaerobic Digestion or Direct Combustion of Short Rotation Coppice Willow[J]. Applied Energy, 2014, 132.

[94] Lebailly F, Levasseur A, Samson R, et al. Development of a Dynamic Lca Approach for the Freshwater Ecotoxicity Impact of Metals and Application to a Case Study Regarding Zinc Fertilization[J]. The International Journal of Life Cycle Assessment, 2014, 19(10).

[95] Shimako A H, Tiruta-barna L, Ahmadi A. Operational Integration of Time Dependent Toxicity Impact Category in Dynamic Lca[J]. Science of the Total Environment, 2017, 599 - 600.

[96] Negishi K, Tiruta-barna L, Schiopu N, et al. An Operational Methodology for Applying Dynamic Life Cycle Assessment to Buildings [J]. Building and Environment, 2018.

[97] Pradinaud C, Northey S, Amor B, et al. Defining Freshwater as a Natural Resource: a Framework Linking Water Use to the Area of Protection Natural Resources[J]. The International Journal of Life Cycle Assessment, 2019, 24(5).

[98] Peter F, Lesa A, Jane B, et al. Advancements in Life Cycle Human Exposure and Toxicity Characterization[J]. Environmental Health Perspectives, 2018, 126(12).

[99] Fantke P, Aurisano N, Bare J, et al. Toward Harmonizing Ecotoxicity Characterization in Life Cycle Impact Assessment[J]. Environmental Toxicology and Chemistry, 2018, 37(12).

[100] Verones F, Hanafiah M M, Pfister S, et al. Characterization Factors for Thermal Pollution in Freshwater Aquatic Environments[J]. Environmental Science & Technology, 2010, 44(24): 9364 - 9369.

[101] Shah V P, Ries R J. A Characterization Model with Spatial and Temporal Resolution for Life Cycle Impact Assessment of Photochemical Precursors in the United States[J]. The International Journal of Life Cycle Assessment, 2009, 14(4): 313 - 327.

[102] Struijs J, Van Dijk A, Slaper H, et al. Spatial-and Time-explicit Human Damage Modeling of Ozone Depleting Substances in Life Cycle Impact Assessment[J]. Environmental Science & Technology, 2010, 44(1): 204 - 209.

[103] Van Zelm R, Huijbregts M A, Van Jaarsveld H A, et al. Time Horizon Dependent Characterization Factors for Acidification in Life-cycle Assessment Based on Forest Plant Species Occurrence in Europe [J]. Environmental science & technology, 2007, 41(3): 922 - 927.

[104] Peng S, Li T, Wang Y, et al. Prospective Life Cycle Assessment Based on System Dynamics Approach: a Case Study on the Large-scale Centrifugal Compressor[J]. Journal of Manufacturing Science and Engineering, 2018, 141(2).

[105] Collinge W O, Landis A E, Jones A K, et al. Dynamic Life Cycle Assessment: Framework and Application to an Institutional Building [J]. The International Journal of Life Cycle Assessment, 2013, 18

(3): 538 - 552.

[106] Zhang Y R. Taking the Time Characteristic into Account of Life Cycle Assessment: Method and Application for Buildings[Z]: MDPI AG, 2017: 922.

[107] Hellweg S, Hofstetter T B, Hungerbuhler K. Discounting and the Environment Should Current Impacts Be Weighted Differently Than Impacts Harming Future Generations? [J]. International Journal of Life Cycle Assessment, 2003, 8(1).

[108] Hu M. Dynamic Life Cycle Assessment Integrating Value Choice and Temporal Factors-a Case Study of an Elementary School[J]. Energy & Buildings, 2018, 158.

[109] O'hare M, Plevin R J, Martin J I, et al. Proper Accounting for Time Increases Crop-based Biofuels' Greenhouse Gas Deficit versus Petroleum[J]. Environmental Research Letters, 2019, 4(2).

[110] Fearnside P M, Lashof D A, Moura-costa P. Accounting for Time in Mitigating Global Warming Through Land-use Change and Forestry [J]. Mitigation and Adaptation Strategies for Global Change, 2000, 5(3).

[111] Bakas I, Hauschild M Z, Astrup T F, et al. Preparing the Ground for an Operational Handling of Long-term Emissions in LCA[J]. The International Journal of Life Cycle Assessment, 2015, 20(10).

[112] Kumar V V, Hoadley A, Shastri Y. Dynamic Impact Assessment of Resource Depletion: a Case Study of Natural Gas in New Zealand[J]. Sustainable Production and Consumption, 2019, 18.

[113] Costa M P, Wilson C. An Equivalence Factor Between CO_2 Avoidedemissions and Sequestration-Description Andapplications in Forestry[J]. Mitigation and Adaptation Strategies for Global Change, 2000, 5(1): 51 - 60.

[114] Fearnside P M. Why a 100-year Time Horizon Should Be Used for Globalwarming Mitigation Calculations [J]. Mitigation and Adaptation Strategies for Global Change, 2002, 7(1): 19 - 30.

[115] Boucher O. Comparison of Physically-and Economically-based CO_2

equivalences for Methane[J]. Earth System Dynamics, 2012, 3(1): 49-61.

[116] Levasseur A, Lesage P, Margni M, et al. Biogenic Carbon and Temporary Storage Addressed with Dynamic Life Cycle Assessment [J]. Journal of Industrial Ecology, 2013, 17(1).

[117] Wu X, Peng B, Lin B. A Dynamic Life Cycle Carbon Emission Assessment on Green and Non-green Buildings in China[J]. Energy & Buildings, 2017, 149.

[118] Russell-Smith S, Lepech M. Dynamic Life Cycle Assessment of Building Design and Retrofit Processes[C], International Workshop on Computing in Civil Engineering 2011: 760-767.

[119] Stasinopoulos P, Compston P, Newell B, et al. A System Dynamics Approach in LCA to Account for Temporal Effects-a Consequential Energy LCI of Car Body-in-whites[J]. The International Journal of Life Cycle Assessment, 2012, 17(2): 199-207.

[120] Collinge W O, Liao L, Xu H, et al. Enabling Dynamic Life Cycle Assessment of Buildings with Wireless Sensor Networks[C]. IEEE International Symposium on Sustainable Systems and Technology. IEEE, 2011: 1-6.

[121] Pehnt M. Dynamic Life Cycle Assessment (LCA) of Renewable Energy Technologies[J]. Renewable Energy, 2005, 31(1).

[122] Peng S, Li T, Wang Y, et al. Prospective Life Cycle Assessment Based on System Dynamics Approach: a Case Study on the Large-scale Centrifugal Compressor[J]. Journal of Manufacturing Science and Engineering, 2018, 141(2).

[123] Sohn J, Kalbar P, Goldstein B, et al. Defining Temporally Dynamic Life Cycle Assessment: a Review [J]. Integrated Environmental Assessment and Management, 2020, 16(3).

[124] 李小冬，苏舒，高源雪，等. 不同结构住宅物化阶段环境影响比较[J]. 清华大学学报(自然科学版)，2013，53(9)：1255-1260.

[125] 亿科环境科技. CLCD-中国生命周期核心数据库[EB/OL]：亿科环境科技. http://www.ike-global.com/products-2/clcd-intro.

[126] 刘毅,何小赛. 基于生命周期分析的中国城镇住宅物化环境影响评价[J]. 清华大学学报(自然科学版),2015,55(1):74-79.

[127] Han B, Wang R, Yao L, et al. Life Cycle Assessment of Ceramic Façade Material and Its Comparative Analysis with Three Other Common Façade Materials[J]. Journal of Cleaner Production, 2015, 99(1): 86-93.

[128] 熊宝玉. 住宅建筑全生命周期碳排放量测算研究[D]. 深圳:深圳大学,2015.

[129] Wu S R, Li X, Apul D, et al. Agent-Based Modeling of Temporal and Spatial Dynamics in Life Cycle Sustainability Assessment[J]: Journal of Industrial Ecology, 2017, 21(6): 1507-1521.

[130] 裴龙. 基于能耗模拟及生命周期评价的武汉高层住宅建筑的生态化设计研究[D]. 武汉:华中科技大学,2015.

[131] 李孟豪. 基于 BIM 的建筑生命周期能耗计算的研究[D]. 青岛:青岛理工大学,2015.

[132] Rauf A. The Effect of Building and Material Service Life on Building Life Cycle Embodied Energy[D]. Melbourne: The University of Melbourne, 2015.

[133] Basbagill J, Lepech M. Embodied versus Operational Environmental Impact Tradeoffs of Building Design Decisions[C]//International and Middle East Conference on Sustainability and Human Development. 2013.

[134] 中华人民共和国住房和城乡建设部,中华人民共和国国家质量监督检验检疫总局. 建筑工程工程量清单计价规范:GB 50500—2013[S]. 北京:中国计划出版社,2013.

[135] 中华人民共和国住房和城乡建设部,国家质量监督检验检疫总局. 建筑结构可靠性设计统一标准:GB 50068—2018[S]. 北京:中国建筑工业出版社,2019.

[136] 仲平. 建筑生命周期能源消耗及其环境影响研究[D]. 成都:四川大学,2005.

[137] 朱嬿,陈莹. 住宅建筑生命周期能耗及环境排放案例[J]. 清华大学学报(自然科学版),2010(3):330-334.

[138] 中华人民共和国国家发展和改革委员会. 中国资源综合利用年度报告(2014)[R]. 2014.
[139] 郭远臣,王雪. 建筑垃圾资源化与再生混凝土[M]. 南京:东南大学出版社,2015.
[140] 崔素萍,刘晓. 建筑废弃物资源化关键技术及发展战略[M]. 北京:科学出版社,2017.
[141] Keoleian G A, Blanchard S, Reppe P. Life-Cycle Energy, Costs, and Strategies for Improving a Single-family House [J]. Journal of Industrial Ecology, 2000, 4(2):135 - 156.
[142] 王侠,任宏. 不同结构住宅建筑生命周期环境影响比较[J]. 建筑,2016,811(11):65 - 67.
[143] 清华大学建筑节能研究中心. 中国建筑节能年度发展研究报告[M]. 北京:中国建筑工业出版社,2017.
[144] 高坤. 城市化与居民生活用电需求的实证分析[D]. 成都:西南财经大学,2008.
[145] Bonte M, Thellier F, Lartigue B. Impact of Occupant's Actions on Energy Building Performance and Thermal Sensation[J]. Energy & Buildings, 2014, 76: 219 - 227.
[146] Blight T S, Coley D A. Sensitivity Analysis of the Effect of Occupant Behaviour on the Energy Consumption of Passive House Dwellings [J]. Energy & Buildings, 2013, 66(5): 183 - 192.
[147] 李兆坚,江亿,魏庆芃. 北京市某住宅楼夏季空调能耗调查分析[J]. 暖通空调,2007,197(4):46 - 51.
[148] Ouyang J, Hokao K. Energy-saving Potential by Improving Occupants' Behavior in Urban Residential Sector in Hangzhou City, China[J]. Energy & Buildings, 2009,41(7): 711 - 720.
[149] 白玮. 民用建筑能源需求与环境负荷研究[D]. 上海:同济大学,2007.
[150] 曾荻. 我国民用建筑运行能耗预测方法及其应用研究[D]. 北京:北京交通大学,2012.
[151] 雷娅蓉. 重庆市居住建筑能耗预测方法研究[D]. 重庆:重庆大学,2008.
[152] 蒲清平. 城市居住建筑能耗影响因素与预测模型构建研究[D]. 重庆:重庆大学,2012.

[153] 庞阿荣. 城市居民能源使用行为过程的影响因素分析[D]. 大连:大连理工大学,2011.

[154] 刘斌,杨昭,朱能,等. 舒适性与空调系统能耗研究[J]. 天津大学学报(自然科学与工程技术版),2003,36(4):489 - 492.

[155] 中华人民共和国住房和城乡建设部. 民用建筑热工设计规范:GB 50176—2016[S]. 北京:中国工业建筑出版社,2016.

[156] Crawley D B, Lawrie L K, Winkelmann F C, et al. EnergyPlus: Creating a New-generation Building Energy Simulation Program[J]. Energy & Buildings, 2014, 33(4): 319 - 331.

[157] Clarke J A, McLean D. ESP-A Building and Plant Energy Simulation System[J]. Strathclyde: Energy Simulation Research Unit, University of Strathclyde, 1988.

[158] Yan D, Xia J, Tang W, et al. DeST-An Integrated Building Simulation Toolkit Part I: Fundamentals[J]. Building Simulation, 2008, 1(2): 95 - 110.

[159] Heydarian A, Carneiro J P, Gerber D, et al. Immersive Virtual Environments versus Physical Built Environments: A Benchmarking Study for Building Design and User-built Environment Explorations [J]. Automation in Construction, 2015, 54: 116 - 126

[160] 于新巧. 我国办公和城镇住宅建筑能耗计算参考模式研究[D]. 北京:清华大学,2016.

[161] 王闯. 有关建筑用能的人行为模拟研究[D]. 北京:清华大学,2014.

[162] 陈淑琴. 基于统计学理论的城市住宅建筑能耗特征分析与节能评价[D]. 长沙:湖南大学,2009.

[163] 清华大学建筑技术科学系 DeST 开发小组. DeST-h 用户使用手册[Z],2004.

[164] Feng X, Yan D, Wang C, et al. A Preliminary Research on the Derivation of Typical Occupant Behavior Based on Large-scale Questionnaire Surveys[J]. Energy & Buildings, 2016, 117: 332 - 340.

[165] 陈希琳. 住宅集中式太阳能生活热水系统优化与性能研究[D]. 北京:北京建筑大学,2016.

[166] 刘阿祺. 住宅太阳能热水系统应用问题分析与评价方法研究[D]. 北京:

清华大学,2011.

[167] 中华人民共和国住房和城乡建设部. 建筑给排水设计标准:GB 50015—2019[S]. 北京:中国计划出版社,2019.

[168] 中国能源中长期发展战略研究组. 中国能源中长期(2030、2050)发展战略研究,电力·油气·核能·环境卷[M]. 北京:科学出版社,2011.

[169] 中国能源中长期发展战略研究项目组. 中国能源中长期(2030、2050)发展战略研究. 综合卷[M]. 北京:科学出版社,2011.

[170] 江苏省统计局,国家统计局江苏调查总队. 江苏统计年鉴[EB/OL]. [2016-09-04]. http://www.jssb.gov.cn/2016nj/indexc.htm.

[171] 江苏省住房和城乡建设厅. 居住建筑热环境和节能设计标准:DB3214066—2021[S]. 2021.

[172] Wu X, Zhang Z, Chen Y. Study of the Environmental Impacts Based on the "Green Tax"-applied to Several Types of Building Materials [J]. Building and Environment, 2005, 40(2): 227-237.

[173] 白建华,辛颂旭,刘俊,等. 中国实现高比例可再生能源发展路径研究[J]. 中国电机工程学报,2015,35(14):3699-3705.

[174] NREL. Renewable Electricity Futures Study[EB/OL]. [2017-11-08]. http://www.nrel.gov.

[175] European Commission. Energy for the Future: Renewable Resources of Energy White Paper for a Community Strategy and Action Plan [EB/OL]. [2017-11-08]. http://www.economicswebinstitute.org.

[176] NEB. Canada's Energy Future 2013: Energy Supply and Demand Projections to 2035[EB/OL]. [2017-11-08]. http://www.neb-one.ga.ca.

[177] 中华人民共和国国家发展和改革委员会. 可再生能源发展"十三五"规划[R],2016.

[178] 刘琳. 新能源风电发展预测与评价模型研究[D]. 北京:华北电力大学,2012.

[179] 国家发展和改革委员会能源研究所课题组. 中国 2050 年低碳发展之路:能源需求暨碳排放情景分析[M]. 北京:科学出版社,2009.

[180] 国家发展和改革委员会能源研究所. 中国 2050 年高比例可再生能源发展情景暨路径研究[R]. 2015.

[181] 吉平,周孝信,宋云亭,等. 区域可再生能源规划模型述评与展望[J]. 电网技术,2013,37(8):2071-2079.

[182] 中国国家标准化管理委员会,中华人民共和国国家质量监督检验检疫总局. 综合能耗计算通则:GB/T 2589—2020[S]. 北京:中国标准出版社,2020.

[183] 李龙君,马晓茜,谢明超,等. 风力发电系统的全生命周期分析[J]. 风机技术,2015,57(2):65-70,84.

[184] 谢泽琼,马晓茜,黄泽浩,等. 太阳能光伏发电全生命周期评价[J]. 环境污染与防治,2013,35(12):106-110.

[185] 姜子英,潘自强,邢江,等. 中国核电能源链的生命周期温室气体排放研究[J]. 中国环境科学,2015,35(11):3502-3510.

[186] Ahlroth S. The Use of Valuation and Weighting Sets in Environmental Impact Assessment[J]. Resources Conservation and Recycling, 2014, 85: 34-41.

[187] 周大地. 2020 中国可持续能源情景[M]. 北京:中国环境科学出版社,2003.

[188] Lindfors L G, Christiansen K, Hoffman L, et al. Nordic Guidelines on Life-cycle Assessment [J]. International Journal of Life Cycle Assessment, 1995, 1(1): 45-48.

[189] Powell J C, Pearce D W, Craighill A L. Approaches to Valuation in LCA Impact Assessment [J]. International Journal of Life Cycle Assessment, 1997,2(1): 11-15.

[190] Wenzel H, Hauschild M Z, Alting L. Environmental Assessment of Products: Volume 1: Methodology, Tools and Case Studies in Product Development[M]. Chapman & Hall, 1997.

[191] Lin M, Zhang S, Chen Y. Distance-to-target Weighting in Life Cycle Impact Assessment Based on Chinese Environmental Policy for the Period 1995-2005 (6 pp)[J]. The International Journal of Life Cycle Assessment, 2005,10(6): 393-398.

[192] 吴丹,王式功,尚可政. 中国酸雨研究综述[J]. 干旱气象,2006,(2):70-77.

[193] 政府间气候变化专门委员会. 气候变化 2014 综合报告[R]. 2015.

[194] 江苏省人民政府. 江苏省"十三五"节能减排综合实施方案[R]. 2017.
[195] 徐华清. 中国能源发展的环境约束问题研究[M]. 北京:中国环境科学出版社,2012.
[196] 中国科学院能源领域战略研究组. 中国至 2050 年能源科技发展路线图[M]. 北京:科学出版社,2009.
[197] The World Bank. World Bank Open Data[EB/OL]. [2017-06-13]. https://data.worldbank.org/.
[198] Schneider L, Berger M, Finkbeiner M. The Anthropogenic Stock Extended Abiotic Depletion Potential (AADP) as a New Parameterisation to Model the Depletion of Abiotic Resources[J]. International Journal of Life Cycle Assessment, 2011,16(9): 929-936.
[199] Gao F, Nie Z R, Wang Z H, et al. Characterization and Normalization Factors of Abiotic Resource Depletion for Life Cycle Impact Assessment in China[J]. Science in China Series E: Technological Sciences, 2009, 52(1): 215-222.
[200] EnWaterstaat M V, Waterbouwkunde D W. Abiotic resource depletion in LCA[J]. 2002.
[201] 中华人民共和国国土资源部. 中国矿产资源报告[R]. 2016.
[202] 中国科学院水资源领域战略研究组. 中国至 2050 年水资源领域科技发展路线图[M]. 北京:科学出版社,2009.
[203] 国土资源部,国家发展和改革委员会,工业和信息化部,等. 全国矿产资源规划(2016—2020 年)[R]. 2016.
[204] Sampat P. Groundwater Shock[J]. World Watch, 2000.
[205] 中国科学院. 中国至 2050 年矿产资源科技发展路线图[M]. 北京:科学出版社,2009.
[206] 江苏省住房和城乡建设厅. 江苏省建筑与装饰工程计价定额[M]. 南京:江苏凤凰科学技术出版社,2014.
[207] Hanafiah M M, Xenopoulos M A, Pfister S, et al. Characterization Factors for Water Consumption and Greenhouse Gas Emissions Based on Freshwater Fish Species Extinction[J]. Environmental Science and Technology, 2011: 5272-5278.
[208] 李翔. 城市住宅(区)建筑能耗的生命周期评价方法研究[D]. 武汉:华中

科技大学,2005.

[209] Oreszczyn T, Hong S H, Ridley I, et al. Determinants of Winter Indoor Temperatures in Low Income Households in England[J]. Energy and Buildings, 2006, 38(3): 245 - 252.

[210] Sardianou E. Estimating Space Heating Determinants: an Analysis of Greek Households[J]. Energy and Buildings, 2008, 40(6): 1084 - 1093.

[211] 曾毅,金沃泊,王正联.多维家庭人口预测模型的建立及应用[J].中国人口科学,1998,(5):2 - 18.

[212] Tiruta-Barna L, Pigné Y, Gutiérrez T, et al. Framework and Computational Tool for the Consideration of Time Dependency in Life Cycle Inventory: Proof of Concept[J]. Journal of Cleaner Production, 2016, 116: 198 - 206.

[213] Ciraig. DynCO_2, Dynamic Carbon Footprinter[Z], 2014.

[214] Rossi V, Cleeve-edwards N, Lundquist L, et al. Life Cycle Assessment of End-of-life Options for Two Biodegradable Packaging Materials: Sound Application of the European Waste Hierarchy[J]. Journal of Cleaner Production, 2015, 86: 132 - 145.

[215] Demertzi M, Paulo J A, Faias S P, et al. Evaluating the Carbon Footprint of the Cork Sector with a Dynamic Approach Including Biogenic Carbon Flows[J]. The International Journal of Life Cycle Assessment, 2018, 23(7): 1448 - 1459.

[216] Intergovernmental Panel on Climate Change (IPCC). Global Warming of 1.5 ℃[R]. 2018.

[217] Peñaloza D, Erlandsson M, Falk A. Exploring the Climate Impact Effects of Increased Use of Bio-based Materials in Buildings[J]. Construction and Building Materials, 2016, 125: 219 - 226.

[218] Zhang X, Wang F. Analysis of Embodied Carbon in the Building Life Cycle Considering the Temporal Perspectives of Emissions: a Case Study in China[J]. Energy and Buildings, 2017, 155: 404 - 413.

[219] Collinge W O, Rickenbacker H J, Landis A E, et al. Dynamic Life Cycle Assessments of a Conventional Green Building and a Net Zero

Energy Building: Exploration of Static, Dynamic, Attributional, and Consequential Electricity Grid Models[J]. Environmental Science & Technology, 2018, 52(19): 11429 - 11438.

[220] Gimeno-Frontera B, Mainar-Toledo M D, Zambrana-Vásquez D, et al. Sustainability of Non-residential Buildings and Relevance of Main Environmental Impact Contributors' Variability. a Case Study of Food Retail Stores Buildings[J]. Renewable and Sustainable Energy Reviews, 2018, 94: 669 - 681.

[221] Collet P, Lardon L, Steyer J, et al. How to Take Time into Account in the Inventory Step: a Selective Introduction Based on Sensitivity Analysis[J]. the International Journal of Life Cycle Assessment, 2014, 19: 320 - 330.

[222] Pinsonnault A, Lesage P, Levasseur A, et al. Temporal Differentiation of Background Systems in LCA: Relevance of Adding Temporal Information in LCI Databases[J]. The International Journal of Life Cycle Assessment, 2014, 19(11): 1843 - 1853.

[223] National Institute of Building Science. National BIM Standards[DB/OL],2015.

[224] Volk R, Stengel J, Schultmann F. Building Information Modeling (BIM) for Existing Buildings-Literature Review and Future Needs [J]. Automation in Construction, 2014, 43: 204 - 204.

[225] Becerik-Gerber B, Jazizadeh F, Li N, et al. Application Areas and Data Requirements for Bim-enabled Facilities Management [J]. Journal of Construction Engineering and Management, 2012, 138(3): 431 - 442.

[226] Hollberg A, Genova G, Habert G. Evaluation of Bim-based LCA Results for Building Design[J]. Automation in Construction, 2020, 109: 102972 - 102972.

[227] Kota S, Haberl J, Clayton M, et al. Building Information Modeling (BIM)-based Daylighting Simulation and Analysis[J]. Energy and Buildings, 2014, 81: 391 - 403.

[228] Azhar S, Carlton W A, Olsen D, et al. Building Information

Modeling for Sustainable Design and LEED® Rating Analysis[J]. Automation in Construction, 2011, 20(2): 217-224.

[229] Ilhan B, Yaman H. Green Building Assessment Tool (GBAT) for Integrated BIM-based Design Decisions[J]. Automation in Construction, 2016, 70: 26-37.

[230] Jalaei F, Jalaei F, Mohammadi S. An Integrated Bim-LEED Application to Automate Sustainable Design Assessment Framework at the Conceptual Stage of Building Projects[J]. Sustainable Cities and Society, 2020, 53: 101979.

[231] Liu Z, Chen D K, Peh D L, et al. A Feasibility Study of Building Information Modeling for Green Mark New Non-residential Building (NRB): 2015 Analysis[J]. Energy Procedia, 2017, 143: 80-87.

[232] Najjar M, Figueiredo K, Palumbo M, et al. Integration of BIM and LCA: Evaluating the Environmental Impacts of Building Materials at an Early Stage of Designing a Typical Office Building[J]. Journal of Building Engineering, 2017, 14:115-126.

[233] Peng C. Calculation of a Building's Life Cycle Carbon Emissions Based on Ecotect and Building Information Modeling[J]. Journal of Cleaner Production, 2016, 112: 453-465.

[234] Lu Y, Wu Z, Chang R, et al. Building Information Modeling (BIM) for Green Buildings: a Critical Review and Future Directions[J]. Automation in Construction, 2017, 83: 134-148.

[235] Jalaei F, Jrade A, Nassiri M. Integrating Decision Support System (DSS) and Building Information Modeling (BIM) to Optimize the Selection of Sustainable Building Components [J]. Journal of Information Technology in Construction, 2015, 20: 399-420.

[236] Inyim P, Rivera J, Zhu Y. Integration of Building Information Modeling and Economic and Environmental Impact Analysis to Support Sustainable Building Design[J]. Journal of Management in Engineering, 2015, 31(1).

[237] Lee S, Tae S, Roh S, et al. Green Template for Life Cycle Assessment of Buildings Based on Building Information Modeling:

Focus on Embodied Environmental Impact[J]. Sustainability, 2015, 7: 16498 - 16512.

[238] Wong J K, Zhou J. Enhancing Environmental Sustainability Over Building Life Cycles Through Green BIM: a Review[J]. Automation in Construction, 2015, 57: 156 - 165.

[239] Yang W, Wang S. A BIM-LCA Framework and Case Study of a Residential Building in Tianjin[M]//Xie L. Modeling and Computation in Engineering Ⅱ. London: CRC Press, 2013: 95 - 100.

[240] Kiamili C, Hollberg A, Habert G. Detailed Assessment of Embodied Carbon of Hvac Systems for a New Office Building Based on BIM[J]. Sustainability, 2020.

[241] Ge X J, Livesey P, Wang J, et al. Deconstruction Waste Management through 3D Reconstruction and BIM: a Case Study[J]. Visualization in Engineering, 2017, 5(1).

[242] Kim Y, Hong W, Park J, et al. An Estimation Framework for Building Information Modeling (BIM)-based Demolition Waste By Type[J]: Waste Management & Research: the Journal for a Sustainable Circular Economy, 2017, 35: 1285 - 1295.

[243] Zhao X. A Scientometric Review of Global Bim Research: Analysis and Visualization[J]. Automation in Construction, 2017, 80: 37 - 47.

[244] Azhar S, Khalfan M, Maqsood T. Building Information Modelling (BIM): Now and Beyond[J]. Australasian Journal of Construction Economics and Building, 2015, 12: 15 - 28.

[245] Azhar S. Building Information Modeling (BIM): Trends, Benefits, Risks, and Challenges for the AEC Industry[J]. Leadership and Management in Engineering, 2011, 11(3): 241 - 252.

[246] Azhar S, Brown J. BIM for Sustainability Analyses[J]. International Journal of Construction Education and Research, 2009, 5: 276 - 292.

[247] Sacks R, Eastman C, Lee G, et al. BIM Handbook: A Guide to Building Information Modeling for Owners, Managers, Designers, Engineers and Contractors, and Facility Managers[M]. 3rd ed., John

Wiley & Sons, 2018.

[248] Ahn K, Kim Y, Park C, et al. BIM Interface for Full VS. Semi-automated Building Energy Simulation[J]. Energy and Buildings, 2014, 68: 671 - 678.

[249] Li Q, Long R, Chen H, et al. Visualized Analysis of Global Green Buildings: Development, Barriers and Future Directions[J]. Journal of Cleaner Production, 2020, 245: 118775.

[250] Jrade A, Jalaei F. Integrating Building Information Modelling with Sustainability to Design Building Projects at the Conceptual Stage[J]. Building Simulation, 2013, 6(4): 429 - 444.

[251] Wong J K, Kuan K. Implementing "Beam Plus" for BIM-based Sustainability Analysis[J]. Automation in Construction, 2014, 44: 163 - 175.

[252] Chang Y, Hsieh S. A Review of Building Information Modeling Research for Green Building Design Through Building Performance Analysis[J]. Journal of Information Technology in Construction, 2020, 25: 1 - 40.

[253] Liu Z, Osmani M, Demian P, et al. A Bim-aided Construction Waste Minimisation Framework[J]. Automation in Construction, 2015, 59: 1 - 23.

[254] Bakchan A, Faust K M, Leite F. Seven-dimensional Automated Construction Waste Quantification and Management Framework: Integration with Project and Site Planning[J]. Resources, Conservation and Recycling, 2019, 146: 462 - 474.

[255] Jalaei F, Zoghi M, Khoshand A. Life Cycle Environmental Impact Assessment to Manage and Optimize Construction Waste Using Building Information Modeling (BIM)[J]. International Journal of Construction Management, 2021, 21(8): 784 - 801.

[256] Cavalliere C, Dell'Osso G R, Pierucci A, et al. Life Cycle Assessment Data Structure for Building Information Modelling[J]. Journal of Cleaner Production, 2018, 199: 193 - 204.

[257] Sanhudo L, Ramos N, Cardoso V, et al. Building Information

Modeling for Energy Retrofitting-a Review[J]. Renewable and Sustainable Energy Reviews，2018，89：249－260.
[258] Migilinskas D，Balionis E，Dziugaite-Tumeniene R，et al. An Advanced Multi-criteria Evaluation Model of the Rational Building Energy Performance[J]. Journal of Civil Engineering and Management，2016，22(6)：844－851.
[259] Santos R，Costa A，Grilo A. Bibliometric Analysis and Review of Building Information Modelling Literature Published Between 2005 and 2015[J]. Automation in Construction，2017，80：118－136.
[260] Chong H，Wang X. The Outlook of Building Information Modeling for Sustainable Development[J]. Clean Technologies and Environmental Policy，2016，18(6)：1877－1887.
[261] Raouf A，Al-Ghamdi S. Building Information Modelling and Green Buildings：Challenges and Opportunities[J]. Architectural Engineering and Design Management，2019，15(9)：1－28.
[262] Ding Z，Niu J，Liu S，et al. An Approach Integrating Geographic Information System and Building Information Modelling to Assess the Building Health of Commercial Buildings[J]. Journal of Cleaner Production，2020，257：120532－120532.
[263] Wu W，Issa R R. BIM Execution Planning in Green Building Projects：LEED as a Use Case[J]. Journal of Management in Engineering，2015，31(1).
[264] Olawumi T O，Chan D. An Empirical Survey of the Perceived Benefits of Executing Bim and Sustainability Practices in the Built Environment[J]. Construction Innovation，2019，19(3)：321－342.
[265] Bank L C，Thompson B P，McCarthy M. Decision-making Tools for Evaluating the Impact of Materials Selection on the Carbon Footprint of Buildings[J]. Carbon Management，2011，2(4)：431－441.
[266] Basbagill J，Flager F，Lepech M，et al. Application of Life-cycle Assessment to Early Stage Building Design for Reduced Embodied Environmental Impacts[J]. Building and Environment，2013，60：81－92.

[267] Yung P, Wang X. A 6D CAD Model for the Automatic Assessment of Building Sustainability [J]. International Journal of Advanced Robotic Systems, 2014, 11(8): 131 - 131.

[268] Kamel E, Memari A M. Automated Building Energy Modeling and Assessment Tool (ABEMAT)[J]. Energy, 2018, 147: 15 - 24.

[269] Olawumi T O, Chan D. Critical Success Factors for Implementing Building Information Modeling and Sustainability Practices in Construction Projects: a Delphi Survey[J]. Sustainable Development, 2019, 27(4): 587 - 602.

[270] Zhang L, Chu Z, He Q, et al. Investigating the Constraints to Buidling Information Modeling (BIM) Applications for Sustainable Building Projects: a Case of China[J]. Sustainability, 2019, 11(7): 1896 - 1896.

[271] Seyis S. Mixed Method Review for Integrating Building Information Modeling and Life-cycle Assessments[J]. Building and Environment, 2020, 173: 106703 - 106703.

[272] Chong H, Lee C, Wang X. A Mixed Review of the Adoption of Building Information Modelling (BIM) for Sustainability[J]. Journal of Cleaner Production, 2017, 142(4): 4114 - 4126.

[273] Oti A H, Tizani W. Bim Extension for the Sustainability Appraisal of Conceptual Steel Design [J]. Advanced Engineering Informatics, 2015, 29(1): 28 - 46.

[274] Bueno C, Fabricio M. Comparative Analysis Between a Complete LCA Study and Results from a BIM-LCA Plug-in[J]. Automation in Construction, 2018, 90: 188 - 200.

[275] Safari K, Azarijafari H. Challenges and Opportunities for Integrating BIM and LCA: Methodological Choices and Framework Development [J]. Sustainable Cities and Society, 2021, 67.

[276] Panteli C, Kylili A, Stasiuliene L, et al. A Framework for Building Overhang Design Using Building Information Modeling and Life Cycle Assessment[J]. Journal of Building Engineering, 2018, 20: 248 - 255.

[277] Abanda F H, Oti A H, Tah J H. Integrating BIM and New Rules of Measurement for Embodied Energy and CO_2 Assessment[J]. Journal of Building Engineering, 2017, 12: 288 - 305.

[278] Naneva A, Bonanomi M, Hollberg A, et al. Integrated BIM-based LCA for the Entire Building Process Using an Existing Structure for Cost Estimation in the Swiss Context[J]. Sustainability, 2020, 12 (9).

[279] Wei Y, Zhang X, Shi Y, et al. A review of Data-driven Approaches for Prediction and Classification of Building Energy Consumption[J]: Renewable and Sustainable Energy Reviews, 2018, 82: 1027 - 1047.

[280] Cheng L, Yu T. A New Generation of AI: a Review and Perspective on Machine Learning Technologies Applied to Smart Energy and Electric Power Systems [J]. International Journal of Energy Research, 2019, 43(6): 1928 - 1973.

[281] Dong B, Cao C, Lee S E. Applying Support Vector Machines to Predict Building Energy Consumption in Tropical Region[J]. Energy and Buildings, 2005, 37(5): 545 - 553.

[282] Ascione F, Bianco N, De Stasio C, et al. Artificial Neural Networks to Predict Energy Performance and Retrofit Scenarios for Any Member of a Building Category: a Novel Approach[J]. Energy, 2017, 118: 999 - 1017.

[283] Yu Z, Haghighat F, Fung B C, et al. A Decision Tree Method for Building Energy Demand Modeling[J]. Energy and Buildings, 2010, 42(10): 1637 - 1646.

[284] Feng Y, Duan Q, Chen X, et al. Space Cooling Energy Usage Prediction Based on Utility Data for Residential Buildings Using Machine Learning Methods[J]. Applied Energy, 2021, 291.

[285] Li X, Yao R. A Machine-learning-based Approach to Predict Residential Annual Space Heating and Cooling Loads Considering Occupant Behaviour[J]. Energy, 2020, 212.

[286] Zhang W, Robinson C, Guhathakurta S, et al. Estimating Residential Energy Consumption in Metropolitan Areas: a Microsimulation

Approach[J]. Energy, 2018, 155.

[287] Amasyali K, El-Gohary N. Machine Learning for Occupant-behavior-sensitive Cooling Energy Consumption Prediction in Office Buildings [J]. Renewable and Sustainable Energy Reviews, 2021, 142.

[288] Kuster C, Rezgui Y, Mourshed M. Electrical Load Forecasting Models: a Critical Systematic Review[J]. Sustainable Cities and Society, 2017, 35: 257-270.

[289] Li X, Yao R, Liu M, et al. Developing Urban Residential Reference Buildings Using Clustering Analysis of Satellite Images[J]. Energy and Buildings, 2018, 169.

[290] Wu W, Kanamori Y, Zhang R, et al. Implications of Declining Household Economies of Scale on Electricity Consumption and Sustainability in China[J]. Ecological Economics, 2021, 184.

[291] 傅崇辉,傅愈,焦桂花.家庭结构转变与生活能源消费——基于粤港澳大湾区的经验研究[J].人口与社会,2021,37(2):64-80.

[292] World Health Organization. World Health Statistics 2020[DS].

[293] Chen H, Wei T, Wang H, et al. Association of China's Two-child Policy with Changes in Number of Births and Birth Defects Rate, 2008—2017[J]. BMC Public Health, 2022, 22(1).

[294] Chen S, Yoshino H, Li N. Statistical Analyses on Summer Energy Consumption Characteristics of Residential Buildings in Some Cities of China[C]. Energy and Buildings, 2010: 136-146.

[295] Meier P, Holloway T, Patz J, et al. Impact of Warmer Weather on Electricity Sector Emissions Due to Building Energy Use[J]. Environmental Research Letters, 2017, 12(6).

[296] Chen Y, Li M, Cao J, et al. Effect of Climate Zone Change on Energy Consumption of Office and Residential Buildings in China[J]. Theoretical and Applied Climatology, 2021, 144(1).

[297] Pokorska-Silva I, Kadela M, Fedorowicz L. A Reliable Numerical Model for Assessing the Thermal Behavior of a Dome Building[J]. Journal of Building Engineering, 2020, 32.

[298] Wang Y, Du J, Kuckelkorn J M, et al. Identifying the Feasibility of

Establishing a Passive House School in Central Europe: an Energy Performance and Carbon Emissions Monitoring Study in Germany[J]. Renewable and Sustainable Energy Reviews, 2019, 113.

[299] Yu L, Wu S, Jiang L, et al. Do More Efficient Buildings Lead to Lower Household Energy Consumption for Cooling? Evidence From Guangzhou, China[J]. Energy Policy, 2022, 168.

[300] Martinaitis V, Zavadskas E K, Motuziene V, et al. Importance of Occupancy Information When Simulating Energy Demand of Energy Efficient House: a Case Study[J]. Energy and Buildings, 2015, 101: 64 - 75.

[301] Clevenger C, Haymaker J. The Impact of the Building Occupant on Energy Modeling Simulations[C]. The Joint International Conference on Computing and Decision Making in Civil and Building Engineering, 2006.

[302] Hu S, Yan D, Azar E, et al. A Systematic Review of Occupant Behavior in Building Energy Policy[J]. Building and Environment, 2020, 175.

[303] Zhu J, Alam M M, Ding Z, et al. The Influence of Group-level Factors on Individual Energy-saving Behaviors in a Shared Space: the Case of Shared Residences[J]. Journal of Cleaner Production, 2021, 311.

[304] Natarajana S, Padget J, Elliott L. Modelling UK Domestic Energy and Carbon Emissions: an Agent-based Approach[J]. Energy and Buildings, 2011, 43(10).

[305] Bruch E, Atwell J. Agent-based Models in Empirical Social Research [J]. Sociological Methods and Research, 2015, 44(2).

[306] Bazzan A L, Klügl F. A Review on Agent-based Technology for Traffic and Transportation[M]. Cambridge: Cambridge University Press, 2013, 29: 375 - 403.

[307] Abar S, Theodoropoulos G K, Lemarinier P, et al. Agent Based Modelling and Simulation Tools: a Review of the State-of-art Software[J]. Computer Science Review, 2017, 24: 13 - 33.

[308] Micolier A, Taillandier F, Taillandier P, et al. LI-BIM, an Agent-based Approach to Simulate Occupant-building Interaction from the Building-information Modelling [J]. Engineering Applications of Artificial Intelligence, 2019, 82.

[309] Ding Z, Hu T, Li M, et al. Agent-based Model for Simulating Building Energy Management in Student Residences[J]. Energy and Buildings, 2019, 198: 11 - 27.

[310] Chen Y, Liang X, Hong T, et al. Simulation and Visualization of Energy-related Occupant Behavior in Office Buildings[J]. Building Simulation, 2017, 10(6): 785 - 798.

[311] Dorrah D H, Marzouk M. Integrated Multi-objective Optimization and Agent-based Building Occupancy Modeling for Space Layout Planning[J]. Journal of Building Engineering, 2021, 34: 101902 - 101902.

[312] Hu S, Yan D, Guo S, et al. A Survey on Energy Consumption and Energy Usage Behavior of Households and Residential Building in Urban China[J]. Energy and Buildings, 2017, 148: 366 - 378.

[313] 中国气象局气象信息中心气象资料室,清华大学建筑技术科学系. 中国建筑热环境分析专用气象数据集[M]. 北京:中国建筑工业出版社, 2005.

[314] 中华人民共和国住房和城乡建设部. 民用建筑供暖通风与空气调节设计规范:GB 50736—2012[S]. 北京:中国建筑工业出版社,2012.

[315] Wei S, Jones R, De Wilde P. Driving Factors for Occupant-controlled Space Heating in Residential Buildings[J]. Energy and Buildings, 2014, 70: 36 - 44.

[316] 清华大学建筑节能研究中心. 中国建筑节能年度发展研究报告 2021(城镇住宅专题)[M]. 北京:中国建筑工业出版社,2021.

[317] 梁玉莲,延晓冬. RCPs 情景下中国 21 世纪气候变化预估及不确定性分析[J]. 热带气象学报,2016,32(2):183 - 192.

[318] 傅崇辉,傅愈,焦桂花,等. 家庭结构转变与生活能源消费——基于粤港澳大湾区的经验研究[J]. 人口与社会,2021,37(2):64 - 80.

[319] Kucukvar M, Egilmez G, Tatari O. Evaluating Environmental

Impacts of Alternative Construction Waste Management Approaches Using Supply-chain-linked Life-cycle Analysis[J]. Waste management & research: the journal of the International Solid Wastes and Public Cleansing Association, 2014, 32(6): 500 - 508.

[320] Hossain M U, Wu Z, Poon C S. Comparative Environmental Evaluation of Construction Waste Management Through Different Waste Sorting Systems in Hong Kong[J]. Waste Management, 2017, 69: 325 - 335.

[321] Blengini G A. Life Cycle of Buildings, Demolition and Recycling Potential: a Case Study in Turin, Italy [J]. Building and Environment, 2009, 44(2): 319 - 330.

[322] Letcher T, Vallero D. Waste: A Handbook for Management[M]. San Diego: Academic Press, 2011.

[323] 陈军,何品晶,邵立明,等.拆毁建筑垃圾产生量的估算方法探讨[J].环境卫生工程,2007,6:1 - 4.

[324] Jalali S. Quantification of Construction Waste Amount[Z], 2006: 1 - 12.

[325] Poon C S, Yu A T W, Ng L H. A Guide for Managing and Minimizing Building and Demolition Waste[Z], 2001.

[326] Chandrakanthi M, Hettiaratchi J P, Prado B, et al. Optimization of the Waste Management for Construction Projects Using Simulation [C]. 35th Winter Simulation Conference, 2002.

[327] Cochran K, Townsend T. Estimating Construction and Demolition Debris Generation Using a Materials Flow Analysis Approach[J]. Waste Management, 2010, 30(11): 2247 - 2254.

[328] Ge X J, Livesey P, Wang J, et al. Deconstruction Waste Management Through 3D Reconstruction and BIM: a Case Study[J]. Visualization in Engineering, 2017, 5(1).

[329] Hong J, Kim D, Lee M, et al. An Advanced Process of Condensation Performance Evaluation by BIM Application[J]. Advances in Materials Science and Engineering, 2017, 2017: 1 - 8.

[330] Kim Y, Hong W, Park J, et al. An Estimation Framework for

Building Information Modeling (BIM)-based Demolition Waste by Type[J]. Waste Management & Research: the Journal for a Sustainable Circular Economy, 2017, 35(12): 1285 - 1295.

[331] Jalaei F, Jrade A. Integrating Building Information Modeling (BIM) and LEED System at the Conceptual Design Stage of Sustainable Buildings[J]. Sustainable Cities and Society, 2015, 18: 95 - 107.

[332] Llatas C. A Model for Quantifying Construction Waste in Projects According to the European Waste List[J]. Waste Management, 2011, 31(6): 1261 - 1276.

[333] 中华人民共和国住房和城乡建设部. 建筑结构荷载规范:GB 50009—2012[S]. 北京:中国建筑工业出版社,2012.

[334] 中华人民共和国住房和城乡建设部. 建筑垃圾处理技术标准:CJJ/T 134—2019[S]. 北京:中国建筑工业出版社,2019.

[335] Jin R, Li B, Zhou T, et al. An Empirical Study of Perceptions Towards Construction and Demolition Waste Recycling and Reuse in China[J]. Resources, Conservation and Recycling, 2017, 126: 86 - 98.

[336] Haider H, Almarshod S Y, Al Saleem S S. Life Cycle Assessment of Construction and Demolition Waste Management in Saudi Arabia[J]. International Journal of Environment Research and Public Health, 2022, 19(12).

[337] Cao X, Li X, Zhu Y, et al. A Comparative Study of Environmental Performance between Prefabricated and Traditional Residential Buildings in China[J]. Journal of Cleaner Production, 2015, 109: 131 - 143.

[338] Li X, Zhu Y, Zhang Z. An LCA-based Environmental Impact Assessment Model for Construction Processes[J]. Building and Environment, 2010, 45(3): 766 - 775.

[339] Wu H, Wang J, Duan H, et al. An Innovative Approach to Managing Demolition Waste via GIS (geographic Information System): a Case Study in Shenzhen City, China[J]. Journal of Cleaner Production, 2016, 112: 494 - 503.

[340]《第三次气候变化国家评估报告》编写委员会. 第三次气候变化国家评估报告[M]. 北京:科学出版社,2015.

[341] Peng C, Yan D, Wu R, et al. Quantitative Description and Simulation of Human Behavior in Residential Buildings[J]. Building Simulation, 2012, 5(2): 85 - 94.

[342] IKE (Integrated Knowledge for our Environment). Chinese Life Cycle Database[DB/OL],2019.

[343] Kim K, Yu J. BIM-based Building Energy Load Calculation System for Designers[J]. KSCE Journal of Civil Engineering, 2016, 20(2): 549 - 563.

[344] Sanguinetti P, Abdelmohsen S, Lee J J, et al. General System Architecture for BIM: an Integrated Approach for Design and Analysis [J]. Advanced Engineering Informatics, 2012, 26(2): 317 - 333.

[345] Pinheiro S, Wimmer R, O'donnell J, et al. MVD Based Information Exchange Between BIM and Building Energy Performance Simulation [J]. Automation in Construction, 2018, 90: 91 - 103.

[346] Aranda J Á, Martin-Dorta N, Naya F, et al. Sustainability and Interoperability: an Economic Study on BIM Implementation by a Small Civil Engineering Firm[J]. Sustainability, 2020, 12(22): 9581 - 9581.

[347] Ladenhauf D, Battisti K, Berndt R, et al. Computational Geometry in the Context of Building Information Modeling[J]. Energy and Buildings, 2016, 115: 78 - 84.

[348] Kim J B, Jeong W, Clayton M J, et al. Developing a Physical BIM Library for Building Thermal Energy Simulation[J]. Automation in Construction, 2015, 50: 16 - 28.

[349] El Asmi E, Robert S, Haas B, et al. A Standardized Approach to BIM and Energy Simulation Connection[J]. International Journal of Design Sciences & Technology, 2015, 21(1).

[350] Fan C, Xiao F, Zhao Y. A Short-term Building Cooling Load Prediction Method Using Deep Learning Algorithms[J]. Applied Energy, 2017, 195: 222 - 233.

[351] Mocanu E, Nguyen P H, Gibescu M, et al. Deep Learning for Estimating Building Energy Consumption[J]. Sustainable Energy, Grids and Networks, 2016, 6: 91－99.

[352] Castelli M, Trujillo L, Vanneschi L, et al. Prediction of Energy Performance of Residential Buildings: a Genetic Programming Approach[J]. Energy and Buildings, 2015, 102: 67－74.

[353] Wu W, Yang H, Chew D, et al. A Real-time Recording Model of Key Indicators for Energy Consumption and Carbon Emissions of Sustainable Buildings[J]. Sensors, 2014, 14(5): 8465－8484.

[354] Motamedi A, Setayeshgar S, Soltani M M, et al. Extending BIM to Incorporate Information of RFID Tags Attached to Building Assets [C]. 4th Construction Specialty Conference, 2013: 1－9.

[355] Cooley L, Cholakis P. Efficient Project Delivery: BIM, IPD, JOC, Cloud Computing and More[J]. Journal of Architectural Engineering Technology, 2013, 2(1): 1－5.

[356] Zhang C, Hammad A, Yang Y, et al. Experimental Investigation of Using RFID Integrated BIM Model for Safety and Facility Management[C]. 13th International Conference on Construction Applications in Virtual Reality, 2013.

[357] Albers A, Collet P, Lorne D, et al. Coupling Partial-equilibrium and Dynamic Biogenic Carbon Models to Assess Future Transport Scenarios in France[J]. Applied Energy, 2019, 239: 316－330.

[358] Aracil C, Haro P, Giuntoli J, et al. Proving the Climate Benefit in the Production of Biofuels from Municipal Solid Waste Refuse in Europe[J]. Journal of Cleaner Production, 2017, 142: 2887－2900.

[359] Beloin-Saint-Pierre D, Heijungs R, Blanc I. The ESPA (enhanced Structural Path Analysis) Method: a Solution to an Implementation Challenge for Dynamic Life Cycle Assessment Studies[J]. The International Journal of Life Cycle Assessment, 2014, 19(4).

[360] Beloin-Saint-Pierre D, Levasseur A, Margni M, et al. Implementing a Dynamic Life Cycle Assessment Methodology with a Case Study on Domestic Hot Water Production[J]. Journal of Industrial Ecology,

2017, 21(5): 1128 - 1138.

[361] Bixler T S, Houle J, Ballestero T, et al. A Dynamic Life Cycle Assessment of Green Infrastructures [J]. Science of the Total Environment, 2019, 692: 1146 - 1154.

[362] Brattebø H, Bergsdal H, Sandberg N H, et al. Exploring Built Environment Stock Metabolism and Sustainability by Systems Analysis Approaches[J]. Building Research and Information, 2009, 37(5): 569 - 582.

[363] Breton C, Blanchet P, Amor B, et al. Assessing the Climate Change Impacts of Biogenic Carbon in Buildings: a Critical Review of Two Main Dynamic Approaches[J]. Sustainability, 2018, 10(6): 2020.

[364] Bright R M, Cherubini F, Strømman A H. Climate Impacts of Bioenergy: Inclusion of Carbon Cycle and Albedo Dynamics in Life Cycle Impact Assessment [J]. Environmental Impact Assessment Review, 2012, 37: 2 - 11.

[365] Caldas L, Pittall F, Andreola V M, et al. Dynamic Life Cyle Carbon Assessment of Three Bamboo Bio-concretes in Brazil[J]. Academic Journal of Civil Engineering, 2019, 37: 539 - 599.

[366] Cardellini G, Mutel C L, Vial E, et al. Temporalis, a Generic Method and Tool for Dynamic Life Cycle Assessment[J]. Science of the Total Environment, 2018, 645: 585 - 595.

[367] Chao C W, Heijungs R, Ma H W. Development and Application of Dynamic Hybrid Multi-region Inventory Analysis for Macro-level Environmental Policy Analysis: a Case Study on Climate Policy in Taiwan[J]. Environmental Science & Technology, 2013, 47(6): 2512 - 2519.

[368] Chen X, Wang H. Life Cycle Assessment of Asphalt Pavement Recycling for Greenhouse Gas Emission with Temporal Aspect[J]. Journal of Cleaner Production, 2018, 187: 148 - 157.

[369] Chen Y H, Yu C C. Dynamical Properties of Product Life Cycles: Implications to the Design and Operation of Industrial Processes[J]. Industrial & Engineering Chemistry Research, 2001, 40(11): 2452 -

2459.

[370] Cherubini F, Strømman A H, Hertwich E. Effects of Boreal Forest Management Practices on the Climate Impact of CO_2 Emissions from Bioenergy[J]. Ecological Modelling, 2011, 223(1): 59 - 66.

[371] Chettouh S, Hamzi R, Innal F, et al. Uncertainty in the Dynamic LCA-Fire Methodology to Assess the Environmental Fire Effects[C]. 2013 3rd International Conference on Systems and Control, 2013.

[372] Chettouh S, Hamzi R, Innal F, et al. Interest of the Theory of Uncertain in the Dynamic LCA-Fire Methodology to Assess Fire Effects[J]. Physics Procedia, 2014, 55: 207 - 214.

[373] Chung W, Tu M. Dynamics of Carbon Footprints at the Manufacturing Stage [J]. Journal of Industrial and Production Engineering, 2015, 32(7): 432 - 441.

[374] Collet P, Hélias A, Lardon L, et al. Time and Life Cycle Assessment: How to Take Time into Account in the Inventory Step? [C]. Life Cycle Management Conference LCM 2011.

[375] Collinge W O, Liao L, Xu H, et al. Enabling Dynamic Life Cycle Assessment of Buildings with Wireless Sensor Networks [C]. Proceedings of the 2011 IEEE International Symposium on Sustainable Systems and Technology, 2011.

[376] Collinge W O, Landis A E, Jones A K, et al. Productivity Metrics in Dynamic LCA for Whole Buildings: Using a Post-occupancy Evaluation of Energy and Indoor Environmental Quality Tradeoffs [J]. Building and Environment, 2014, 82: 339 - 348.

[377] Dandres T, Gaudreault C, Tirado-Seco P, et al. Macroanalysis of the Economic and Environmental Impacts of a 2005 - 2025 European Union Bioenergy Policy Using the GTAP Model and Life Cycle Assessment[J]. Renewable and Sustainable Energy Reviews, 2012, 16(2): 1180 - 1192.

[378] Daystar J, Venditti R, Kelley S S. Dynamic Greenhouse Gas Accounting for Cellulosic Biofuels: Implications of Time Based Methodology Decisions[J]. the International Journal of Life Cycle

Assessment, 2017, 22: 812 - 826.

[379] De Jong S, Staples M, Grobler C, et al. Using Dynamic Relative Climate Impact Curves to Quantify the Climate Impact of Bioenergy Production Systems Over Time[J]. GCB-Bioenergy, 2019, 11(2): 427 - 443.

[380] De Rosa M, Schmidt J, Brandão M, et al. A Flexible Parametric Model for a Balanced Account of Forest Carbon Fluxes in LCA[J]. The International Journal of Life Cycle Assessment, 2017, 22(2): 172 - 184.

[381] De Rosa M, Pizzol M, Schmidt J. How Methodological Choices Affect LCA Climate Impact Results: the Case of Structural Timber [J]. The International Journal of Life Cycle Assessment, 2018, 23 (1): 147 - 158.

[382] Dyckhoff H, Kasah T. Time Horizon and Dominance in Dynamic Life Cycle Assessment[J]. Journal of Industrial Ecology, 2014, 18(6): 799 - 808.

[383] Faraca G, Tonini D, Astrup T F. Dynamic Accounting of Greenhouse Gas Emissions From Cascading Utilisation of Wood Waste [J]. Science of the Total Environment, 2019, 651: 2689 - 2700.

[384] Fearnside P M, Lashof D A, Moura-costa P. Accounting for Time in Mitigating Global Warming through Land-use Change and Forestry [J]. Mitigation and Adaptation Strategies for Global Change, 2000, 5 (3).

[385] Field F, Kirchain R, Clark J. Life-cycle Assessment and Temporal Distributions of Emissions: Developing a Fleet-based Analysis[J]. Journal of Industrial Ecology, 2000, 4(2): 71 - 91.

[386] Frijia S, Guhathakurta S, Williams E. Functional Unit, Technological Dynamics, and Scaling Properties for the Life Cycle Energy of Residences[J]. Environmental Science & Technology, 2012, 46(3): 1782 - 1788.

[387] Garcia R, Gregory J, Freire F. Dynamic Fleet-based Life-cycle Greenhouse Gas Assessment of the Introduction of Electric Vehicles

in the Portuguese Light-duty Fleet[J]. The International Journal of Life Cycle Assessment, 2015, 20(9): 1287 - 1299.

[388] Gaudreault C, Miner R. Temporal Aspects in Evaluating the Greenhouse Gas Mitigation Benefits of Using Residues From Forest Products Manufacturing Facilities for Energy Production[J]. Journal of Industrial Ecology, 2015, 19(6): 994 - 1007.

[389] Giuntoli J, Agostini A, Caserini S, et al. Climate Change Impacts of Power Generation From Residual Biomass [J]. Biomass and Bioenergy, 2016, 89: 146 - 158.

[390] Gómez V J J, Jochem P. Powertrain Technologies and Their Impact on Greenhouse Gas Emissions in Key Car Markets[J]. Transportation Research Part D: Transport and Environment, 2020, 80: 102214 - 102214.

[391] Guest G, Zhang J, Maadani O, et al. Incorporating the Impacts of Climate Change Into Infrastructure Life Cycle Assessments: a Case Study of Pavement Service Life Performance[J]. Journal of Industrial Ecology, 2020, 24(2): 356 - 368.

[392] Guo M, Murphy R. LCA Data Quality: Sensitivity and Uncertainty Analysis[J]. Science of the Total Environment, 2012, 435 - 436: 230 - 243.

[393] Hammar T, Ortiz C A, Stendahl J, et al. Time-dynamic Effects on the Global Temperature When Harvesting Logging Residues for Bioenergy[J]. Bioenergy Research, 2015, 8(4): 1912 - 1924.

[394] Hammar T, Hansson P A, Sundberg C. Climate Impact Assessment of Willow Energy From a Landscape Perspective: a Swedish Case Study[J]. GCB-Bioenergy, 2017, 9(5): 973 - 985.

[395] Haus S, Gustavsson L, Sathre R. Climate Mitigation Comparison of Woody Biomass Systems with the Inclusion of Land-use in the Reference Fossil System[J]. Biomass and Bioenergy, 2014, 65: 136 - 144.

[396] Hellweg S, Hofstetter T B, Hungerbühler K. Time-dependent Life-cycle Assessment of Slag Landfills with the Help of Scenario

Analysis: the Example of Cd and Cu[J]. Journal of Cleaner Production, 2005, 13(3): 301-320.

[397] Henryson K, Sundberg C, Kätterer T, et al. Accounting for Long-term Soil Fertility Effects When Assessing the Climate Impact of Crop Cultivation[J]. Agricultural Systems, 2018, 164: 185-192.

[398] Herrchen M. Perspective of the Systematic and Extended Use of Temporal and Spatial Aspects in LCA of Long-lived Products[J]. Chemosphere, 1998, 37(2): 265-270.

[399] Hondo H. A Method for Technology Selection Considering Environmental and Socio-economic Impacts (11 pp)[J]. The International Journal of Life Cycle Assessment, 2006, 11(6): 383-393.

[400] Horup L, Reymann M, Rorbech J T, et al. Partially Dynamic Life Cycle Assessment of Windows Indicates Potential Thermal Over-optimization[J]. IOP Conference Series: Earth and Environmental Science, 2019, 323(1).

[401] Hu M. Dynamic Life Cycle Assessment Integrating Value Choice and Temporal Factors-a Case Study of an Elementary School[J]. Energy & Buildings, 2018, 158.

[402] Kang G, Cho H, Lee D. Dynamic Lifecycle Assessment in Building Construction Projects: Focusing on Embodied Emissions[J]. Sustainability, 2019, 11(13).

[403] Karl A A W, Maslesa E, Birkved M. Environmental Performance Assessment of the Use Stage of Buildings Using Dynamic High-resolution Energy Consumption and Data on Grid Composition[J]. Building and Environment, 2019, 147: 97-107.

[404] Karlsson H, Ahlgren S, Sandgren M, et al. Greenhouse Gas Performance of Biochemical Biodiesel Production from Straw: Soil Organic Carbon Changes and Time-dependent Climate Impact[J]. Biotechnology for Biofuels, 2017, 10(1).

[405] Kendall A, Price L. Incorporating Time-corrected Life Cycle Greenhouse Gas Emissions in Vehicle Regulations[J]. Environmental Science & Technology, 2012, 46(5): 2557-2563.

[406] Kim J, Yang Y, Bae J, et al. The Importance of Normalization References in Interpreting Life Cycle Assessment Results[J]. Journal of Industrial Ecology, 2013, 17(3): 385 - 395.

[407] Laratte B, Guillaume B, Kim J, et al. Modeling Cumulative Effects in Life Cycle Assessment: the Case of Fertilizer in Wheat Production Contributing to the Global Warming Potential[J]. Science of the Total Environment, 2014, 481: 588 - 595.

[408] Lausselet C, Ellingsen L A, Strømman A H, et al. A life-cycle Assessment Model for Zero Emission Neighborhoods[J]. Journal of Industrial Ecology, 2020, 24(3): 500 - 516.

[409] Liu W, Yan Y, Wang D, et al. Integrate Carbon Dynamics Models for Assessing the Impact of Land Use Intervention on Carbon Sequestration Ecosystem Service[J]. Ecological Indicators, 2018.

[410] Maurice E, Dandres T, Moghaddam R F, et al. Modelling of Electricity Mix in Temporal Differentiated Life-cycle-assessment to Minimize Carbon Footprint of a Cloud Computing Service[C]. Proceedings of the 2014 Conference ICT for Sustainability, 2014.

[411] Beltran A M, Mutel C, et al. When the Background Matters: Using Scenarios from Integrated Assessment Models in Prospective Life Cycle Assessment[J]. Journal of Industrial Ecology, 2020.

[412] Milovanoff A, Dandres T, Gaudreault C, et al. Real-time Environmental Assessment of Electricity Use: a Tool for Sustainable Demand-side Management Programs[J]. The International Journal of Life Cycle Assessment, 2018, 23(10): 1981 - 1994.

[413] Onat N C, Kucukvar M, Tatari O. Uncertainty-embedded Dynamic Life Cycle Sustainability Assessment Framework: an Ex-ante Perspective on the Impacts of Alternative Vehicle Options[J]. Energy, 2016, 112: 715 - 728.

[414] Ortiz C A, Hammar T, Ahlgren S, et al. Time-dependent Global Warming Impact of Tree Stump Bioenergy in Sweden[J]. Forest Ecology and Management, 2016, 371: 5 - 14.

[415] Österbring M, Mata É, Thuvander L, et al. Explorative Life-cycle

Assessment of Renovating Existing Urban Housing-stocks [J]. Building and Environment, 2019, 165.

[416] Peñaloza D, Erlandsson M, Pousette A, et al. Climate Impacts from Road Bridges: Effects of Introducing Concrete Carbonation and Biogenic Carbon Storage in Wood[J]. Structure and Infrastructure Engineering, 2018, 14(1): 56 - 67.

[417] Perez-Garcia J, Lippke B, Comnick J, et al. An Assessment of Carbon Pools, Storage, and Wood Products Market Substitution Using Life-cycle Analysis Results[J], Wood and Fiber Science, 2005.

[418] Pittau F, Krause F, Lumia G, et al. Fast-growing Bio-based Materials as an Opportunity for Storing Carbon in Exterior Walls[J]. Building and Environment, 2018, 129: 117 - 129.

[419] Porsö C, Hansson P. Time-dependent Climate Impact of Heat Production From Swedish Willow and Poplar Pellets-in a Life Cycle Perspective[J]. Biomass and Bioenergy, 2014, 70: 287 - 301.

[420] Porsö C, Mate R, Vinterbäck J, et al. Time-dependent Climate Effects of Eucalyptus Pellets Produced in Mozambique Used Locally or for Export[J]. Bioenergy Research, 2016, 9(3): 942 - 954.

[421] Porsö C, Hammar T, Nilsson D, et al. Time-dependent Climate Impact and Energy Efficiency of Internationally Traded Non-torrefied and Torrefied Wood Pellets From Logging Residues[J]. Bioenergy Research, 2017, 11(1): 139 - 151.

[422] Pourhashem G, Adler P R, Spatari S. Time Effects of Climate Change Mitigation Strategies for Second Generation Biofuels and Co-products with Temporary Carbon Storage[J]. Journal of Cleaner Production, 2016, 112: 2642 - 2653.

[423] Raghu K C, Aalto M, Korpinen O J, et al. Lifecycle Assessment of Biomass Supply Chain with the Assistance of Agent-based Modelling [J]. Sustainability, 2020, 12(5).

[424] Röck M, Saade M R M, Balouktsi M, et al. Embodied GHG Emissions of Buildings-the Hidden Challenge for Effective Climate Change Mitigation[J]. Applied Energy, 2020.

[425] Roux C, Schalbart P, Assoumou E, et al. Integrating Climate Change and Energy Mix Scenarios in LCA of Buildings and Districts [J]. Applied Energy, 2016, 184: 619 - 629.

[426] Roux C, Schalbart P, Peuportier B. Accounting for Temporal Variation of Electricity Production and Consumption in the LCA of an Energy-efficient House[J]. Journal of Cleaner Production, 2016.

[427] Røyne F, Peñaloza D, Sandin G, et al. Climate Impact Assessment in Life Cycle Assessments of Forest Products: Implications of Method Choice for Results and Decision-making [J]. Journal of Cleaner Production, 2016, 116: 90 - 99.

[428] Russell-Smith S, Lepech M. Dynamic Life Cycle Assessment of Building Design and Retrofit Processes [C]. Computing in Civil Engineering (2011), 2011.

[429] Sevenster M. Linear Approaches to Characterization of Delayed Emissions of Methane[J]. Journal of Industrial Ecology, 2014.

[430] Shimako A H, Tiruta-Barna L, Pigné Y, et al. Environmental Assessment of Bioenergy Production from Microalgae Based Systems [J]. Journal of Cleaner Production, 2016, 139: 51 - 60.

[431] Sohn J L, Kalbar P P, Banta G T, et al. Life-cycle Based Dynamic Assessment of Mineral Wool Insulation in a Danish Residential Building Application[J]. Journal of Cleaner Production, 2017.

[432] Sohn J L, Kalbar P P, Birkved M. Life Cycle Based Dynamic Assessment Coupled with Multiple Criteria Decision Analysis: a Case Study of Determining an Optimal Building Insulation Level [J]. Journal of Cleaner Production, 2017, 162: 449 - 457.

[433] Soo V K, Compston P, Doolan M. Interaction between New Car Design and Recycling Impact on Life Cycle Assessment[J]. Procedia CIRP, 2015, 29: 426 - 431.

[434] Stasinopoulos P, Compston P, Newell B, et al. A System Dynamics Approach in LCA to Account for Temporal Effects-a Consequential Energy LCI of Car Body-in-whites[J]. The International Journal of Life Cycle Assessment, 2012, 17: 199 - 207.

[435] Su S, Li X, Zhu Y, et al. Dynamic LCA Framework for Environmental Impact Assessment of Buildings[J]. Energy and Buildings, 2017, 149: 310 - 320.
[436] Tu M, Chung W H, Chiu C K, et al. A Novel IoT-based Dynamic Carbon Footprint Approach to Reducing Uncertainties in Carbon Footprint Assessment of a Solar PV Supply Chain[C]. 2017 4th International Conference on Industrial Engineering and Applications (ICIEA), 2017.
[437] Venkatesh G, Sægrov S, Brattebø H. Dynamic Metabolism Modelling of Urban Water Services-Demonstrating Effectiveness as a Decision-support Tool for Oslo, Norway[J]. Water Research, 2014.
[438] Verhoef E V, Reuter M A, Scholte A. A Dynamic LCA Model for Assessing the Impact of Lead Free Solder[C], TMS Annual Meeting Yazawa International Symposinm on Metallurgical and Materials Processing: Principles and Technologies, 2003.
[439] Viebahn P, Lechon Y, Trieb F. The Potential Role of Concentrated Solar Power (CSP) in Africa and Europe-a Dynamic Assessment of Technology Development, Cost Development and Life Cycle Inventories Until 2050[J]. Energy Policy, 2011, 39(8).
[440] Villanueva-Rey P, Vázquez-Rowe I, Otero M, et al. Accounting for Time-dependent Changes in GHG Emissions in the Ribeiro Appellation (NW Spain): Are Land Use Changes an Important Driver? [J]. Environmental Science & Policy, 2015, 51: 215 - 227.
[441] Vuarnoz D, Jusselme T. Temporal Variations in the Primary Energy Use and Greenhouse Gas Emissions of Electricity Provided By the Swiss Grid[J]. Energy, 2018, 161: 573 - 582.
[442] Walker S B, Fowler M, Ahmadi L. Comparative Life Cycle Assessment of Power-to-gas Generation of Hydrogen with a Dynamic Emissions Factor for Fuel Cell Vehicles[J]. Journal of Energy Storage, 2015, 4: 62 - 73.
[443] Wiprächtiger M, Haupt M, Heeren N, et al. A Framework for Sustainable and Circular System Design: Development and

Application on Thermal Insulation Materials [J]. Resources, Conservation and Recycling, 2020, 154.

[444] Wu X, Peng B, Lin B. A Dynamic Life Cycle Carbon Emission Assessment on Green and Non-green Buildings in China[J]. Energy and Buildings, 2017, 149: 272 - 281.

[445] Yan Y. Integrate Carbon Dynamic Models in Analyzing Carbon Sequestration Impact of Forest Biomass Harvest[J]. Science of the Total Environment, 2018, 615: 581 - 587.

[446] Yang J, Chen B. Global Warming Impact Assessment of a Crop Residue Gasification Project-a Dynamic LCA Perspective[J]. Applied Energy, 2014, 122: 269 - 279.

[447] Yang Y, Suh S. Marginal Yield, Technological Advances, and Emissions Timing in Corn Ethanol's Carbon Payback Time[J]. The International Journal of Life Cycle Assessment, 2015, 20(2).

[448] Yokota K, Matsuno Y, Yamashita M, et al. Integration of Life Cycle Assessment and Population Balance Model for Assessing Environmental Impacts of Product Population in a Social Scale: Case Studies for the Global Warming Potential of Air Conditioners in Japan [J]. The International Journal of Life Cycle Assessment, 2003.

[449] Yu B, Lu Q. Estimation of Albedo Effect in Pavement Life Cycle Assessment[J]. Journal of Cleaner Production, 2014, 64: 306 - 309.

[450] Yuan C Y, Simon R, Mady N, et al. Embedded Temporal Difference in Life Cycle Assessment: Case Study on VW Golf A4 Car[C]. 2009 IEEE International Symposium on Sustainable Systems and Technology, 2009.

[451] Zhai P, Williams E D. Dynamic Hybrid Life Cycle Assessment of Energy and Carbon of Multicrystalline Silicon Photovoltaic Systems [J]. Environmental Science & Technology, 2010, 44(20).

[452] Zhang B, Chen B. Dynamic Hybrid Life Cycle Assessment of CO_2 Emissions of a Typical Biogas Project[J]. Energy Procedia, 2016.

[453] Zhang H, Lepech M D, Keoleian G A, et al. Dynamic Life-cycle Modeling of Pavement Overlay Systems: Capturing the Impacts of

Users, Construction, and Roadway Deterioration[J]. Journal of Infrastructure Systems, 2010, 16(4): 299 - 309.

[454] Zhang N, Wang H, Gallagher J, et al. A Dynamic Analysis of the Global Warming Potential Associated with Air Conditioning at a City Scale: an Empirical Study in Shenzhen, China[J]. Environmental Impact Assessment Review, 2020, 81: 106354.

[455] Zimmermann B M, Dura H, Baumann M J, et al. Prospective Time-resolved LCA of Fully Electric Supercap Vehicles in Germany[J]. Integrated Environmental Assessment and Management, 2015.

[456] Su S, Li X, Zhu C, et al. Dynamic Life Cycle Assessment: A Review of Research for Temporal Variations in Life Cycle Assessment Studies [J]. Environmental Engineering Science, 2021.

[457] Su S, Zhang H, Zuo J, et al. Assessment Models and Dynamic Variables for Dynamic Life Cycle Assessment of Buildings: A Review [J]. Environmental Science and Pollution Research, 2021: 1 - 16.

[458] Su S, Zhu C, Li X, et al. Dynamic Global Warming Impact Assessment Integrating Temporal Variables: Application to a Residential Building in China[J]. Environmental Impact Assessment Review, 2021. 88.

[459] Su S, Hong J, A Bibliometric Review of Research on Building Information Modeling Based Green Building Assessment[J]. Journal of Green Building, 2022.

[460] Su S, Wang Q, Han L, et al. BIM-DLCA: An Integrated Dynamic Environmental Impact Assessment Model for Building[J]. Building and Environment, 2020.

[461] Su S, Ding Y, Li G, et al. Temporal Dynamic Assessment of Household Energy Consumption and Carbon Emissions in China: form the Perspective of Occupants[J]. Sustainable Production and Consumption, 2023, 37: 142 - 155.

[462] Su S, Li S, Ju J, et al. A Building Information Modeling-Based Tools for Estimating Building Demolition Waste and Evaluating Its Environmental Impacts[J]. Waste Management, 2021, 134.